Christian Flemming

Modifikation der Vergütungsform beim Einheitspreisvertrag

AUS FORSCHUNG UND PRAXIS
BAND 14

Christian Flemming

Modifikation der Vergütungsform beim Einheitspreisvertrag

Schriftenreihe des Instituts für Baubetriebswesen
der Technischen Universität Dresden
Herausgegeben von Prof. Dr.-Ing. R. Schach

expert verlag®

Bibliografische Information der Deutschen Bibliothek

Die Deutsche Bibliothek verzeichnet diese Publikation in der Deutschen Nationalbibliografie; detaillierte bibliografische Daten sind im Internet über http://dnb.ddb.de abrufbar.

Bibliographic Information published by Die Deutsche Bibliothek

Die Deutsche Bibliothek lists this publication in the Deutsche Nationalbibliografie; detailed bibliographic data are available in the internet at http://dnb.ddb.de.

Der vorliegende Band 14 der Schriftenreihe des Instituts für Baubetriebswesen wurde durch die Fakultät Bauingenieurwesen der Technischen Universität Dresden als Dissertationsschrift *Modifikation der Vergütungsform beim Einheitspreisvertrag* angenommen und am 11.12.2012 in Dresden verteidigt.

ISBN-13: 978-3-8169-3187-4

Bei der Erstellung des Buches wurde mit großer Sorgfalt vorgegangen; trotzdem können Fehler nicht vollständig ausgeschlossen werden. Verlag und Autoren können für fehlerhafte Angaben und deren Folgen weder eine juristische Verantwortung noch irgendeine Haftung übernehmen. Für Verbesserungsvorschläge und Hinweise auf Fehler sind Verlag und Autoren dankbar.

Tel.: +49 (0) 7159-9265-0, Fax: +49 (0) 7159-9265-20
E-Mail: expert@expertverlag.de, Internet: www.expertverlag.de
http://www.expertverlag.de

Printed in Germany

Prüft sorgfältig, bevor ihr Bewährtes ändert, aber haltet nicht an Bewährtem fest, wenn die Lage dies nicht länger rechtfertigt und die bewährte Lösung nicht den Erfordernissen der Zukunft entspricht.

Gerhard von Scharnhorst (* 12.11.1755 – † 28.06.1813)

Vorwort des Herausgebers

Die Vergütung von Bauleistungen über Einheitspreisverträge stellt im Bauwesen den Regelfall dar, ist erprobte Praxis und hat sich im Grund bewährt. Bei einer vertieften Betrachtung ist jedoch festzustellen, dass sich bei dieser Form der Vergütung im Detail verschiedene Probleme ergeben können, die dann auch zu Meinungsverschiedenheiten zwischen Auftraggeber und Auftragnehmer über die geschuldete Vergütung führen können. Ein Problem wird in der Vergabe- und Vertragsverordnung für Bauleistungen (VOB/B) im § 2 Abs. 3 geregelt. Danach sind die vereinbarten Einheitspreise zwischen 90 % und 110 % der ausgeschriebenen Leistungsmenge festgeschrieben. Bei Mengen ober- und unterhalb dieser Grenzen sind neue Einheitspreise zu vereinbaren. Hintergrund dieser Regelung ist, dass in der Regel bei Abrechnungsmengen unterhalb der ausgeschriebenen Menge der Bauunternehmer keine ausreichende Deckung für seine Gemeinkosten erhält. Bei Mengen über 100 % ist dagegen in der Regel eine Überdeckung anzunehmen, so dass der Auftraggeber benachteiligt wird. Zurückzuführen ist dies auf die Tatsache, dass die Vergütung rein mengenabhängig ist, der Auftragnehmer jedoch auch mengenunabhängige, sogenannte fixe Kosten abdecken muss.

In der vorliegenden Arbeit wird auf der Grundlage dieser Erkenntnis ein Vergütungsmodell vorgeschlagen, das aus je einem mengenunabhängigen und einem mengenabhängigen Vergütungsanteil besteht. Damit wird die Vergütung direkt den Kosten angepasst, die aus einem fixen und einem mengenabhängigen Anteil bestehen. Herr Flemming entwickelt ein auf dem Tabellenkalkulationsprogramm Excel basierendes Kalkulationsverfahren, das im Ergebnis dann für jede einzelne Position einen mengenunabhängigen und einen mengenabhängigen Preisanteil ausgibt.

In weiteren Kapiteln der Arbeit werden die unterschiedlichen Auswirkungen untersucht, die sich in der Praxis bei der Anwendung des Modells ergeben.

Im Ergebnis ist festzustellen, dass dieser Vorschlag über eine neue Vergütungsform dazu führt, dass sich Konfliktpotenziale im Bereich der Vergütung zwischen Auftraggeber und Auftragnehmer in vielen Fällen auflösen. Somit ist dieses Modell ein Beitrag zu einem kooperativeren Verhältnis zwischen Auftraggeber und Auftragnehmer. Zum Vorteil von öffentlichen Auftraggebern führt, dass sich wieder Bedarfspositionen in Leistungsverzeichnisse einbinden ließen, die nach den Vergabevorschriften bei öffentlichen Ausschreibungen nicht mehr verwendet werden dürfen. Damit wären Vergütungen auch für solche Leistungen vertraglich festgelegt, die – aus welchen Gründen auch immer – später nicht zur Ausführung kommen. Damit diese Freiheit nicht unbegrenzt genutzt werden, sollten dann aber andere reglementierende Regelungen vorgesehen werden.

Es bleibt zu hoffen, dass die Überlegungen von Herrn Flemming von Auftraggebern und Auftragnehmern aufgegriffen und in der Praxis erprobt werden. Grundvoraussetzung wäre, dass die üblichen Kalkulations- und Vergabeprogramme angepasst werden. Es ist zu erwarten, dass sich daraus eine win-win-Situation für Auftraggeber und Auftragnehmer ergibt.

Dresden, im Dezember 2012

Univ.-Prof. Dr.-Ing. Rainer Schach

Vorwort des Verfassers

In den 1940er Jahren veröffentlichte GERHARD OPITZ das damals gängige Verfahren zur Kalkulation der Einheitspreise. Dieses Verfahren wird in seinen Grundzügen bis heute angewandt. Alle anfallenden Kosten werden dabei in die Einheitspreise der Leistungspositionen kalkuliert und nach der Bauausführung in Abhängigkeit der tatsächlich hergestellten Mengen vergütet. Bei einer Abweichung der tatsächlich hergestellten Menge gegenüber der ausgeschriebenen Menge entsteht eine Kostenüber- oder -unterdeckung, die entweder den Auftraggeber oder den Auftragnehmer benachteiligt.

Die vorliegende Dissertation beschäftigt sich mit dem Problem der Kostenüber- oder -unterdeckung bei Mengenabweichungen. Die Analyse des aktuellen Kalkulationsverfahrens zur Ermittlung der Einheitspreise zeigt, dass die Ursache dafür im Bereich der Fixkosten, nicht aber im Bereich der Gemeinkosten liegt. Durch eine getrennte Betrachtung von fixen und variablen Kostenbestandteilen ist es möglich, das Problem der Kostenüber- oder -unterdeckung bei Mengenabweichungen zu lösen. Dazu wird für jede Leistungsposition ein Fixpreis eingeführt, über den die fixen Kosten einer Leistungsposition vergütet werden. Die variablen Kosten einer Leistungsposition werden weiterhin über den Einheitspreis vergütet.

Durch diese Modifikation der Vergütungsform des Einheitspreisvertrages werden verschiedene baubetriebliche Fragestellungen gelöst oder vereinfacht. Das Konfliktpotenzial zwischen Auftraggeber und Auftragnehmer wird verringert. Die modifizierte Einheitspreisvergütung stellt damit eine partnerschaftliche Alternative zur aktuellen Vergütungsform beim Einheitspreisvertrag dar, mit der es möglich wird, die Grundgedanken des partnerschaftlichen Bauens weiter auf den Geltungsbereich der VOB zu übertragen.

Diese Arbeit entstand im Frühjahr bis Winter 2011 während meiner Tätigkeit am Institut für Baubetriebswesen der Technischen Universität Dresden. Ich danke Herrn Univ.-Prof. Dr.-Ing. Rainer Schach für die Möglichkeit der Promotion. Ich danke allen, die mich während dieser Zeit unterstützt haben. Ein besonderer Dank gilt dabei meiner geschätzten Kollegin Dipl.-Ing. Nadine Schubert für die wertvollen Gespräche, Anregungen und Hinweise, die zum erfolgreichen Gelingen der Arbeit beigetragen haben. Vielen Dank, Nadine.

Dresden, im Dezember 2012 Dipl.-Wi.-Ing. Christian Flemming

Inhaltsverzeichnis

Abbildungsverzeichnis

Formelverzeichnis

Abkürzungsverzeichnis

AG	Auftraggeber
AGK	Allgemeine Geschäftskosten
AN	Auftragnehmer
BGB	Bürgerliches Gesetzbuch
BGH	Bundesgerichtshof
BGK	Baustellengemeinkosten
EDV	elektronische Datenverarbeitung
EKT	Einzelkosten der Teilleistungen
EP	Einheitspreis
G	Gewinn
GK	Gemeinkosten
GP	Gesamtpreis
HK	Herstellkosten
NU	Nachunternehmer
ÖNORM	Österreichische Norm
PDF	Portable Document Format (transportables Dokumentenformat)
VOB/A	Vergabe- und Vertragsordnung für Bauleistungen – Teil A
VOB/B	Vergabe- und Vertragsordnung für Bauleistungen – Teil B
W	Wagnis

Orthographische Abkürzungen

allg.	allgemein
Art.	Artikel
bspw.	beispielsweise
d.	der
et al.	et alii
etc.	et cetera
f.	folgende [Seite]
ff.	folgende [Seiten]
ggf.	gegebenenfalls
h	Stunde
kg	Kilogramm
m	Meter
m^2	Quadratmeter
m^3	Kubikmeter
MwSt.	Mehrwertsteuer
Nr.	Nummer
Pos.	Position
psch.	pauschal
S.	Seite
sonst.	sonstige
Teilleist.	Teilleistung
u. a.	unter anderen
usw.	und so weiter
var.	variabel
vgl.	vergleiche
z. B.	zum Beispiel
zzgl.	zuzüglich

Symbolverzeichnis

a	Äquivalenzziffer
AGK^{fix}	Fixer Anteil an den Allgemeinen Geschäftskosten
AGK^{var}	Variabler Anteil an den Allgemeinen Geschäftskosten
d	Dicke
EKT_i^{fix}	Fixe Einzelkosten der Leistungsposition i
EKT_i^{var}	Variable Einzelkosten der Leistungsposition i
ep_i	Einheitspreis der Leistungsposition i
FP_i	Fixpreis der Leistungsposition i
h	Höhe
i, k	Laufindex (hier: Leistungspositionen)
$K(\cdot)$	Gesamtkosten
K_f	Fixe Kosten
k_s	Stückkosten
$\tilde{k}_s$	Stückkosten des repräsentativen Produktionstypen
$K_v(\cdot)$	Variable Kosten
$k_{v_i}(\cdot)$	Variable Kosten der Leistungsposition i pro Einheit
l	Länge
m	Mengenansatz
n	Anzahl aller Werte

p_{AGK}	Prozentsatz für Allgemeine Geschäftskosten
p_G	Prozentsatz für den Gewinnanteil
p_W	Prozentsatz für den Wagnisanteil
S	Anzahl der Fertigungsstufen
s	Standardabweichung
t	Zeit
$V(\cdot)$	Gesamtvergütung
$Var(\cdot)$	Varianz
$V_i(\cdot)$	Vergütung für die Leistungsposition i
x	Menge
X	Menge aller x_i
x_i	Mengenangabe der Leistungsposition i
Z_{sum}	summarischer Zuschlagssatz

1 Einleitung

Dieses einführende Kapitel beschreibt die Motivation der Arbeit, gibt einen Einblick in den Stand der Wissenschaft und erklärt die Fokussierung auf den Einheitspreisvertrag. Aufbauend auf diesen Ausführungen wird die Zielstellung der Arbeit formuliert und der Gang der Untersuchung vorgestellt.

1.1 Motivation und Stand der Wissenschaft

Bei einem für Bauprojekte angewandten Einheitspreisvertrag erfolgt die Vergütung nach den zum Zeitpunkt der Vergabe vertraglich vereinbarten Einheitspreisen und den während der Bauausführung tatsächlich hergestellten Mengen.[1] Die tatsächliche Menge darf dabei nach § 2 (3) Nr. 1 VOB/B um bis zu zehn Prozent von dem ausgeschriebenen Mengenansatz (oft auch: Mengenvordersatz) des Leistungsverzeichnisses abweichen, ohne dass die Möglichkeit einer Anpassung des Einheitspreises besteht. Die Anpassung des Einheitspreises ist auf Verlangen eines Vertragspartners nach § 2 (3) Nr. 2 oder 3 VOB/B erst bei einer Differenz der tatsächlichen Ist-Menge von der ausgeschriebenen Soll-Menge um mehr als zehn Prozent möglich. Der Anspruch aus § 2 (3) VOB/B ergibt sich jedoch nur, wenn die Mengendifferenz nicht auf einen Wegfall der Leistung (§ 2 (4) VOB/B), eine Leistungsänderung (§ 2 (5) VOB/B) oder eine Zusatzleistung (§ 2 (6) VOB/B) zurückzuführen ist,[2] sondern sich vielmehr aus der Unsicherheit des Auftraggebers ergibt, den korrekten Wert für die Menge der Teilleistung (Leistungsposition) zu ermitteln.[3] Die Bedeutung der Teilleistung im gesamten Leistungsbild und die Qualität der Leistung wird durch eine solche Mengenabweichung nicht beeinflusst.[4]

---

[1] Vgl. § 2 (2) VOB/B.

[2] Vgl. u. a. Malkwitz/Karl/Koenen (2011): *Bauvertragsrecht kompakt*, S. 46 ff. oder Steiger/Schill (2010): *Bauabwicklung nach BGB und VOB*, S. 189 - 207.

[3] Vgl. von Amsberg/Schneider (2003): *(Bau)Leistungen VOB-gerecht beschreiben*, S. 313.

[4] Vgl. Proporowitz (2008): *Baubetrieb – Bauwirtschaft*, S. 206.

Aus der Berechnung des Vergütungsanspruches nach der Methode „*Menge mal Einheitspreis*“ können zwei elementare Risiken bei einem Einheitspreisvertrag abgeleitet werden: das Mengenrisiko und das Kalkulationsrisiko. In der Literatur wird das Kalkulationsrisiko der Risikosphäre des Auftragnehmers und das Mengenrisiko der Risikosphäre des Auftraggebers zugeordnet.[5]

Unter dem Kalkulationsrisiko soll die mögliche Differenz zwischen den vom Auftragnehmer angebotenen Einheitspreisen und den in der Phase der Bauausführung entstehenden Kosten zzgl. des kalkulierten Gewinns verstanden werden. Beispiele für dieses Risiko sind die Spekulation auf niedrigere Einkaufspreise, eine falsche Schätzung der notwendigen Anzahl von Arbeitskräften oder eine unterdimensionierte Baustelleneinrichtung.[6] Es ist unstrittig, dass der Auftragnehmer alleinig das Kalkulationsrisiko trägt, da nach § 2 (1) VOB/B die Kosten der vertraglich geschuldeten Leistung zzgl. des kalkulierten Gewinns vollständig durch die angebotenen Einheitspreise abgegolten werden.[7]

Das **Mengenrisiko** beschreibt die mögliche Abweichung der tatsächlich hergestellten Menge von dem ausgeschriebenen Mengenansatz einer Leistungsposition, ohne dass die Ursache der Mengenabweichung auf eine Änderungsanordnung des Auftraggebers zurückzuführen ist. Ein Beispiel für das Mengenrisiko stellt die Ausschreibung von 5 t Abfallentsorgung dar, bei der die tatsächliche Menge jedoch 6 t beträgt. Die Literatur weist das Mengenrisiko dem Auftraggeber zu.[8] Eine Ursache hierfür mag darin liegen, dass der Auftraggeber verpflichtet ist, die tatsächlich ausgeführten Mengen zu vergüten und dass für den Auftragnehmer keine Hinweispflicht für Mengenabweichungen über zehn Prozent besteht.[9]

Die alleinige Zuordnung des Mengenrisikos in die Risikosphäre des Auftraggebers ist kritisch zu betrachten. Mit einer Mengenabweichung verändert sich die Grundlage

[5] Vgl. zum Beispiel AX/VON AMSBERG/SCHNEIDER (2003): *Risiken im Bauvertrag*, S. 84 ff. für die Risiken des Auftraggebers und S. 91 ff. für Risiken des Auftragnehmers.

[6] Vgl. LEIMBÖCK (2000): *Bauwirtschaft*, S. 118.

[7] Vgl. VON AMSBERG/SCHNEIDER (2003): *(Bau)Leistungen VOB-gerecht beschreiben*, S. 158 ff.

[8] Vgl. zum Beispiel SCHACH/SPERLING (2001): *Baukosten*, S. 773 oder PAUL (1998): *Steuerung der Bauausführung*, S. 125 f. Das Mengenrisiko für den Auftragnehmer wird nur im Zusammenhang mit einem Pauschalpreisvertrag diskutiert, vgl. zum Beispiel FISCHER/MARONDE/SCHWIERS (2007): *Das Auftragsrisiko im Griff*, S. 79 oder GIRMSCHEID/MOTZKO (2007): *Kalkulation und Preisbildung in Bauunternehmen*, S. 34.

[9] Vgl. MALKWITZ/KARL/KOENEN (2011): *Bauvertragsrecht kompakt*, S. 51.

für die Kalkulation der Einheitspreise.[10] Der Einheitspreis beinhaltet nicht nur die Einzelkosten einer Leistungsposition, sondern auch Anteile für Gemeinkosten wie Baustellengemeinkosten.[11] Die sich daraus ergebenden finanziellen Auswirkungen des Mengenrisikos zeigt Abbildung 1.1.

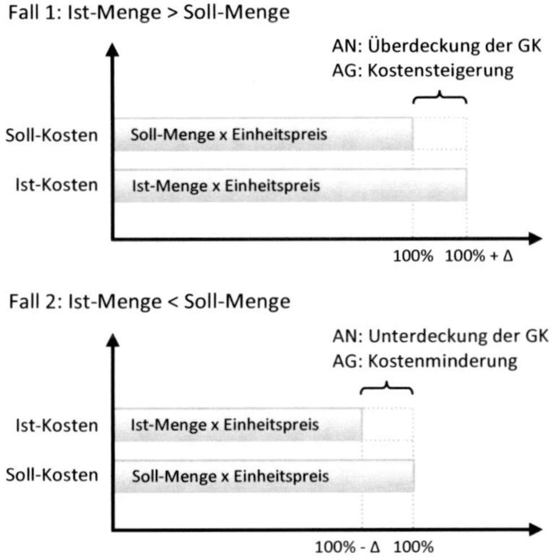

Abbildung 1.1: Finanzielle Auswirkungen des Mengenrisikos für Auftraggeber und Auftragnehmer

Im Fall 1 übersteigt die tatsächliche Ist-Menge die ausgeschriebene Soll-Menge. Bei dieser Mengenmehrung muss der Auftraggeber (AG) einen höheren Betrag vergüten als bei Auftragserteilung angenommen. Für den Auftragnehmer (AN) bedeutet die Mengenmehrung eine Überdeckung der für diese Leistungsposition anteilig kalkulierten Gemeinkosten (GK). Der kalkulierte Gemeinkostenanteil ist bereits bei Ausführung von 100 Prozent der Menge erwirtschaftet. Der Auftragnehmer kann damit ceteris paribus einen höheren Gemeinkostenanteil abrechnen als tatsächlich kalkuliert war. Da dem höheren Gemeinkostenanteil keine oder nur geringere Mehrkosten gegenüberstehen, erwirtschaftet der Auftragnehmer durch eine Mengenmehrung einen zusätzlichen Gewinn.

Der Fall 2 beschreibt die Situation bei einer Mengenminderung. Die tatsächliche

[10] Vgl. Fries (2009): *Architektenleistungen*, S. 79.
[11] Vgl. Schabel/Lehmann (2007): *VOB/B leicht gemacht*, S. 110.

Ist-Menge unterschreitet die ausgeschriebene Soll-Menge. Für den Auftraggeber resultiert die Mengenminderung in einer Kostenminderung, da er einen geringeren als bei Auftragserteilung veranschlagten Betrag vergüten muss. Der Auftragnehmer kann hingegen den Gemeinkostenanteil für die von der Mengenminderung betroffenen Leistungsposition nicht vollständig erwirtschaften. Der Einheitspreis mit dem darin enthaltenen Gemeinkostenanteil wurde für die Ausführung von 100 Prozent der ausgeschriebenen Menge kalkuliert. Eine Mengenminderung bedeutet für den Auftragnehmer eine Unterdeckung des kalkulierten Gemeinkostenanteils und ceteris paribus die Erwirtschaftung eines niedrigeren Gewinns oder eines Verlustes durch die Leistungserbringung.

Diese Ausführungen zeigen, dass die alleinige Zuordnung des Mengenrisikos in die Risikosphäre des Auftraggebers nicht haltbar ist. Mengenabweichungen besitzen sowohl für den Auftraggeber als auch für den Auftragnehmer positive oder negative Konsequenzen. Die Literatur erklärt die Abrechnungsvorschriften des § 2 (3) VOB/B bei Mengenabweichungen im Bereich von ± 10 Prozent damit, dass *„im Baugewerbe Mengenabweichungen bis zu 10% als von vornherein tolerierbar und nicht einheitspreisänderend hingenommen werden müssen“*[12] oder dass sich *„im Normalfall [...] Mehr- und Mindermengen insgesamt ausgleichen.“*[13] und beschreibt den Bereich, in dem keine Preisanpassung stattfindet, als *„neutralen Korridor“*[14] oder *„Bagatellbereich“*.[15]

Diese Argumentation stützt sich dabei auf eine Grundsatzentscheidung des Bundesgerichtshofes aus dem Jahre 1987, wonach bei Mengenabweichungen von ± 10 Prozent *„erkennbar der Gedanke zugrunde [liegt], dass diese das Gleichgewicht von Leistung und Gegenleistung noch nicht ernstlich stören. Im Durchschnittsfall werden verhältnismäßig geringfügige Mindermengen in dem einen Bereich durch ebenfalls geringfügige Mehrmengen in einem anderen ganz oder teilweise ausgeglichen werden. Die Regelung mutet daher den Beteiligten im Interesse zuverlässiger Festlegung des Vertragsinhaltes, und damit vor allem einer vereinfachten Abrechnung, ein gewisses Risiko zu. [...] Deshalb ist es aber auch sachgerecht, die Mehr- und Mindermengen im Bereich von je 10 % in diesem Verhältnis zueinander zu sehen. Die*

[12] Vgl. LEINEMANN (2010): *VOB/B Kommentar*, S. 62.
[13] Vgl. WENUSCH (2009): *ÖNORM B 2110 – Kommentar zum Bauwerkvertragsrecht*, S. 82. Seine Aussage zur ÖNORM B 2110 kann gleichlautend auf die VOB/B übertragen werden.
[14] Vgl. DRITTLER (2010): *Nachträge und Nachtragsprüfung*, S. 6.
[15] Vgl. DREES/PAUL (2010): *Kalkulation von Baupreisen*, S. 236

hierin liegende Pauschalierung muss dann – mit gleichen Chancen und Risiken für die Auftragnehmer und Auftraggeber – dazuführen, dass Vorteile und Nachteile dem einen oder dem anderen endgültig verbleiben.“[16]

Einen Beleg dafür, dass sich im Durchschnittsfall Mengenmehrungen und Mengenminderungen ganz oder teilweise ausgleichen, liefert der Bundesgerichtshof jedoch nicht. Es existiert keine wissenschaftliche Studie, die anhand einer statistischen Auswertung diese Behauptung stützt. Aber selbst wenn es eine Statistik gäbe, aus der diese Behauptung abgeleitet werden könnte, ist die Anwendbarkeit auf den konkreten Einzelfall nicht gegeben. Eine Statistik liefert immer nur eine Aussage für den Durchschnittsfall einer Stichprobe, lässt aber keine allgemeingültigen Rückschlüsse auf den einzelnen Merkmalsträger der Grundgesamtheit zu. Insbesondere in einer Industrie wie der Bauindustrie, die durch vielfältige und teilweise unvorhersehbare Einflüsse auf das Baugeschehen geprägt ist[17], muss die Übertragung einer Aussage über den Durchschnitt vieler Bauvorhaben auf ein konkretes Bauvorhaben sehr kritisch betrachtet werden.

Der einzige, nachvollziehbare Grund, den der Bundesgerichtshof bei dieser Entscheidung liefert, ist die vereinfachte Abrechnung. Ohne die Pauschalierung im Bereich von ± 10 Prozent müsste für jede Leistungsposition, für die eine Mengenabweichung festgestellt wurde, ein neuer Einheitspreis kalkuliert werden. Da Mengenabweichungen bei einem Einheitspreisvertrag häufig vorkommen, müssten auch die Einheitspreise fortlaufend angepasst werden. Der Aufwand der häufigen Einheitspreisanpassung würde wahrscheinlich den Nutzen der korrekten Vergütung übersteigen. Daraus lässt sich ableiten, dass die bisherige Einheitspreisvergütung einen Mangel aufweist, der entweder zu einem Mehraufwand aufgrund einer nachträglichen Einheitspreisanpassung oder zu einer fehlerhaften Vergütung der ausgeführten Leistung führt.

Die Bagatellisierung des Mengenrisikos im Bereich von ± 10 Prozent verursacht zudem weitere Defizite bei der Anwendung der bisherigen Einheitspreisvergütung. Hervorzuheben ist dabei das Problem der **Mengenspekulation**.[18] Eine Mengenspekulation bezeichnet die zielgerichtete Erwartung eines Vertragspartners, dass eine Ab-

[16] BGH BauR 1987, 217 zitiert nach Kapellmann/Schiffers (2006): *Vergütung, Nachträge und Behinderungsfolgen beim Bauvertrag*, S. 188.
[17] Vgl. Schach/Otto (2011): *Baustelleneinrichtung*, S. 2 f.
[18] Neben dem Problem der Mengenspekulation werden im späteren Teil der Arbeit weitere baubetriebliche Fragestellungen im Zusammenhang mit Mengenabweichungen diskutiert.

weichung der tatsächlichen Ist-Menge von der ausgeschriebenen Soll-Menge eintritt, um daraus vorsätzlich einen wirtschaftlichen Vorteil zu realisieren.

Die bisherigen Ausführungen zu den Auswirkungen von Mengenabweichungen bei einem Einheitspreisvertrag haben gezeigt, dass der Auftraggeber von Mengenminderungen und der Auftragnehmer von Mengenmehrungen profitiert. Beide Vertragspartner besitzen damit den theoretischen Anreiz, einen vorhandenen Informationsvorsprung gegenüber dem anderen nicht zu kommunizieren, sondern für die individuelle Nutzenmaximierung zu verwenden. Insbesondere der Auftraggeber, der die ausgeschriebenen Mengenansätze des Leistungsverzeichnisses ermittelt, könnte die Pauschalierung im Bereich von ± 10 Prozent für sich ausnutzen. Ermittelt der Auftraggeber zum Beispiel für eine Leistungsposition eine voraussichtliche Menge von 1.000 m^3, könnte er 1.100 m^3 ausschreiben. Werden dann nur 1.000 m^3 realisiert, erzielt der Auftraggeber eine Kostenminderung, die der Höhe des Gemeinkostenanteils der nicht ausgeführten 100 m^3 entspricht. Der Auftragnehmer kann seinen kalkulierten Gewinn nicht realisieren oder erwirtschaftet sogar einen Verlust, da er seine Gemeinkosten nicht vollständig decken kann.

Der Auftraggeber, der dieses Vorgehen bei sämtlichen Leistungspositionen betreibt, kann damit theoretisch 10 Prozent des vom Auftragnehmer kalkulierten Gemeinkostenanteils einsparen. In einem solchen – sehr theoretischen – Fall greift auch nicht mehr die Argumentation des Bundesgerichtshofes, dass sich Mengenmehrungen und Mengenminderungen im Durchschnitt ausgleichen.

Der Auftragnehmer kann ebenfalls von Mengenspekulationen profitieren. Erkennt der Auftragnehmer zum Beispiel fehlerhafte Mengenansätze im Leistungsverzeichnis, die nicht mit den Plänen, die zur Ausschreibung übergeben wurden, oder mit den örtlichen Gegebenheiten übereinstimmen, kann er bei einer zu erwartenden Mengenmehrung einen erhöhten Einheitspreis anbieten. Eine Steigerung der Angebotssumme aufgrund des höheren Einheitspreises kann er durch eine Verringerung der Einheitspreise bei anderen Leistungspositionen ausgleichen. Nach der Leistungserstellung mit eingetretener Mengenmehrung kann der Auftragnehmer dann einen deutlich höheren Betrag abrechnen als er ohne das Wissen über die mögliche Mengenmehrung hätte abrechnen können.

Die bisherige Einheitspreisvergütung wirkt damit den Gedanken des partnerschaftlichen Bauens, wonach das Konfliktpotenzial durch eine höhere Kooperationsbereitschaft verringert werden soll,[19] entgegen. Es besteht ein Bedarf an einer Modifikation der Einheitspreisvergütung, die weder Auftraggeber noch Auftragnehmer bei Mengenabweichungen benachteiligt, damit Mengenspekulationen verhindert, die Kalkulations- und Kostensicherheit erhöht und das Konfliktpotenzial zwischen Auftraggeber und Auftragnehmer in der Phase der Bauausführung verringert werden.

1.2 Bedeutung des Einheitspreisvertrages

Die im vorherigen Abschnitt geäußerte Kritik an der Vergütung nach Einheitspreisen will nicht die Bedeutung des Einheitspreisvertrages schmälern. Sie soll vielmehr dazu beitragen, den Wert des Einheitspreisvertrages zu steigern.

Der Einheitspreisvertrag kann als die wichtigste Vertragsart im Bauwesen betrachtet werden. Diese Ansicht lässt sich nicht nur aus der VOB/A ableiten, die in § 4 (1) Nr. 1 VOB/A den Grundsatz formuliert, dass Bauleistungen *„in der Regel zu Einheitspreisen“* zu vergeben sind.[20] Ebenso zeigt die Konzentration der baubetrieblichen Grundlagenliteratur auf die Kalkulation der Einheitspreise die besondere Stellung des Einheitspreisvertrages. Hervorzuheben ist an dieser Stelle vor allem das Buch *Kalkulation von Baupreisen* von DREES/PAUL[21] und das vom Hauptverband der Deutschen Bauindustrie und dem Zentralverband des Deutschen Baugewerbes herausgegebene Buch *Kosten- und Leistungsrechnung der Bauunternehmen.*[22] In zahlreichen Monographien wird ebenfalls der Kalkulation der Einheitspreise eine höhere Bedeutung beigemessen als den Kalkulationsmethoden für andere Vertragsarten.[23] Eine große Anzahl von Gerichtsurteilen schafft zudem eine hohe Rechtssicherheit für beide Vertragspartner bei Vereinbarung des Einheitspreisvertrages.[24]

[19] Vgl. GRALLA (2001): *Garantierter Maximalpreis*, S. 29.
[20] Die Regelungen der VOB sind für öffentliche Auftraggeber zwingend anzuwenden. Für private Auftraggeber besteht keine Verpflichtung. Dennoch nutzen häufig auch private Auftraggeber die VOB, da sie einen ausgewogenen Interessensausgleich zwischen Auftraggeber und Auftragnehmer darstellt. Vgl. SCHULTE (2008): *Immobilienökonomie*, S. 325.
[21] Vgl. DREES/PAUL (2010): *Kalkulation von Baupreisen.*
[22] Vgl. HAUPTVERBAND DER DEUTSCHEN BAUINDUSTRIE/ ZENTRALVERBAND DES DEUTSCHEN BAUGEWERBES (2001): *Kosten- und Leistungsrechnung der Bauunternehmen.*
[23] Vgl. u. a. BERNER/KOCHENDÖRFER/SCHACH (2007): *Grundlagen der Baubetiebslehre 1*, S. 181 - 224, GIRMSCHEID/MOTZKO (2007): *Kalkulation und Preisbildung in Bauunternehmen*, S. 225 - 268, PROPOROWITZ (2008): *Baubetrieb – Bauwirtschaft* oder LEIMBÖCK/KLAUS/HÄLKERMANN (2007): *Baukalkulation und Projektcontrolling*, S. 22 - 78.
[24] Vgl. SCHACH/SPERLING (2001): *Baukosten*, S. 92.

Die Weiterentwicklung der baubetrieblichen Projektabwicklung im Sinne des partnerschaftlichen Bauens muss sich an den bestehenden Konzepten, Regelungen und Verfahren orientieren. Die breite Akzeptanz neuer Ideen wird nur auf dieser Basis gelingen. Aus diesem Grund wird in dieser Arbeit der Einheitspreisvertrag als das etablierte Konstrukt der Vertragsgestaltung als Ausgangspunkt für die Entwicklung einer verbesserten Vergütungsform gewählt. Das bewährte System soll nicht ersetzt, sondern die darin begründeten strukturbezogenen Problemfelder behoben werden.

1.3 Zielstellung und Vorgehensweise

An der Realisierung eines Bauprojektes sind zwei Projektpartner beteiligt, deren Zielstellung nicht gegensätzlicher sein könnte. Der *Auftraggeber* möchte die Kosten für die Herstellung des Bauwerkes minimieren. Der *Auftragnehmer* möchte hingegen seinen Gewinn maximieren. Aus diesen gegensätzlichen Zielstellungen entsteht ein Zielkonflikt. In Abschnitt 1.1 konnte bereits gezeigt werden, dass dieser Zielkonflikt bei der bisherigen Einheitspreisvergütung, die im weiteren Verlauf der Arbeit als *klassische Einheitspreisvergütung* bezeichnet wird, im Bereich der Mengenabweichungen ausgetragen werden kann. Diese Arbeit schlägt daher eine Modifikation der Einheitspreisvergütung vor, die diesen Zielkonflikt im Bereich der Mengenabweichungen ausschließt. Damit verringert die modifizierte Einheitspreisvergütung das Konfliktpotenzial zwischen dem Auftraggeber und dem Auftragnehmer und fördert die Gedanken eines konfliktärmeren und damit partnerschaftlichen Bauens.

Eine Modifikation der Vergütungsform bewirkt ebenso Änderungen bei dem notwendigen Kalkulationsverfahren. Die Vergütungsform bestimmt die Zielgrößen, die das Kalkulationsverfahren ermitteln soll. Aus diesem Zusammenhang lassen sich zwei übergeordnete Ziele für diese Arbeit formulieren:

1. Entwicklung einer Modifikation der Einheitspreisvergütung, die zu einer korrekten Leistungsvergütung bei Mengenabweichungen führt und

2. Entwicklung des Kalkulationsverfahrens für die modifizierte Einheitspreisvergütung.

Das zu entwickelnde Kalkulationsverfahren wird sich an dem etablierten Kalkulationsverfahren *Kalkulation über die Angebotssumme* orientieren.

Abbildung 1.2 zeigt das konzeptionelle Vorgehen zur Umsetzung dieser Zielstellung.

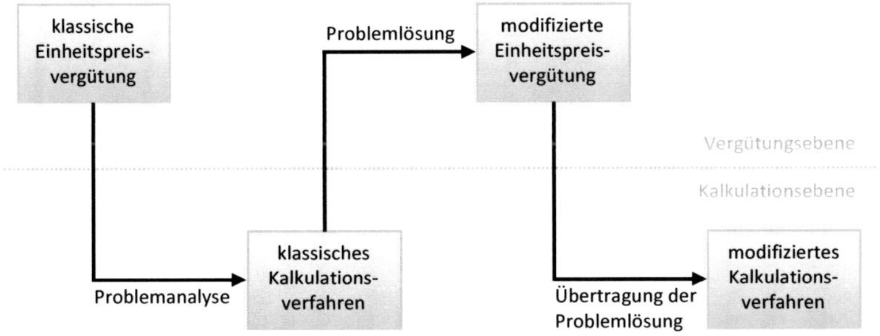

Abbildung 1.2: Konzeptionelles Vorgehen zur Umsetzung der Zielstellung

Mit der Problemanalyse erfolgt der Übergang von der Vergütungsebene in die Kalkulationsebene. An dieser Stelle soll die Ursache für die fehlerhafte Vergütung bei Mengenabweichungen herausgearbeitet werden. Aus der Analyse des klassischen Kalkulationsverfahrens *Kalkulation über die Angebotssumme* werden die strukturellen Voraussetzungen für eine verbesserte Leistungsvergütung abgeleitet und die Modifikation der Einheitspreisvergütung entwickelt. Anschließend erfolgt die Übertragung der Gedanken zur modifizierten Einheitspreisvergütung auf das Kalkulationsverfahren. Die notwendigen Änderungen des Kalkulationsverfahrens werden aufgezeigt und das methodische Vorgehen zur Ermittlung der Preise für die modifizierte Einheitspreisvergütung demonstriert.

1.4 Gang der Untersuchung

Kapitel 1 begründet die Notwendigkeit dieser Arbeit und gibt einen Einblick in den Stand der Wissenschaft. Die Ziele der Arbeit werden vorgestellt und der Gang der Untersuchung zur Umsetzung der Zielstellung aufgezeigt.

Kapitel 2 beschäftigt sich mit den betriebswirtschaftlichen Grundlagen der Kostenrechnung. Diese Ausführungen sollen nur soweit reichen, wie sie für das Verständnis der Problemstellung beitragen. Es werden Grundbegriffe und Verfahren der Kostenrechnung diskutiert, die für die spätere Analyse der Einheitspreisvergütung notwendig sind.

Kapitel 3 widmet sich der Analyse der klassischen Einheitspreisvergütung und der Kalkulation der Einheitspreise. Zunächst soll das Vorgehen zur Kalkulation der Einheitspreise dargestellt werden, um darauf aufbauend die Ursache für die Kostenüber- oder -unterdeckung bei Mengenabweichungen herauszuarbeiten.

Kapitel 4 befasst sich mit der Modifikation der Einheitspreisvergütung und des dafür notwendigen Kalkulationsverfahrens. Die verschiedenen Kostenbestandteile werden analysiert und auf Basis dieser Überlegungen das Kalkulationsverfahren für die modifizierte Einheitspreisvergütung entwickelt.

Kapitel 5 führt einen qualitativen Vergleich zwischen der klassischen und der modifizierten Einheitspreisvergütung. Für verschiedene baubetriebliche Fragestellungen soll die Vorteilhaftigkeit der modifizierten Einheitspreisvergütung gegenüber der klassischen Einheitspreisvergütung untersucht werden.

Kapitel 6 setzt den Vergleich unter Anwendung eines Simulationsverfahrens fort. Die Abweichungen der tatsächlich hergestellten Ist-Mengen von den ausgeschriebenen Mengenansätzen werden simuliert, um die Auswirkung der Mengenabweichungen auf die Projektkosten des Auftraggebers und den Projektgewinn des Auftragnehmers darzustellen. Zusätzlich zu dem qualitativen Vergleich in Kapitel 5 soll damit ein quantitativer Vergleich durchgeführt werden.

Kapitel 7 diskutiert die Anwendung der modifizierten Einheitspreisvergütung in der Baupraxis. Dabei werden bauvertragliche Voraussetzungen, Voraussetzungen für die Kalkulation des Anbieters und die Angebotsbewertung bei differierenden Kalkulationsverfahren der Anbieter diskutiert.

Kapitel 8 schließt diese Arbeit ab. Die Ausführungen werden zusammengefasst, wichtige Erkenntnisse herausgehoben und ein Ausblick für weitere Forschungsarbeiten gegeben.

2 Grundlagen der Kostenrechnung

Dieses Kapitel widmet sich den betriebswirtschaftlichen Grundlagen der Kostenrechnung. Neben der Einordnung und den Aufgaben der Kostenrechnung werden wichtige Grundbegriffe erklärt, der Zusammenhang zwischen der Kostenarten-, Kostenstellen- und Kostenträgerrechnung dargestellt und verschiedene Verfahren der Kostenrechnung beschrieben.

2.1 Einordnung und Aufgaben der Kostenrechnung

Die Kostenrechnung ist ein Bestandteil des Rechnungswesens. Das Rechnungswesen stellt ein Instrument des Unternehmens dar, das *„die betrieblichen Prozesse erfassen, auswerten, steuern und überwachen“* [25] soll. In Abhängigkeit der Zielstellung wird das Rechnungswesen in ein externes Rechnungswesen, die Finanzbuchhaltung, und ein internes Rechnungswesen, die Kostenrechnung, untergliedert.[26]

Das externe Rechnungswesen beschäftigt sich mit den Geldströmen zwischen dem Unternehmen und der Umwelt. Die Betrachtung umfasst sowohl alle Zahlungen, die im Zusammenhang mit dem betrieblichen Leistungserstellungsprozess stehen, als auch Zahlungen, die unabhängig vom betrieblichen Leistungserstellungsprozess anfallen. Das externe Rechnungswesen stellt eine vergangenheitsorientierte Dokumentationsrechnung dar und richtet sich an unternehmensexterne Empfänger. Das Ziel besteht in der Ermittlung des Jahresabschlusses, in dem der wertmäßige Erfolg des Unternehmens ausgewiesen wird. Das externe Rechungswesen unterliegt dabei verschiedenen gesetzlichen Regelungen.[27] Einen Überblick über das externe Rechnungswesen findet sich zum Beispiel bei WEBER/WEISSENBERGER.[28]

---

[25] Vgl. COENENBERG et al. (2007): *Einführung in das Rechnungswesen*, S. 3.
[26] Vgl. FANDEL et al. (2009): *Kostenrechnung*, S. 1 f.
[27] Vgl. JOOS-SACHSE (2006): *Controlling, Kostenrechnung und Kostenmanagement*, S. 77 f.
[28] Vgl. WEBER/WEISSENBERGER (2006): *Einführung in das Rechnungswesen*, S. 1 - 310.

Das interne Rechnungswesen befasst sich im Gegensatz zum externen Rechnungswesen nur mit den sachbezogenen Kosten, die im Zusammenhang mit der betrieblichen Leistungserstellung entstehen. Es ist eine zukunftsorientierte Planungs- und Steuerungsrechnung, mit der die Entscheidungsfindung der unternehmensinternen Informationsempfänger unterstützt werden soll. Die Gestaltung des betrieblichen Kostenrechnungssystems unterliegt dabei keinen externen Vorgaben. Es wird durch die zu erfüllenden Aufgaben und Ziele bestimmt.[29] KEMMETMÜLLER/BOGENSBERGER nennen u. a. als Aufgaben der Kostenrechnung:[30]

1. Ermittlung der Selbstkosten als eine Grundlage der Preisfestsetzung für den Absatzmarkt,
2. Errechnung der Wirtschaftlichkeit einzelner Betriebszweige, einzelner Produktgruppen oder einzelner Produkte als Grundlage für die Produktions- und Absatzplanung,
3. Ermittlung von Preisuntergrenzen im Verkauf, bis zu denen Aufträge angenommen werden können,
4. Ermittlung von Preisobergrenzen im Einkauf,
5. Entscheidung über Selbsterstellung oder Fremdbezug,
6. Ermittlung von Zuschlagssätzen für die bilanzielle Bewertung von Halb- und Fertigerzeugnissen und selbsterstellten Anlagen.

2.2 Begriffserklärungen

2.2.1 Kosten und Preis

Die Kosten bilden das wesentliche Betrachtungsobjekt der Kostenrechnung und werden als *„der wertmäßige Verzehr von Produktionsfaktoren zur Leistungserstellung und Leistungsverwertung sowie zur Sicherung der dafür notwendigen betrieblichen*

[29] Vgl. PREISSLER (2005): *Entscheidungsorientierte Kosten- und Leistungsrechnung*, S. 16 ff.
[30] Vgl. KEMMETMÜLLER/BOGENSBERGER (2002): *Handbuch der Kostenrechnung*, S. 15.

Kapazitäten" [31] definert. Kosten stellen somit den wertmäßigen Betrag dar, den das Unternehmen für den Leistungserstellungsprozess aufbringen muss.

Der Preis als ein absatzpolitisches Instrument bezeichnet dagegen *„die monetäre Gegenleistung („Entgelt") eines Käufers für eine bestimmte Menge eines Wirtschaftsgutes bestimmter Qualität"*.[32] Der Preis spiegelt den Wert der unternehmerischen Leistung wider, den der Markt dieser Leistung zuspricht. In Abhängigkeit der Preispolitik können dabei auch unterschiedliche Preise für die gleiche Leistung erzielt werden.

Die Differenz aus dem Preis, der am Markt erzielt wird, und den Kosten, die dem Unternehmen im Leistungserstellungsprozess entstanden sind, ergibt den Gewinn für die jeweilige Leistung des Unternehmens. Die Formel 2.1 stellt den Zusammenhang von Preis, Kosten und Gewinn mathematisch dar.

$$\text{Gewinn} = \text{Preis} - \text{Kosten} \tag{2.1}$$

Formel 2.1: Zusammenhang von Preis, Kosten und Gewinn

Diese „getrennte" Betrachtung von Preis und Kosten ist typisch für Unternehmen, die für den anonymen Markt produzieren. Für die Preisfindung bei Einzelfertigungen, die charakteristisch für das Bauwesen sind, weisen Preis und Kosten einen stärkeren Zusammenhang auf. Im Normalfall ergibt sich der Preis aus den Kosten, die für die zu erbringende Leistung notwendig sind, und einem Zuschlag für den kalkulierten Gewinn. Der Zusammenhang von Preis, Kosten und Gewinn zeigt sich dann wie in Formel 2.2 dargestellt.

$$\text{Preis} = \text{Kosten} + \text{kalkulierter Gewinn} \tag{2.2}$$

Formel 2.2: Zusammenhang von Preis, Kosten und Gewinn bei Einzelfertigung

Der Gewinn stellt in seinem Wesen keine Kosten dar. In dieser Systematik der Preisermittlung wird der kalkulierte Gewinn jedoch wie ein Kostenbestandteil behandelt. Der Gewinn wird daher für diese Arbeit als ein Kostenbestandteil definiert.

[31] Vgl. Olfert (1996): *Kostenrechnung*, S. 39.
[32] Vgl. Diller (2008): *Preispolitik*, S. 30.

2.2.2 Einzel- und Gemeinkosten

Die Kosten werden in Abhängigkeit ihrer Zurechenbarkeit zu den einzelnen Leistungseinheiten, den sogenannten Kostenträgern, in Einzelkosten und Gemeinkosten unterschieden. Die Einzelkosten können direkt einem Kostenträger zugewiesen werden, da sie alleinig für diesen Kostenträger anfallen.[33] Bei Gemeinkosten fehlt dagegen diese direkte Zurechenbarkeit zu einem Kostenträger. Gemeinkosten werden durch verschiedene Kostenträger gemeinsam verursacht und müssen über einen Umlageschlüssel den Kostenträgern zugewiesen werden.[34]

Der Umlageschlüssel legt fest, in welchem Verhältnis die Gemeinkosten den Kostenträgern zugerechnet werden. Für die Festlegung des Umlageschlüssels muss eine geeignete Bezugsgröße gewählt werden. Die Bezugsgröße orientiert sich dabei an den produktions-, absatz- und unternehmensspezifischen Gegebenheiten. Das GABLER Wirtschaftslexikon nennt u. a. folgende Bezugsgrößen für einen Umlageschlüssel:[35]

Art der Bezugsgröße	Beispiele für Bezugsgrößen
Mengengrößen	• Anzahl der Leistungsmengen • Anzahl der Beschäftigten
Zeitgrößen	• Bearbeitungs- und Maschinenbelegungszeiten • Rüstzeiten • Lagerzeiten
physikalische Größen	• Raumfläche • Rauminhalt
Bestandswerte	• Wert des Anlagenparks • Lagerbestandswerte
Einstandswerte	• Wareneingangswerte • Lagerzugangswerte
Kosten- und Absatzwerte	• Lohn- und Gehaltskosten • Warenumsatz

Abbildung 2.1: Beispiele für die Bezugsgröße eines Umlageschlüssels

[33] Vgl. FRIEDL (2010): *Kostenrechnung*, S. 36.
[34] Vgl. ZIMMERMANN/FRIES (1995): *Betriebliches Rechnungswesen*, S. 134.
[35] Vgl. ALISCH/WINTER/ARENTZEN (2004): *Gabler Wirtschaftslexikon (Band E – J)*, S. 1173.

Die Einteilung der Kosten in Einzel- und Gemeinkosten hängt dabei maßgebend von dem betrachteten Kostenträger ab. Bei der Kalkulation im Bauwesen stellen die Leistungspositionen (Teilleistungen) eines Leistungsverzeichnisses die Kostenträger dar. Die Gestaltung des Leistungsverzeichnisses und der einzelnen Leistungspositionen beeinflusst die Unterscheidung der Kosten in Einzel- und Gemeinkosten. Zum Beispiel stellen die Kosten der Baustelleneinrichtung im Allgemeinen Gemeinkosten dar, da diese Kosten durch das Betreiben der Baustelle entstehen, aber keiner Teilleistung direkt zugerechnet werden können. Die Kosten der Baustelleneinrichtung müssen über einen Umlageschlüssel den Leistungspositionen zugeordnet werden. Die Bezugsgrößen des Umlageschlüssels sind Kostenwerte, die sowohl die Lohnkosten als auch alle anderen Kosten des Kostenträgers berücksichtigen. Enthält dagegen das Leistungsverzeichnis die Leistungsposition *Baustelleneinrichtung*, können die Kosten der Baustelleneinrichtung dieser Leistungsposition direkt zugewiesen werden. Die Kosten der Baustelleneinrichtung stellen dann Einzelkosten der Leistungsposition *Baustelleneinrichtung* dar und sind nicht mehr als Gemeinkosten den anderen Leistungspositionen über einen Umlageschlüssel zuzuordnen.

2.2.3 Fixe und variable Kosten

Neben der Einteilung der Kosten in Einzel- und Gemeinkosten können die Kosten auch im Hinblick auf ihre Abhängigkeit zur Menge des Kostenträgers differenziert werden. Die Kosten werden dabei in fixe und variable Kosten unterschieden.

Die variablen Kosten verändern sich in ihrer absoluten Höhe mit jeder Mengeneinheit des Kostenträgers.[36] Dabei können die in Abbildung 2.2 dargestellten Formen unterschieden werden.

Die linearen Kosten (auch: proportionale Kosten) steigen im gleichen Maß mit jeder weiteren Mengeneinheit. Eine Erhöhung der Menge um 100 Prozent führt zu einer Kostensteigerung um 100 Prozent. Die degressiven Kosten (auch: unterproportionale Kosten) sind durch einen geringen Anstieg der Kosten gegenüber dem Anstieg der Menge gekennzeichnet. Bei einer Erhöhung der Menge um 100 Prozent werden Kosten um einen Betrag steigen, der kleiner als 100 Prozent ist. Die progressiven

[36] Vgl. Schmidt (2008): *Kostenrechnung*, S. 24 ff.

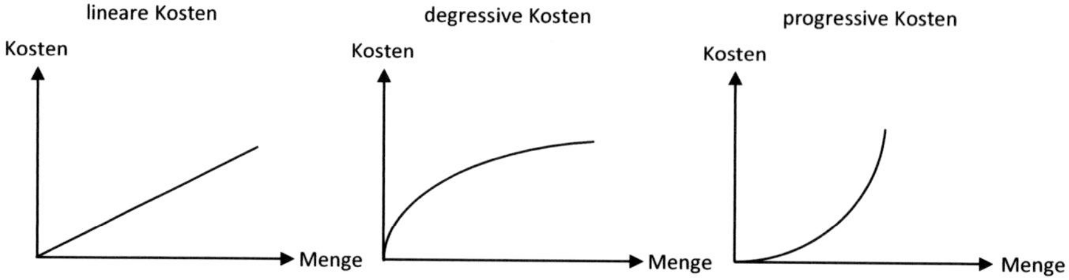

Abbildung 2.2: Kostenverlauf von linearen, degressiven und progressiven Kosten

Kosten (auch: überproportionale Kosten) weisen dagegen einen größeren Anstieg der Kosten gegenüber dem Anstieg der Menge auf. Eine Erhöhung der Menge um 100 Prozent wird zu einer Kostensteigerung führen, die größer als 100 Prozent ist.

Die fixen Kosten sind grundsätzlich unabhängig von den einzelnen Mengeneinheiten des Kostenträgers.[37] Bei (absolut) fixen Kosten besteht keine Abhängigkeit der Kosten zu den Mengen des Kostenträgers. Die Kosten sind für alle Mengeneinheiten konstant. Bei sprungfixen Kosten steigen die Kosten bei einer bestimmten Mengenanzahl auf ein höheres Kostenniveau. Zwischen den Kostensprüngen sind die Kosten für jede Mengeneinheit konstant. Abbildung 2.3 zeigt die Kostenverläufe für fixe und sprungfixe Kosten.

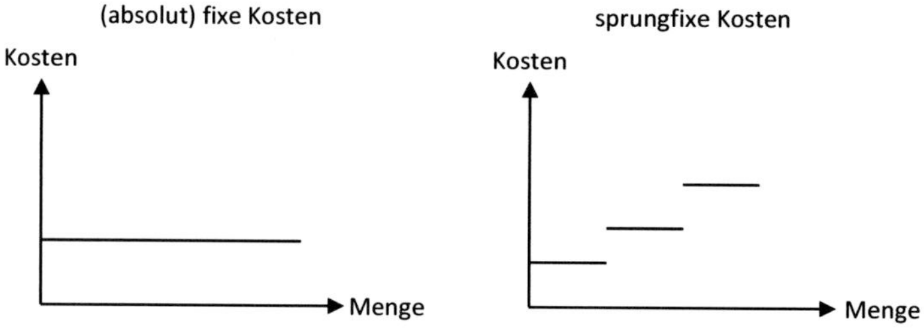

Abbildung 2.3: Kostenverlauf von fixen und sprungfixen Kosten

Die Kosten für einen Kostenträger werden im Normalfall aus einer Kombination von fixen und variablen Kosten bestehen. Die fixen und variablen Kosten können wiederum aus Einzel- oder Gemeinkosten bestehen.

[37] Vgl. GÖTZE (2004): *Kostenrechnung und Kostenmanagement*, S. 14 f.

2.3 Kostenarten-, Kostenstellen- und Kostenträgerrechnung

Die Kostenrechnung besteht aus den Bereichen *Kostenartenrechnung*, *Kostenstellenrechnung* und *Kostenträgerrechnung*. Den Zusammenhang zwischen diesen Bereichen zeigt Abbildung 2.4.

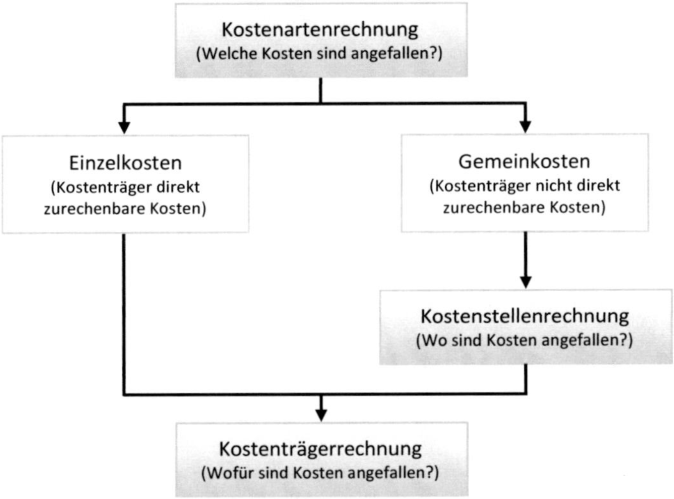

Abbildung 2.4: Zusammenhang zwischen den Bereichen der Kostenrechnung[38]

Die Kostenartenrechnung dient der Erfassung der Kosten.[39] Es soll die Frage beantwortet werden, welche Kosten angefallen sind. In der Kostenstellenrechnung sollen die Gemeinkosten verursachungsgerecht auf die verschiedenen Kostenträger verteilt werden.[40] Die Kostenstellenrechnung stellt somit eine notwendige Vorstufe zur Kostenträgerrechnung dar und beantwortet die Frage, wo Kosten angefallen sind. Mit der Kostenträgerrechnung werden die Kosten der einzelnen Kostenträger kalkuliert.[41] Die Einzelkosten können direkt aus der Kostenartenrechnung entnommen werden, während die anteiligen Gemeinkosten aus der Kostenstellenrechnung zuge-

[38] In Anlehnung an GÖTZE (2004): *Kostenrechnung und Kostenmanagement*, S. 21.
[39] Vgl. FREIDANK (2000): *Kostenrechnung*, S. 95 f.
[40] Vgl. HUCH/BEHME/OHLENDORF (2004): *Rechnungswesenorientiertes Controlling*, S. 16 f.
[41] Vgl. KOCH (1997): *Kosten- und Leistungsrechnung*, S. 85.

wiesen werden. Die Kostenträgerrechnung beantwortet die Frage, wofür Kosten angefallen sind. Die Wahl des Kalkulationsverfahrens für die Kostenträgerrechnung hängt maßgebend von dem Produktionsprogramm und dem Fertigungstypen ab.[42] Im nachfolgenden Abschnitt werden verschiedene Kalkulationsverfahren vorgestellt.

2.4 Verfahren der Kostenrechnung

In diesem Abschnitt werden die Funktionsweisen und die Voraussetzungen für die Anwendung verschiedener Divisions- und Zuschlagsverfahren betrachtet.

2.4.1 Divisionsverfahren

Die Divisionsverfahren werden in die einstufige Divisionskalkulation, die mehrstufige Divisionskalkulation und die Äquivalenzziffernkalkulation unterteilt.

Einstufige Divisionskalkulation

Die einstufige Divisionskalkulation wird bei Ein-Produkt-Unternehmen mit Massenfertigung eingesetzt. Die Produktion muss einen kontinuierlichen Fertigungsfluss aufweisen und darf keine Veränderungen in den Lagerbeständen der Zwischen- und Endprodukte verursachen. Weiterhin müssen die produzierte und die verkaufte Menge übereinstimmen.[43]

Die Stückkosten k_s einer Mengeneinheit werden durch die Division der angefallenen Kosten K durch die hergestellte Menge x ermittelt. Eine Unterscheidung der Kosten in Einzel- und Gemeinkosten erfolgt nicht. Eine Kostenstellenrechnung ist für die einstufige Divisionskalkulation somit nicht notwendig. Die Formel 2.3 zeigt die Berechnung der Stückkosten bei der einstufigen Divisionskalkulation.

[42] Vgl. Macha (2010): *Grundlagen der Kosten- und Leistungsrechnung*, S. 130.
[43] Vgl. Seicht (1999): *Moderne Kosten- und Leistungsrechnung*, S. 160.

$$k_s = \frac{K}{x} \tag{2.3}$$

Formel 2.3: Ermittlung der Stückkosten mittels einstufiger Divisionskalkulation

Als Beispiel soll angenommen werden, dass für die Herstellung von 1.000.000 Stück eines Produktes Einzelkosten in Höhe von 900.000 € und Gemeinkosten in Höhe von 520.000 € angefallen sind. Die Stückkosten ergeben sich dann wie folgt:

$$k_s = \frac{900.000\,€ + 520.000\,€}{1.000.000\text{ Stück}} = \frac{1.420.000\,€}{1.000.000\text{ Stück}} = \underline{\underline{1{,}42\,€/\text{Stück}}} \tag{2.4}$$

Formel 2.4: Beispiel für die einstufige Divisionskalkulation

Mehrstufige Divisionskalkulation

Die mehrstufige Divisionskalkulation kommt bei Ein-Produkt-Unternehmen mit Massenfertigung zur Anwendung, deren Produktion keinen kontinuierlichen Fertigungsfluss aufweist. Durch Veränderungen der Lagerbestände zwischen den einzelnen Fertigungsstufen ist eine stufenlose Kostenbetrachtung über den gesamten Produktionsprozess nicht möglich. Die produzierte Menge darf bei diesem Kalkulationsverfahren von der verkauften Menge abweichen.[44]

Die Stückkosten einer Mengeneinheit ergeben sich bei der mehrstufigen Divisionskalkulation aus den Stückkosten der einzelnen Fertigungsstufen. Für jede Fertigungsstufe werden die Gesamtkosten der Fertigungsstufe durch die Menge der Fertigungsstufe geteilt. Eine Differenzierung der Kosten in Einzel- und Gemeinkosten erfolgt nicht. Die Summe aller Stückkosten der Fertigungsstufen ergibt die Stückkosten einer Mengeneinheit für den gesamten Produktionsprozess. In der Formel 2.5 ist die Berechnung der Stückkosten bei der mehrstufigen Divisionskalkulation mit S-vielen Fertigungsstufen dargestellt.

$$k_s = \frac{K_1}{x_1} + \frac{K_2}{x_2} + \cdots + \frac{K_S}{x_S} \tag{2.5}$$

Formel 2.5: Ermittlung der Stückkosten mittels mehrstufiger Divisionskalkulation

[44] Vgl. Moews (1996): *Kosten- und Leistungsrechnung*, S. 173.

Beispielhaft sollen für die Berechnung der Stückkosten die Werte aus Abbildung 2.5 angenommen werden.

	Gesamtkosten	Menge	Stückkosten
Fertigungsstufe 1	400.000 €	25.000 Stück	16,00 €/Stück
Fertigungsstufe 2	450.000 €	24.000 Stück	18,75 €/Stück
Fertigungsstufe 3	500.000 €	20.000 Stück	25,00 €/Stück
Fertigungsstufe 4	405.000 €	18.000 Stück	22,50 €/Stück
Summe der Stückkosten			82,25 €/Stück

Abbildung 2.5: Beispiel für die mehrstufige Divisionskalkulation

In der Fertigungsstufe 1 ergeben sich Stückkosten von 16,00 €/Stück, in der Fertigungsstufe 2 von 18,75 €/Stück, in der Fertigungsstufe 3 von 25,00 €/Stück und in der Fertitungsstufe 4 von 22,50 €/Stück. Die Stückkosten für den gesamten Produktionsprozess belaufen sich danach auf 82,25 €/Stück.

Äquivalenzziffernkalkulation

Die Äquivalenzziffernkalkulation eignet sich bei Mehr-Produkt-Unternehmen, deren Produkttypen sich nur unwesentlich unterscheiden und auf derselben Produktionsanlage gefertigt werden. Diese Konstellation ist vor allem bei der Sortenfertigung vorzufinden. Anstelle die Kosten für jeden Produkttyp zu ermitteln, werden die Kosten für einen repräsentativen Produktionstyp berechnet. Über Äquivalenzziffern werden dann die Kosten der anderen Produktionstypen ermittelt. Für die Anwendung der Äquivalenzziffernkalkulation muss das Kostenverhältnis zwischen den verschiedenen Produkttypen über Äquivalenzziffern abgebildet werden können.[45] Eine Äquivalenzziffer $a = 1{,}4$ für einen Produkttyp bedeutet, dass die Kosten dieses Produkttypes um 40 Prozent über den Kosten des repräsentativen Produkttyps liegen.

Die Stückkosten der einzelnen Produkttypen werden in zwei Schritten berechnet. Im ersten Schritt werden die Stückkosten $\tilde{k}_s$ des repräsentativen Produktionstypen ermittelt. Hierfür werden die gesamten Kosten K durch die repräsentative Produktionsmenge dividiert. Die repräsentative Produktionsmenge ergibt sich aus den Mengen der einzelnen Produktionstypen gewichtet mit den jeweiligen Äquivalenzziffern.

[45] Vgl. KLOOCK et al. (2005): *Kosten- und Leistungsrechnung*, S. 150.

Im zweiten Schritt werden durch die Multiplikation der repräsentativen Stückkosten mit der Äquivalenzziffer eines Produktionstypen die Stückkosten des Produktionstypen ermittelt. Die Formel 2.6 zeigt die Vorgehensweise zur Berechnung der Stückkosten von n-vielen Produktionstypen.

$$\begin{aligned} &1. \quad \tilde{k}_s = \frac{K}{a_1 \cdot x_1 + a_2 \cdot x_2 + \cdots + a_n \cdot x_n} \\ &2. \quad k_{(1,\ 2,\ \ldots,\ n)} = \tilde{k}_s \cdot a_{(1,\ 2,\ \ldots,\ n)} \end{aligned} \tag{2.6}$$

Formel 2.6: Ermittlung der Stückkosten mittels Äquivalenzziffernkalkulation

Als Beispiel soll die Produktion von 3 Produkttypen betrachtet werden. Die Mengen und die Äquivalenzziffern der Produkttypen sind in Abbildung 2.6 dargestellt.

	Menge	Äquivalenzziffer	äquivalente Menge
Produkttyp 1	30.000 Stück	1,0	30.000 Stück
Produkttyp 2	20.000 Stück	1,3	26.000 Stück
Produkttyp 3	55.000 Stück	0,8	44.000 Stück
repräsentative Menge			100.000 Stück

Abbildung 2.6: Beispieldaten für die Äquivalenzziffernkalkulation

Die Gesamtkosten sollen 800.000 € betragen. Damit ergeben sich die repräsentativen Stückkosten wie folgt:

$$\begin{aligned} \tilde{k}_s &= \frac{800.000\,€}{1,0 \cdot 30.000 \text{ Stück} + 1,3 \cdot 20.000 \text{ Stück} + 0,8 \cdot 55.000 \text{ Stück}} \\ &= \frac{800.000\,€}{100.000 \text{ Stück}} \\ &= \underline{\underline{8{,}00\,€/\text{Stück}}} \end{aligned} \tag{2.7}$$

Formel 2.7: Ermittlung der repräsentativen Stückkosten

Damit können die Stückkosten der drei Produktionstypen berechnet werden:

$$\begin{aligned}
&\text{Produkttyp 1:} \quad k_1 = 8{,}00\,€/\text{Stück} \cdot 1,0 = \underline{\underline{8{,}00\,€/\text{Stück}}} \\
&\text{Produkttyp 2:} \quad k_2 = 8{,}00\,€/\text{Stück} \cdot 1,3 = \underline{\underline{10{,}40\,€/\text{Stück}}} \\
&\text{Produkttyp 3:} \quad k_3 = 8{,}00\,€/\text{Stück} \cdot 0,8 = \underline{\underline{6{,}40\,€/\text{Stück}}}
\end{aligned} \tag{2.8}$$

Formel 2.8: Ermittlung der Stückkosten der drei Produktionstypen

2.4.2 Zuschlagsverfahren

Die Zuschlagsverfahren werden für die Kalkulation in Mehr-Produkt-Unternehmen mit einem heterogenen Produktionsprogramm eingesetzt.[46] Sie bilden das typische Kalkulationsverfahren bei Serien- und Einzelfertigungen. Die Voraussetzung für die Anwendung von Zuschlagsverfahren ist die Trennung von Einzel- und Gemeinkosten.[47] Es werden die summarische und die differenzierende Zuschlagskalkulation unterschieden.

Summarische Zuschlagskalkulation

Die summarische Zuschlagskalkulation stellt eine vereinfachte Form des Zuschlagsverfahrens dar. Die Gemeinkosten werden ohne Differenzierung nach Kostenarten über einen einheitlichen Zuschlagssatz auf die Einzelkosten beaufschlagt. Diese Vorgehensweise wird nur selten zu einer verursachungsgerechten Zuordnung der Gemeinkosten führen. Deshalb sollte die summarische Zuschlagskalkulation aus Vereinfachungsgründen nur in kleineren Unternehmen wie Handwerksbetrieben eingesetzt werden.[48]

Für ein Beispiel sind die Werte für die Einzel- und Gemeinkosten der vier Kostenarten aus Abbildung 2.7 gegeben.

[46] Vgl. Eisele (2007): *Technik des betrieblichen Rechnungswesens*, S. 726.
[47] Vgl. Walter (2000): *Einführung in die moderne Kostenrechnung*, S. 218.
[48] Vgl. Kalenberg (2008): *Kostenrechnung*, S. 120 f.

	Einzelkosten	Gemeinkosten
Kostenart 1	150.000 €	60.000 €
Kostenart 2	250.000 €	90.000 €
Kostenart 3	225.000 €	85.000 €
Kostenart 4	175.000 €	65.000 €
Summe	800.000 €	300.000 €

Abbildung 2.7: Beispieldaten für die summarische Zuschlagskalkulation

Der summarische Zuschlagssatz Z_{sum} für alle Kostenarten bildet sich aus der Division von Gemeinkosten zu Einzelkosten wie folgt:

$$Z_{sum} = \frac{\text{Gemeinkosten}}{\text{Einzelkosten}} = \frac{300.000\,€}{800.000\,€} = 0,375 \mathrel{\hat{=}} 37,50\ \% \tag{2.9}$$

Formel 2.9: Ermittlung des summarischen Zuschlagssatzes

Mit diesem Zuschlagssatz können nun die Kosten der verschiedenen Produkte kalkuliert werden. Entstehen für ein Produkt zum Beispiel Einzelkosten in Höhe von 100.000 €, dann können die Gesamtkosten wie folgt berechnet werden:

$$\begin{aligned} \text{Gesamtkosten} &= \text{Einzelkosten} + \text{Gemeinkostenzuschlag} \\ &= 100.000\,€ + 100.000\,€ \cdot 0,375 \\ &= 100.000\,€ + 37.500\,€ \\ &= \underline{\underline{137.500\,€}} \end{aligned} \tag{2.10}$$

Formel 2.10: Ermittlung der Kosten mittels summarischer Zuschlagskalkulation

Differenzierende Zuschlagskalkulation

Bei der differenzierenden Zuschlagskalkulation wird für jede Kostenart ein eigener Zuschlagssatz gebildet. Die Gemeinkosten können damit verursachungsgerechter den

Einzelkosten zugeordnet werden. Voraussetzung für die differenzierende Zuschlagskalkulation ist eine Untergliederung der Gemeinkosten nach den verschiedenen Kostenarten in der Kostenstellenrechnung.[49]

Für ein Beispiel sollen die Daten aus dem Beispiel für die summarische Zuschlagskalkulation fortgeführt werden. In Abbildung 2.8 werden für jede Kostenart die Zuschlagssätze für die Gemeinkosten gebildet. Bei der Kostenart 1 ergibt sich bspw. ein Zuschlagssatz von 60.000 € / 150.000 € = 0,40 $\hat{=}$ 40 %.

	Einzelkosten	Gemeinkosten	Zuschlagssatz
Kostenart 1	150.000 €	60.000 €	40,00 %
Kostenart 2	250.000 €	90.000 €	36,00 %
Kostenart 3	225.000 €	85.000 €	37,78 %
Kostenart 4	175.000 €	65.000 €	37,14 %

Abbildung 2.8: Beispieldaten für die differenzierende Zuschlagskalkulation

Ein Produkt verursacht Einzelkosten für die Kostenart 1 von 20.000 €, für die Kostenart 2 von 25.000 €, für die Kostenart 3 von 15.000 € und für die Kostenart 4 von 10.000 €. Die Gesamtkosten können dann mit den berechneten Zuschlagssätzen für die vier Kostenarten wie folgt berechnet werden:

$$\begin{aligned} \text{Gesamtkosten} &= +\,20.000\,€ \cdot 1,40 \\ &\quad +\,25.000\,€ \cdot 1,36 \\ &\quad +\,15.000\,€ \cdot 1,3778 \\ &\quad +\,10.000\,€ \cdot 1,3714 \\ &= \underline{\underline{96.381,00\,€}} \end{aligned} \tag{2.11}$$

Formel 2.11: Beispiel für die differenzierende Zuschlagskalkulation

2.5 Resümee zu Kapitel 2

In diesem Kapitel wurden die notwendigen Grundlagen der Kostenrechnung für diese Arbeit betrachtet. Zu Beginn wurden die Aufgaben der Kostenrechnung

[49] Vgl. STEGER (2006): *Kosten- und Leistungsrechnung*, S. 301 .

beschrieben und wichtige Begriffe definiert. Der Gewinn des Unternehmens wurde dabei für diese Arbeit als ein Kostenbestandteil definiert. Der nachfolgende Teil der Arbeit kann in die Kostenträgerrechnung eingeordnet werden. Dabei werden für die Kalkulation der Angebotspreise Zuschlagsverfahren eingesetzt, die sich für die Einzelfertigung besser eignen als die Divisionsverfahren. Bei den Divisionsverfahren erfolgt die Kalkulation mittels Division der Kosten durch die Menge. Bei den Zuschlagsverfahren erhalten die Einzelkosten einen prozentualen Zuschlag für die Gemeinkosten, um die Gesamtkosten zu ermitteln.

3 Analyse der klassischen Einheitspreisvergütung

Nachdem in Kapitel 2 die Grundlagen der Kostenrechnung vorgestellt wurden, sollen in diesem Kapitel die klassische Einheitspreisvergütung und das Kalkulationsverfahren zur Ermittlung der Einheitspreise analysiert werden. Das Ziel des Kapitels besteht in der Ermittlung der Ursache, die zu einer fehlerhaften Leistungsvergütung bei Mengenabweichungen führt.

3.1 Vergleich der Vergütung nach Einheitspreisen mit dem realen Kostenverlauf

Die Vergütungsform bestimmt die Rechenmethode, mit der die erbrachte Leistung abgerechnet wird. Das Ziel der Vergütungsform soll darin bestehen, den realen Kostenverlauf mit einer hohen Genauigkeit abzubilden.

Die Höhe der Gesamtvergütung V^{EP} ergibt sich bei einem Einheitspreisvertrag aus der Summe der einzelnen Vergütungsansprüche V_i^{EP} für alle Leistungspositionen i. Der Vergütungsanspruch V_i^{EP} berechnet sich aus der Multiplikation der tatsächlich hergestellten Menge x_i der Leistungsposition i mit dem zugehörigen Einheitspreis ep_i der Leistungsposition i. Die Formel 3.1 verdeutlicht diesen Zusammenhang für die Gesamtheit aller Leistungspositionen X mit den Mengenansätzen $x_1, x_2, \ldots, x_k$.

$$V^{EP}(X) = \sum_{i=1}^{k} V_i^{EP}(x_i) = \sum_{i=1}^{k} x_i \cdot ep_i \tag{3.1}$$

Formel 3.1: Vergütung nach Einheitspreisen (klassische Einheitspreisvergütung)

Die Vergütung nach Einheitspreisen lässt sich somit als eine lineare Funktion beschreiben, die – ohne Beachtung der nach VOB/B möglichen Anpassungen des Einheitspreises – durch den Koordinatenursprung verläuft.

In Abschnitt 2.2.3 wurde gezeigt, dass sich die entstehenden Gesamtkosten $K(X)$ aus fixen und variablen Kostenbestandteilen[50] zusammensetzen. Die fixen Kostenbestandteile K_f fallen unabhängig der ausgeführten Mengen als absoluter Betrag an. Die variablen Kostenbestandteile K_v ergeben sich aus der Summe der variablen Kosten der einzelnen Leistungspositionen. Die variablen Kosten für eine Leistungsposition i berechnen sich aus der Multiplikation der Stückkosten k_{v_i} mit der ausgeführten Menge x_i. Die Formel 3.2 zeigt die allgemeine Kostenfunktion.

$$K(X) = K_f + K_v(X) = K_f + \sum_{i=1}^{k} k_{v_i} \cdot x_i \tag{3.2}$$

Formel 3.2: Allgemeine Kostenfunktion des realen Kostenverlaufs

Der reale Kostenverlauf ist eine lineare Funktion, die im Gegensatz zur Vergütungsfunktion nicht durch den Koordinatenursprung verläuft, sondern deren Schnittpunkt mit der Ordinatenachse in Höhe der Fixkosten liegt. Die Abbildung 3.1 stellt graphisch den Unterschied zwischen der Vergütungsfunktion und der Funktion des realen Kostenverlaufs in Abhängigkeit der Menge x_i für die Leistungsposition i dar.

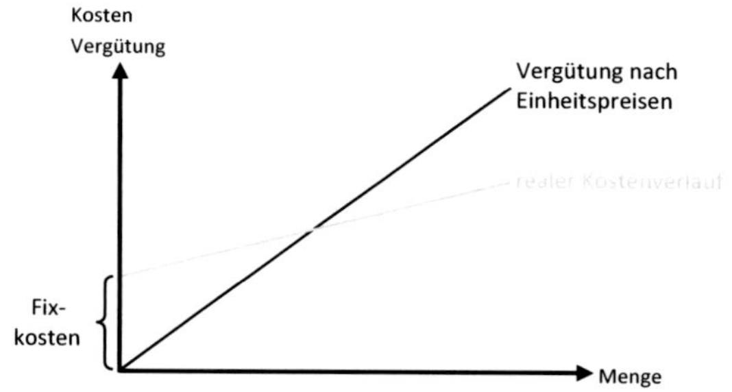

Abbildung 3.1: Vergleich der Vergütung nach Einheitspreisen mit dem realen Kostenverlauf für eine Leistungsposition

[50] Die Variabilität bezieht sich auf die ausgeführte Menge.

Die Vergütungsfunktion und die Kostenfunktion stimmen lediglich in einem einzigen Punkt überein. Die Vergütung mit Einheitspreisen bildet den realen Kostenverlauf somit nur ungenügend ab. Um diese Diskrepanz zwischen der Vergütungsberechnung und der Kostenentstehung erklären zu können, ist es notwendig, das Kalkulationsverfahren zur Ermittlung der Einheitspreise zu analysieren.

3.2 Analyse des Kalkulationsverfahrens zur Ermittlung der Einheitspreise

Dieser Abschnitt befasst sich mit dem Kalkulationsverfahren zur Ermittlung der Einheitspreise. Die Ausführungen beginnen mit allgemeinen Vorbemerkungen zum gewählten Kalkulationsverfahren. Anschließend werden der Aufbau des Kalkulationsverfahrens beschrieben und die Durchführung der Kalkulation vorgestellt. Die Ausführungen sind auf die Ermittlung der Ursache für die Diskrepanz zwischen der Vergütungs- und Kostenfunktion ausgerichtet.

3.2.1 Vorbemerkungen zum Kalkulationsverfahren

Im Abschnitt 2.4 wurde dargelegt, dass sich für die Kalkulation heterogener Produkte Zuschlagsverfahren besser eignen als Divisionsverfahren. Für die Kalkulation von baulichen Anlagen, die in der Regel durch einen hohen Unikatcharakter gekennzeichnet sind, hat sich das Zuschlagsverfahren *Kalkulation über die Angebotssumme* etabliert. Das Kalkulationsverfahren geht auf OPITZ aus dem Jahre 1949 zurück.[51] Eine vereinfachte Variante dieses Verfahrens ist die *Kalkulation mit vorbestimmten Zuschlagssätzen*.[52]

Die *Kalkulation mit vorbestimmten Zuschlagssätzen* verzichtet auf eine baustellenbezogene Ermittlung der Gemeinkosten.[53] Die Gemeinkosten werden summarisch für eine Periode erfasst und ohne Differenzierung nach der tatsächlichen Gemeinkostenentstehung auf die einzelnen Bauvorhaben verteilt. Der Aufwand der baustellenspe-

[51] Vgl. OPITZ (1949): *Preisermittlung für Bauleistungen*.
[52] Vgl. BERNER/KOCHENDÖRFER/SCHACH (2007): *Grundlagen der Baubetiebslehre 1*, S. 126.
[53] Vgl. PROPOROWITZ (2008): *Baubetrieb – Bauwirtschaft*, S. 117.

zifischen Gemeinkostenerfassung und der Umlagebildung entfällt.[54] Die Voraussetzung für die Anwendung des vereinfachten Kalkulationsverfahrens ist die Spezialisierung auf die Ausführung quasi-gleicher Bauleistungen. Solche Beispiele finden sich nur bei Handwerksbetrieben, die stets ähnliche Teilleistungen mit einer vergleichbaren Gemeinkostenstruktur ausführen. Der Aufwand einer genauen Gemeinkostenermittlung ist in diesen Fällen nicht gerechtfertigt.[55]

In den folgenden Ausführungen soll das Verfahren *Kalkulation über die Angebotssumme* betrachtet werden, das in seiner allgemeingültigen Form von allen Bauunternehmen für alle Bauvorhaben eingesetzt werden kann.

3.2.2 Gliederung des Kalkulationsverfahrens

Gliederung nach Kostenbestandteilen

Der Aufbau des Kalkulationsverfahrens entspricht dem in Formel 3.3 dargestellten Schema. Die Summe aus den Einzelkosten der Teilleistungen und den Gemeinkosten, die ausschließlich durch das Bauprojekt entstehen (Baustellengemeinkosten), bilden die Herstellkosten. Zu den Herstellkosten werden weitere Gemeinkosten addiert, die aufgrund des allgemeinen Geschäftsbetrieb anfallen (Allgemeine Geschäftskosten), um die Selbstkosten des Bauvorhabens zu ermitteln. Die Selbstkosten bilden mit den Anteilen für Wagnis und Gewinn die Angebotssumme ohne Mehrwertsteuer.

$$\begin{array}{l} \quad \text{Einzelkosten der Teilleistungen} \\ + \ \text{Baustellengemeinkosten} \\ \hline = \ \textbf{Herstellkosten} \\ + \ \text{Allgemeine Geschäftskosten} \\ \hline = \ \textbf{Selbstkosten} \\ + \ \text{Wagnis und Gewinn} \\ \hline = \ \textbf{Angebotssumme ohne MwSt.} \\ \hline\hline \end{array} \tag{3.3}$$

Formel 3.3: Schema der Kalkulation

[54] Vgl. BAUER (2007): *Baubetrieb*, S. 661 f.

[55] Vgl. GIRMSCHEID/MOTZKO (2007): *Kalkulation und Preisbildung in Bauunternehmen*, S. 134.

Gliederung nach Kostenarten

Die Differenzierung der Kosten nach Kostenarten bestimmt jedes Bauunternehmen nach seinen individuellen Bedürfnissen. Die Bildung verschiedener Kostenarten ermöglicht es, die Kosten nach ihrer Entstehung aufzuschlüsseln und die Gemeinkosten über verschiedene Zuschlagssätze differenzierter auf die Einzelkosten zu verteilen. Auf diese Weise lässt sich der Anteil bestimmter Kosten an der Gesamtsumme leichter überprüfen. Zudem vereinfacht die Unterscheidung in Kostenarten den Soll-Ist-Vergleich für das Kostencontrolling.[56] Die Abbildung 3.2 zeigt verschiedene Kostengliederungen in Abhängigkeit der Anzahl der Kostenarten.

Abbildung 3.2: Gliederung der Kosten nach Anzahl der Kostenarten[57]

Die einfachste Form der Kostenartengliederung ist die Aufteilung der Kosten in die Kostenarten *Lohnkosten* und *Sonstige Kosten*. Die Kosten der eigenen Arbeitskräfte werden von allen anderen Kosten getrennt. Bei der Gliederung in drei Kostenarten werden aus den Sonstigen Kosten die *Kosten der Nachunternehmer* separiert. Die Gliederung nach vier Kostenarten weist zusätzlich die *Gerätekosten* und die Gliederung nach fünf Kostenarten zusätzlich die *Stoffkosten* separat aus. Eine differenzierterte Kostengliederung in mehr als fünf Kostenarten kann zum Beispiel durch eine Unterteilung der Nachunternehmerleistungen in Leistungen, die in sich technisch abgeschlossen sind und Leistungen, die in sich nicht technisch abgeschlossen sind, erreicht werden.[58]

[56] Vgl. DREES/PAUL (2010): *Kalkulation von Baupreisen*, S. 43.

[57] In Anlehnung an BERNER/KOCHENDÖRFER/SCHACH (2007): *Grundlagen der Baubetiebslehre 1*, S. 129.

[58] Vgl. DREES/PAUL (2010): *Kalkulation von Baupreisen*, S. 43 f.

Die Kostenartengliederung dieser Arbeit richtet sich nach dem *Vergabe- und Vertragshandbuch für die Baumaßnahmen des Bundes ausgenommen Maßnahmen der Straßen- und Wasserbauverwaltungen*, das vom Bundesministerium für Verkehr, Bau und Stadtentwicklung herausgegeben wird. In dem Formblatt 222 werden die Kostenarten Lohnkosten, Stoffkosten, Gerätekosten, Sonstige Kosten und die Kosten der Nachunternehmerleistungen unterschieden.[59]

3.2.3 Durchführung der Kalkulation

Formblätter für die Kalkulation und prinzipieller Ablauf

Bevor mit der Kalkulation der Angebotssumme und der Einheitspreise begonnen werden kann, sind einige Vorarbeiten durchzuführen. Zu diesen Vorarbeiten gehören unter anderen die Baustellenbegehung, die Prüfung der Ausschreibungsunterlagen und die Berechnung des Mittellohns.[60] Diese Vorarbeiten haben keinen Einfluss auf die Diskrepanz zwischen der Vergütungs- und Kostenfunktion und werden aus diesem Grund nicht weiter betrachtet.

Für die Kalkulation ohne EDV-Einsatz haben sich Formblätter herausgebildet, die in den verschiedenen Lehrbüchern bis auf geringfügige Abwandlungen einheitlich verwendet werden. Die wesentlichen Formblätter sind:

- Formblatt 1 – Ermittlung der Einzelkosten der Teilleistungen
- Formblatt 2 – Ermittlung der Angebotssumme
- Formblatt 3 – Ermittlung der Gemeinkostenumlage

Die drei Formblätter können in Anlage 1 nachgeschlagen werden. Weitere Formblätter existieren für die Berechnung des Mittellohns, der Baustellengemeinkosten, der Baustelleneinrichtung und für die Geräteliste. Diese Formblätter sind jedoch für die Untersuchung in diesem Kapitel nicht ausschlaggebend und werden vernachlässigt.

[59] Vgl. Bundesministerium für Verkehr, Bau und Stadtentwicklung (2008): *Vergabe- und Vertragshandbuch für die Baumaßnahmen des Bundes*, PDF-Seite 112.

[60] Zur Berechnung des Mittellohns siehe Berner/Kochendörfer/Schach (2007): *Grundlagen der Baubetriebslehre 1*, S. 132 - 141, Girmscheid/Motzko (2007): *Kalkulation und Preisbildung in Bauunternehmen*, S. 143 - 158 oder Proporowitz (2008): *Baubetrieb – Bauwirtschaft*, S. 98 - 105.

Die Zusammenhänge zwischen den drei Formblättern sind in Abbildung 3.3 dargestellt. Dem Formblatt 1 kommt dabei eine doppelte Bedeutung zu. Es ist sowohl Ausgangs- als auch Endpunkt der Kalkulation. Den prinzipiellen Ablauf für die Durchführung der Kalkulation zeigt Abbildung 3.4. Aus diesem Ablauf lässt sich erkennen, warum das Kalkulationsverfahren den Namen *Kalkulation **über** die Angebotssumme* trägt. Die berechnete Angebotssumme ist ein notwendiges Zwischenergebnis, um die Einheitspreise der Leistungspositionen ermitteln zu können.

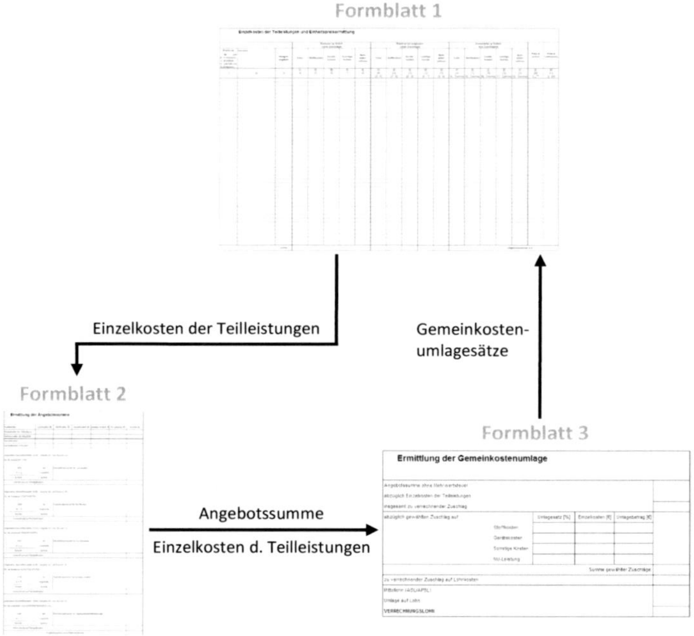

Abbildung 3.3: Zusammenhänge zwischen den Formblättern

Formblatt 1 – Ermittlung der Einzelkosten der Teilleistungen

Das Formblatt 1 erfasst die Einzelkosten der Teilleistungen (Leistungspositionen) getrennt nach Kostenarten. Zu den Einzelkosten gehören alle Kosten, die einer Teilleistung vollständig und eindeutig zugerechnet werden können. In die Spalten *Kostenart je Einheit (ohne Zuschläge)* werden die Kostenansätze für die Ausführung einer Mengeneinheit eingetragen. Diese Werte sind vor der Kalkulationsdurchführung

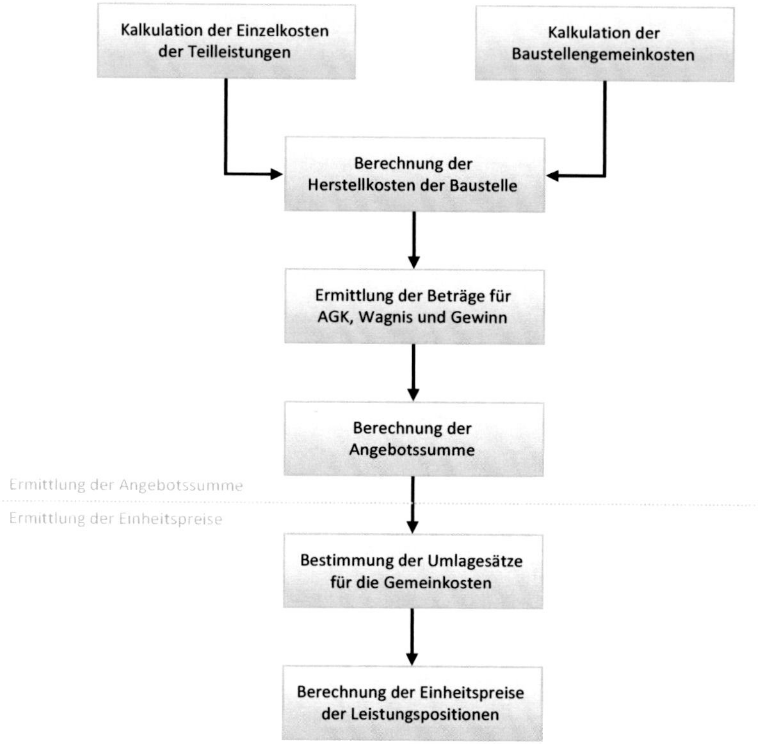

Abbildung 3.4: Prinzipieller Ablauf der Kalkulation

in einer separaten Rechnung zu ermitteln, aus vorhandenen Stammdaten abzuleiten oder bei Zulieferern und Nachunternehmern anzufragen. Die Kostenansätze für die Kostenart Lohnkosten tragen die Einheit *Stunde je Mengeneinheit*. Die anderen Kostenarten werden in *Euro je Mengeneinheit* angegeben.

Die Multiplikation der Mengenansätze mit den Kostenarten je Einheit ergibt die Werte für die Spalten *Kostenarten insgesamt (ohne Zuschläge)*. Diese Werte geben die gesamten Einzelkosten für jede Kostenart an, die für die Ausführung der ausgeschriebenen Menge einer Leistungsposition entstehen. Die Summe dieser Werte über alle Leistungspositionen wird für jede Kostenart in Formblatt 2 übertragen. Die Stundenanzahl für die Lohnkosten wird dabei mit dem Mittellohn multipliziert, um einen monetären Wert für die Lohnkosten zu ermitteln.

Formblatt 2 – Ermittlung der Angebotssumme

Nachdem die Einzelkosten der Teilleistungen und in einem gesonderten Schritt die Baustellengemeinkosten – ebenfalls nach Kostenarten getrennt – kalkuliert wurden,[61] können in Formblatt 2 die Herstellkosten berechnet werden. Für die Herstellkosten werden sowohl die Gesamtsumme als auch die Summen für jede Kostenart ermittelt. Die nach Kostenarten getrennte Berechnung der Herstellkosten ist für die Berücksichtigung der Allgemeinen Geschäftskosten sowie Wagnis und Gewinn über einen prozentualen Zuschlagssatz notwendig. Der Zuschlagssatz kann sich für die einzelnen Kostenarten unterscheiden.

Die Allgemeinen Geschäftskosten fallen unabhängig vom Betrieb der Baustelle an. Sie decken die Kosten der Organisation und der Betriebsbereitschaft des Bauunternehmens und werden über einen prozentualen Zuschlagssatz bezogen auf die Angebotssumme berücksichtigt. Der Zuschlagssatz wird in Abhängigkeit der Ergebnisse der Betriebsbuchhaltung und der Einschätzung der zukünftigen Entwicklung festgelegt.[62]

Der Wagnisanteil stellt einen Ausgleich für das unternehmerische Risiko dar. Der Risikobetrag kann prozentual erfasst oder durch eine Risikobewertung als absoluter Betrag ermittelt werden.[63] Der Gewinnanteil dient der Vergütung der unternehmerischen Tätigkeit und der Verzinsung des eingesetzten Kapitals. Der Gewinnanteil wird durch einen Prozentsatz bezogen auf die Angebotssumme berücksichtigt.[64]

Die Zuschlagssätze für die Allgemeinen Geschäftskosten p_{AGK}, für den Wagnisanteil p_W und für den Gewinnanteil p_G beziehen sich auf die Angebotssumme. Die Angebotssumme ist jedoch noch nicht bekannt. Aus diesem Grund müssen die Zuschlagssätze im Formblatt 2 auf die Herstellkosten umgerechnet werden. Die Umrechnung erfolgt gemäß der Formel 3.4. Für die Herleitung der Formel sei auf Leimböck/Klaus/Hölkermann verwiesen.[65]

[61] Zu den Baustellengemeinkosten gehören alle Kosten, die durch die Baustelle entstehen, jedoch nicht einer bestimmten Teilleistung vollständig und eindeutig zu geordnet werden können. Vgl. Bielefeld/Wirths (2010): *Entwicklung und Abwicklung von Bauprojekten im Bestand*, S. 233.

[62] Vgl. Brecheler et al. (1998): *Baubetriebslehre*, S. 65 f.

[63] Vgl. für die Risikobewertung u. a. Girmscheid/Busch (2008a): *Projektrisikomanagement in der Bauwirtschaft* und Girmscheid/Busch (2008b): *Unternehmensrisikomanagement in der Bauwirtschaft*

[64] Vgl. Gossow (1998): *Baubetriebspraxis*, S. 100 f.

[65] Vgl. Leimböck/Klaus/Hälkermann (2007): *Baukalkulation und Projektcontrolling*, S. 53.

$$\text{Zuschlagssatz auf Herstellkosten } [\%] = \frac{100\ \% \cdot \sum p_{AGK} + p_W + p_G}{100\ \% - \sum p_{AGK} + p_W + p_G} \quad (3.4)$$

Formel 3.4: Umrechnung der Zuschlagssätze für AGK, W + G auf die Herstellkosten

Durch die Umrechnung der Zuschlagssätze auf die Herstellkosten lassen sich die absoluten Beträge für die Allgemeinen Geschäftskosten, Wagnis und Gewinn für jede Kostenart berechnen. Die Kostenarten können dabei mit unterschiedlichen Zuschlagssätzen kalkuliert werden.

Die Angebotssumme ergibt sich aus der Addition der Herstellkosten mit den absoluten Beträgen für die Allgemeinen Geschäftskosten, Wagnis und Gewinn. Damit ist das erste Ziel der Kalkulation erreicht.

Formblatt 3 – Ermittlung der Gemeinkostenumlage

Für die Kalkulation der Einheitspreise der Leistungspositionen werden aus dem Formblatt 2 die Angebotssumme und die Summe der Einzelkosten der Teilleistungen in das Formblatt 3 übertragen. Aus der Differenz zwischen der Angebotssumme und den Einzelkosten der Teilleistungen ergibt sich der Gemeinkostenanteil, der auf die Einzelkosten der Teilleistungen umgelegt werden muss. Die Umlage der Gemeinkosten ist notwendig, da nur die Einheitspreise Vertragsbestandteil zwischen Auftraggeber und Auftragnehmer werden.

Die Umlage der Gemeinkosten auf die Einzelkosten der Teilleistungen bietet einen weiten Entscheidungsspielraum.[66] Die Gemeinkosten können in beliebiger Form auf die Einzelkosten umgelegt werden. Es ist sowohl möglich, die Gemeinkosten gleichverteilt auf die verschiedenen Kostenarten, als auch die gesamten Gemeinkosten auf eine Kostenart umzulegen.

Im Normalfall werden für alle Kostenarten außer den Lohnkosten prozentuale Zuschlagssätze für die Gemeinkostenumlage festgelegt. Die Literatur bietet für die Wahl der Zuschlagssätze verschiedene Vorschläge an. Die Abbildung 3.5 enthält eine Übersicht über die in der Literatur vorgeschlagenen Zuschlagssätze.

[66] Vgl. Bauer (2007): *Baubetrieb*, S. 667.

	Gerätekosten	sonstige Kostenarten	NU-Leistungen
BERNER ET AL.[67]	10 % - 25 %	10 % - 25 %	5 % - 15 %
DREES/PAUL[68]	7 % - 20 %	7 % - 20 %	5 % - 15 %
PROPOROWITZ[69]	7 % - 20 %	7 % - 20 %	5 % - 15 %
KEIL ET AL.[70]	10 % - 30 %	10 % - 20 %	5 % - 10 %
ELWERT/FLASSAK[71]	10 % - 20 %	10 % - 20 %	5 % - 15 %
JACOB ET AL.[72]	12 %	12 %	8 %
KLR-BAU[73]	15 %	15 %	12 %

Abbildung 3.5: Verschiedene Zuschlagssätze für die Gemeinkostenumlage

Auf die Lohnkosten wird der Gemeinkostenbetrag umgelegt, der nicht auf die anderen Kostenarten bezuschlagt wird. Der Gemeinkostenbetrag für die Lohnkosten ergibt sich aus der Differenz zwischen dem Betrag für die gesamten Gemeinkosten und dem Gemeinkostenanteil der anderen Kostenarten. Dieser restliche Gemeinkostenbetrag wird nach Formel 3.5 auf die Einzelkosten für Lohn bezogen, um den Zuschlagssatz für die Lohnkosten zu ermitteln.

$$\text{Zuschlagssatz für Lohn [\%]} = \frac{\text{restlicher Gemeinkostenbetrag}}{\text{EKT der Kostenart Lohn}} \cdot 100\% \qquad (3.5)$$

Formel 3.5: Berechnung des Zuschlagssatzes für die Kostenart Lohn

Der Zuschlagssatz für die Lohnkosten wird auf den Mittellohn beaufschlagt, um den Kalkulationslohn zu berechnen. Der Kalkulationslohn und die Zuschlagssätze für die anderen Kostenarten gehen in Formblatt 1 zur Berechnung der Einheitspreise ein. In Formblatt 1 werden die Spalten *Kostenart je Einheit (ohne Zuschläge)* mit dem Kalkulationslohn oder den Zuschlagssätzen multipliziert, um die *Kostenarten je Einheit (mit Zuschlägen)* ermitteln zu können. Die Summe der Kostenarten je Einheiten mit Zuschlägen ergibt den Einheitspreis der Leistungsposition. Damit ist das zweite Kalkulationsziel erreicht.

[67] Vgl. BERNER/KOCHENDÖRFER/SCHACH (2007): *Grundlagen der Baubetiebslehre 1*, S. 186.
[68] Vgl. DREES/PAUL (2010): *Kalkulation von Baupreisen*, S. 125.
[69] Vgl. PROPOROWITZ (2008): *Baubetrieb – Bauwirtschaft*, S. 123.
[70] Vgl. KEIL et al. (2007): *Kostenrechnung für Bauingenieure*, S. 91.
[71] Vgl. ELWERT/FLASSAK (2008): *Nachtragsmanagement in der Baupraxis*, S. 49.
[72] Vgl. JACOB/WINTER/STUHR (2002): *Kalkulationsformen im Ingenieurbau*, S. 101.
[73] Vgl. HAUPTVERBAND DER DEUTSCHEN BAUINDUSTRIE/ ZENTRALVERBAND DES DEUTSCHEN BAUGEWERBES (2001): *Kosten- und Leistungsrechnung der Bauunternehmen*, S. 53.

Beispielrechnung für die klassische Einheitspreiskalkulation

Die Durchführung der Kalkulation soll an einem Beispiel veranschaulicht werden. Eine allgemeingültige mathematische Formulierung der Einheitspreiskalkulation findet sich in Anlage 5. Das Kalkulationsbeispiel in Abbildung 3.6 ist aus BERNER/KOCHENDÖRFER/SCHACH entommen.[74]

Kalkulationsbeispiel – Schalungkosten

Eine Wandschalung für ein rundes Trinkwasserbecken ist herzustellen. Die Leistungsposition ist wie folgt angegeben:

Pos.-Nr.	Menge	Langtext	EP	GP
14.2.85	687,63 m^2	Schalung der Beckenwand herstellen, h = 3,60 m, Innendurchmesser = 30,00 m, ...	...	...

Folgende Annahmen werden getroffen:

- Die Beckenwand soll mit einem Schalsatz in 6 Betonierabschnitten hergestellt werden. Bei einer Taktzeit von 3 Tagen pro Abschnitt wird die Schalung 18 Arbeitstage benötigt. Einschließlich der Zeiten für Auf- und Abbau sowie Schlussreinigung ist die Schalung 1 Monat vorzuhalten.
- Es wird eine Systemschalung eingesetzt, die aus folgenden Elementen besteht: 6 Innenelemente (l = 2,40 m und h = 3,60 m), 1 Innenelement (l = 1,23 m und h = 3,60 m), 6 Außenelemente (l = 2,50 m und h = 3,60 m) und 1 Außenelement (l = 1,28 m und h = 3,60 m).
- Es soll eigene Schalung zum Einsatz kommen. Der unternehmensinterne Mietsatz pro Monat beträgt 4,25 % des Neupreises.
- Die Elemente werden vormontiert auf die Baustelle geliefert. Der Radius wird auf der Baustelle eingestellt und soll bei der Montage mit 0,50 h/m^2 und bei der Demontage mit 0,30 h/m^2 angesetzt werden.

Insgesamt können 687,63 m^2 Betonfläche abgerechnet werden, pro Abschnitt somit 114,61 m^2. Zusätzlich werden jedoch noch zwei Stirnschalungen von 2,88 m^2 Schalfläche benötigt. Die beiden Stirnschalungen werden je drei mal eingesetzt. Somit beträgt die mittlere zu schalende Fläche 116,05 m^2. Die Rundschalung selbst hat eine Fläche von 114,70 m^2.

Abbildung 3.6: Kalkulationsbeispiel – Schalungkosten[75]

[74] Vgl. BERNER/KOCHENDÖRFER/SCHACH (2007): *Grundlagen der Baubetiebslehre 1*, S. 143 - 147.

[75] Daten aus BERNER/KOCHENDÖRFER/SCHACH (2007): *Grundlagen der Baubetiebslehre 1*, S. 143 - 145.

Kalkulation der einsatzunabhängigen Kosten

Die einsatzunabhängigen Kosten zur Herstellung der Schalung für die Beckenwand fallen unabhängig von der geschalten Fläche an. Sie ergeben sich aus:

1. Vorhaltekosten,
2. Lade- und Transportkosten,
3. Kosten für die Grundeinrichtung und Demontage,
4. Kosten für Verbrauchsstoffe und Gebrauchsstoffe.

1. Vorhaltekosten

Die Vorhaltekosten entstehen durch die Bereitstellung von Geräten (hier: Schalelementen) über einen bestimmten Zeitraum. In diesem Beispiel sollen die in Abbildung 3.7 aufgelisteten Schalelemente für einen Monat vorgehalten werden.

Bezeichnung	Menge	Masse pro Stk. (kg)	Masse gesamt (kg)	Einzelpreis (Euro)	Gesamtneupreis (Euro)	Mietsatz (%)	Miete pro Monat (Euro)
Richtstütze RSS II	8 Stück	22,40	179,20	143,50	1.148,00	4,25	48,79
Ausleger AV 190	8 Stück	11,90	95,20	100,50	804,00	4,25	34,17
Gerüstkonsole GB 80	24 Stück	10,50	252,00	71,90	1.725,60	4,25	73,34
Außenelement 250 x 360	6 Stück	533,00	3.198,00	3.633,00	21.798,00	4,25	926,42
Innenelement 240 x 360	6 Stück	510,00	3.060,00	3.490,00	20.940,00	4,25	889,95
Außenelement 128 x 360	1 Stück	298,00	298,00	2.202,00	2.202,00	4,25	93,59
Innenelement 123 x 360	1 Stück	283,00	283,00	2.117,00	2.117,00	4,25	89,97
Verteilerriegel	78 Stück	18,00	1.404,00	75,90	5.920,20	4,25	251,61
Zusatz- und Kleinteile	1 psch.		1.091,50	7.976,40	7.976,40	4,25	339,00
Summe			9.860,90		64.631,20		2.746,84

Abbildung 3.7: Vorhaltekosten für das Kalkulationsbeispiel[76]

[76] Daten aus BERNER/KOCHENDÖRFER/SCHACH (2007): *Grundlagen der Baubetiebslehre 1*, S. 145.

Die Vorhaltekosten für die benötigten Schalelemente betragen 2.746,84€. Bezogen auf die ausgeschriebene Menge von 687,63 m^2 ergibt sich der Kostenansatz zu 3,99€/m^2.

2. Lade- und Transportkosten

Es sollen eigene Schalelemente genutzt werden. Die Schalelemente müssen im Bauhof aufgeladen und zur Baustelle transportiert werden. Nach der Bauausführung werden die Schalelemente zurück zum Bauhof transportiert.

Lade- und Transportkosten

Ladekosten Bauhof	2 ·	9,86 t ·	20,00€/t =	394,40€	
Ladekosten Baustelle	2 ·	9,86 t ·	0,50 h/t =		9,86 h
Transportkosten	2 ·	50,00 km ·	0,57€/km =	57,00€	
Fahrer	2 ·	3,00 h ·	47,14€/h =	282,84€	
Summe				734,24€	9,86 h

Abbildung 3.8: Lade- und Transportkosten für das Kalkulationsbeispiel[77]

Die Summe der Lade- und Transportkosten beträgt 734,24€ und 9,86 h. Bezogen auf die ausgeschriebene Fläche von 687,63 m^2 ergeben sich ein Kostenansatz von 1,07€/m^2 und ein Stundensatz von 0,01 h/m^2.

3. Grundeinrichtung und Demontage der Schalung

Die Schalelemente werden auf der Baustelle auf den notwendigen Radius eingestellt und nach der Bauausführung wieder demontiert.

Grundeinrichtung und Demontage

Rundeinstellung der Schalelemente	114,70 m^2 ·	0,5 h/m^2 =	57,35 h
Demontage der Schalelemente	114,70 m^2 ·	0,3 h/m^2 =	34,41 h
Montage der Stirnschalungen	1 psch ·	2,00 h =	2,00 h
Summe			93,76 h

Abbildung 3.9: Kosten für die Grundeinrichtung und Demontage[78]

[77] Daten aus BERNER/KOCHENDÖRFER/SCHACH (2007): *Grundlagen der Baubetiebslehre 1*, S. 146.
[78] Daten aus BERNER/KOCHENDÖRFER/SCHACH (2007): *Grundlagen der Baubetiebslehre 1*, S. 146.

Der Stundenaufwand für die Grundeinrichtung und Demontage der Schalung beträgt 93,76 h. Der Stundensatz bezogen auf 687,63 m² ergibt sich somit zu 0,14 h/m².

4. Kosten für Verbrauchsstoffe und Gebrauchsstoffe

Verbrauchsstoffe und Gebrauchsstoffe werden unterstützend für den Leistungserstellungsprozess benötigt, stellen aber keinen Bestandteil der faktischen Leistung dar.

Verbrauchsstoffe und Gebrauchsstoffe

Gerüstbohlen	160,00 m ·	2,00 €/m =	320,00 €
Gerüstbretter	96,00 m ·	1,00 €/m =	96,00 €
Verbrauchsstoffe beim Montieren	1 psch ·	50,00 €/m =	50,00 €
Summe			466,00 €

Abbildung 3.10: Verbrauchsstoffe und Gebrauchsstoffe für das Kalkulationsbeispiel[79]

Die Kosten für die Ver- und Gebrauchsstoffe ergeben sich zu 466,00 €. Für die ausgeschriebene Menge von 687,63 m² beträgt der Kostenansatz für die Ver- und Gebrauchsstoffe 0,68 €/m².

Kalkulation der einsatzabhängigen Kosten

Die einsatzabhängigen Kosten entstehen durch die Verwendung der Schalelemente als Bestandteil des tatsächlichen Leistungserstellungsprozesses.

Einsatzabhängige Kosten

Lohnstunden für Ein- und Ausschalen, ...	0,40 h/m²
Verbrauchsstoffe für Trennmittel, Abstandhalter, ...	80,00 €/Einsatz

Abbildung 3.11: Einsatzabhängige Kosten[80]

Die Kosten der Verbrauchsstoffe in Höhe von 80,00 € werden auf die Schalfläche pro Abschnitt von 114,61 m² bezogen. Für die Verbrauchsstoffe ergibt sich somit ein Kostenansatz von 0,70 €/m². Der Kostenansatz für die notwendigen Lohnstunden beträgt 0,40 h/m².

[79] Daten aus Berner/Kochendörfer/Schach (2007): *Grundlagen der Baubetiebslehre 1*, S. 146.
[80] Daten aus Berner/Kochendörfer/Schach (2007): *Grundlagen der Baubetiebslehre 1*, S. 146.

Anwendung der Formblätter

Die berechneten Stunden- und Kostenansätze für die einzelnen Kostenbestandteile müssen aufgeschlüsselt nach Kostenarten zusammengefasst werden, um sie in das Formblatt 1 überführen zu können. Die Abbildung 3.12 zeigt die Ermittlung der Kalkulationsansätze für die Einzelkosten der Teilleistungen zur Herstellung der Wandschalung. Nachunternehmerleistungen fallen für diese Leistungsposition nicht an.

Einzelkosten der Teilleistung für die Herstellung der Wandschalung

	Lohnkosten	Stoffkosten	Gerätekosten	Sonstige Kosten
Vorhaltekosten			3,99 €/m^2	
Lade-/Transportkosten	0,01 h/m^2			1,07 €/m^2
Grundeinrichtung	0,14 h/m^2			
Ver-/Gebrauchsstoffe		0,68 €/m^2		
einsatzabhängig	0,40 h/m^2	0,70 €/m^2		
Summe	0,55 h/m^2	1,38 €/m^2	3,99 €/m^2	1,07 €/m^2

Abbildung 3.12: Einzelkosten der Teilleistung für das Kalkulationsbeispiel[81]

Die Kalkulationsansätze für die Einzelkosten der Teilleistung werden in Formblatt 1 in die Spalten *Kostenart je Einheit (ohne Zuschläge)* eingetragen (Abbildung 3.13). Zusätzlich enthält das Formblatt 1 die Positionsnummer, den Kurztext und die Mengenangaben der Leistungspositionen.

			Kostenart je Einheit (ohne Zuschläge)				
Positions-nummer	Kurztext der Teilleistung	Mengen-angaben	Lohn	Stoffkosten	Geräte-kosten	Sonstige Kosten	Nach-unter-nehmer
[1]	[2]	[3]	[h] [4]	[€] [5]	[€] [6]	[€] [7]	[€] [8]
14.2.85	Schalung der Beckenwand herstellen	687,630 m²	0,55	1,38	3,99	1,07	0,00

Abbildung 3.13: Formblatt 1 – Eingabe der Kostenarten je Einheit

Die ausgefüllten Formblätter 1 bis 3 für dieses Beispiel befinden sich in Anlage 3.

[81] Daten aus BERNER/KOCHENDÖRFER/SCHACH (2007): *Grundlagen der Baubetiebslehre 1*, S. 147.

Für das Beispiel sollen weiterhin die fiktiven Werte in Abildung 3.14 angenommen werden:

Weitere Daten für die Beispielrechnung

- Lohnstunden für restliche Leistungspositionen: 19.657,16 h
- Stoffkosten für restliche Leistungspositionen: 921.049,77 €
- Gerätekosten für restliche Leistungspositionen: 37.440,27 €
- Sonstige Kosten für restliche Leistungspositionen: 90.973,60 €
- NU-Leistungen für restliche Leistungspositionen: 380.374,83 €

- Baustellengemeinkosten der Kostenart Lohnkosten: 29.026,50 €
- Baustellengemeinkosten der Kostenart Stoffkosten: 68.715,21 €
- Baustellengemeinkosten der Kostenart Gerätekosten: 38.516,48 €
- Baustellengemeinkosten der Kostenart Sonstige Kosten: 74.193,52 €
- Baustellengemeinkosten der Kostenart NU-Leistungen: 1.969,54 €

- Mittellohn: 26,15 €/h

Abbildung 3.14: Weitere Daten für die Beispielrechnung

Die Werte der *Kostenarten je Einheit (ohne Zuschlag)* für die Herstellung der Wandschalung werden mit der ausgeschriebenen Menge von 687,63 m^2 multipliziert, um die Werte für die Spalten *Kostenarten insgesamt (ohne Zuschlag)* zu berechnen (Abbildung 3.15). Zusammen mit den restlichen Leistungspositionen ergeben sich die summierten Einzelkosten der Teilleistungen wie folgt:

			...	Kostenarten insgesamt (ohne Zuschläge)				
Positions-nummer	Kurztext der Teilleistung	Mengen-angaben	...	Lohn	Stoffkosten	Geräte-kosten	Sonstige Kosten	Nach-unter-nehmer
[1]	[2]	[3]	...	[h] [9] [3] · [4]	[€] [10] [3] · [5]	[€] [11] [3] · [6]	[€] [12] [3] · [7]	[€] [13] [3] · [8]
14.2.85	Schalung der Beckenwand herstellen	687,630 m²		378,20	948,93	2.743,64	735,76	0,00
Rest	restliche Leistungspositionen	1,000 psch.	...	19.657,16	921.049,77	37.440,27	90.973,60	380.374,83
		Summe	...	**20.035,36**	**921.998,70**	**40.183,91**	**91.709,36**	**380.374,83**

Abbildung 3.15: Formblatt 1 – Kostenarten insgesamt (ohne Zuschlag)

Die Anzahl der Lohnstunden wird mit dem Mittellohn in Höhe von 26,15 €/h multipliziert. Die summierten Einzelkosten der Teilleistungen und die Baustellengemeinkosten werden in Formblatt 2 eingetragen, um die Herstellkosten je Kostenart und als Gesamtbetrag zu berechnen (Abbildung 3.16, oben).

Kostenarten	Lohnkosten [€]	Stoffkosten [€]	Gerätekosten [€]	Sonstige Kosten [€]	NU-Leistung [€]	Summe [€]
Einzelkosten der Teilleistung	523.924,66	921.998,70	40.183,91	91.709,36	380.374,83	1.958.191,46
Gemeinkosten der Baustelle	29.026,50	68.715,21	38.516,48	74.193,52	1.969,54	212.421,25
Herstellkosten	552.951,16	990.713,91	78.700,39	165.902,88	382.344,37	2.170.612,71

Allgemeine Geschäftskosten (AGK), Wagnis (W) und Gewinn (G)
für die Kostenart LOHN

AGK: 9,00 %	der	Herstellkostenanteil für Lohnkosten		552.951,16	
W + G: 2,00 %	Angebots-				
Summe: 11,00 %	summe				
Umrechnung auf Herstellkosten		11,0% · 100% / (100% - 11,0%) =	12,36 % von	552.951,16	68.344,76

Allgemeine Geschäftskosten (AGK), Wagnis (W) und Gewinn (G)
für die Kostenart STOFFKOSTEN

AGK: 9,00 %	der	Hestellkostenanteil für Stoffkosten		990.713,91	
W + G: 2,00 %	Angebots-				
Summe: 11,00 %	summe				
Umrechnung auf Herstellkosten		11,0% · 100% / (100% - 11,0%) =	12,36 % von	990.713,91	122.452,24

Allgemeine Geschäftskosten (AGK), Wagnis (W) und Gewinn (G)
für die Kostenart GERÄTEKOSTEN

AGK: 9,00 %	der	Herstellkostenanteil für Gerätekosten		78.700,39	
W + G: 2,00 %	Angebots-				
Summe: 11,00 %	summe				
Umrechnung auf Herstellkosten		11,0% · 100% / (100% - 11,0%) =	12,36 % von	78.700,39	9.727,37

Allgemeine Geschäftskosten (AGK), Wagnis (W) und Gewinn (G)
für die Kostenart SONSTIGE KOSTEN

AGK: 9,00 %	der	Hestellkostenanteil für sonstige Kosten		165.902,88	
W + G: 2,00 %	Angebots-				
Summe: 11,00 %	summe				
Umrechnung auf Herstellkosten		11,0% · 100% / (100% - 11,0%) =	12,36 % von	165.902,88	20.505,60

Allgemeine Geschäftskosten (AGK), Wagnis (W) und Gewinn (G)
für die Kostenart NACHUNTERNEHMERLEISTUNG

AGK: 7,00 %	der	Herstellkostenanteil für Nachunternehmerleistungen		382.344,37	
W + G: 2,00 %	Angebots-				
Summe: 9,00 %	summe				
Umrechnung auf Herstellkosten		9,0% · 100% / (100% - 9,0%) =	9,89 % von	382.344,37	37.813,86
Angebotssumme ohne Mehrwertsteuer					2.429.456,54

Abbildung 3.16: Formblatt 2 – Ermittlung der Angebotssumme

Im nächsten Schritt werden die Anteile für die Allgemeinen Geschäftskosten, Wagnis und Gewinn kalkuliert (Abbildung 3.16, mittig). Für das Beispiel soll angenommen werden, dass die prozentualen Zuschlagssätze der Allgemeinen Geschäftskosten für die Kostenarten Lohnkosten, Stoffkosten, Gerätekosten und Sonstige Kosten 9 Prozent betragen. Für die Kostenart Nachunternehmerleistungen wird ein Zuschlagssatz von 7 Prozent für die Allgemeinen Geschäftskosten kalkuliert. Der Anteil für Wagnis und Gewinn soll für alle Kostenarten 2 Prozent betragen.

Die prozentualen Zuschlagssätze müssen zuerst auf die Herstellkosten umgerechnet werden. Danach können die Beiträge für die Allgemeinen Geschäftskosten, Wagnis und Gewinn von jeder Kostenart berechnet werden. Für die Kostenart Lohnkosten beträgt der Anteil für die Allgemeinen Geschäftskosten, Wagnis und Gewinn zum Beispiel 552.951,16€ · 0,1236 = 68.344,76€. Aus den gesamten Herstellkosten und den Werten für die Anteile der Allgemeinen Geschäftskosten, Wagnis und Gewinn berechnet sich die Angebotssumme in Höhe von 2.429.456,54€ (Abbildung 3.16, unten).

Nach der Kalkulation der Angebotssumme sind die Einheitspreise der Leistungspositionen zu kalkulieren. Hierfür werden die Angebotssumme und die Summe der Einzelkosten der Teilleistungen in das Formblatt 3 überführt (Abbildung 3.17).

Ermittlung der Einzelkostenzuschläge (Umlage)

Angebotssumme ohne Mehrwertsteuer					2.429.456,54
abzüglich Einzelkosten der Teilleistungen					1.958.191,46
insgesamt zu verrechnender Zuschlag					471.265,08
abzüglich gewählten Zuschlag auf			Einzelkosten	Umlagebetrag	
	Stoffkosten	15,00 %	921.998,70	138.299,81	
	Gerätekosten	15,00 %	40.183,91	6.027,59	
	Sonstige Kosten	15,00 %	91.709,36	13.756,40	
	NU-Leistung	10,00 %	380.374,83	38.037,48	
				Summe gewählter Zuschläge:	196.121,28
zu verrechnender Zuschlag auf Lohnkosten					275.143,80
Kalkulationslohn / Mittellohn (ASL/APSL)					26,15
Umlage auf Lohn	275.143,80 € / 523.924,66 € =		52,52 %		13,73
VERRECHNUNGSLOHN					**39,88**

Abbildung 3.17: Formblatt 3 – Ermittlung der Gemeinkostenumlagesätze

Die Angebotssumme abzüglich der Einzelkosten der Teilleistungen ergibt den umzulegenden Gemeinkostenanteil, der die Baustellengemeinkosten und die Anteile für die Allgemeinen Geschäftskosten, Wagnis und Gewinn enthält. In diesem Beispiel beträgt der umzulegende Gemeinkostenanteil 2.429.456,54 € – 1.958.191,46 € = 471.265,08 €.

Der Gemeinkostenanteil wird auf die verschiedenen Kostenarten aufgeteilt. Für das Beispiel soll der Zuschlagssatz auf die Stoffkosten, die Gerätekosten und die Sonstigen Kosten jeweils 15 Prozent betragen. Auf die Nachunternehmerleistungen werden 10 Prozent beaufschlagt. Die Restumlage erfolgt auf die Lohnkosten.

Der Zuschlagssatz wird mit den jeweiligen Einzelkosten jeder Kostenart multipliziert, um die Umlagebeträge auf die einzelnen Kostenarten zu erhalten. Auf die Kostenart Stoffkosten werden zum Beispiel 921.998,70 € · 0,15 = 138.299,81 € beaufschlagt. Die Summe der Umlagebeträge wird von dem gesamten Gemeinkostenanteil abgezogen, um die Restumlage für die Lohnkosten zu ermitteln. Die Restumlage für das Beispiel beträgt 471.265,08 € – 196.121,28 € = 275.143,80 €.

Die Restumlage wird auf die Einzelkosten für die Kostenart Lohnkosten bezogen. Der berechnete Zuschlagssatz von 52,52 Prozent für die Lohnkosten wird mit dem Mittellohn von 26,15 €/h multipliziert, um die Umlage auf den Lohn von 13,73 € zu erhalten. Die Summe aus dem Mittellohn und der Umlage auf den Lohn ergibt den Verrechnungslohn (auch: Kalkulationslohn) von 39,88 €/h.

Der Kalkulationslohn und die Zuschlagssätze für die anderen Kostenarten werden in Formblatt 1 in die Spalten *Kostenarten je Einheit (mit Zuschlag)* übertragen (Abbildung 3.18). Die Multiplikation des Kalkulationslohns und der Zuschlagssätze mit den Werten in den Spalten *Kostenarten je Einheit (ohne Zuschlag)* ergeben die Werte in den Spalten *Kostenarten je Einheit (mit Zuschlag)*.

			...	Kostenarten je Einheit (mit Zuschlägen)					Preis je Einheit	Preis je Teilleistung
Positions-nummer	Kurztext der Teilleistung	Mengen-angaben	...	Lohn	Stoffkosten	Geräte-kosten	Sonstige Kosten	Nach-unter-nehmer		
[1]	[2]	[3]	...	[€] [14] [4] · 39,88 €/h	[€] [15] [5] · 1,15	[€] [16] [6] · 1,15	[€] [17] [7] · 1,15	[€] [18] [8] · 1,10	[€] [19] Σ [14] bis [18]	[€] [20] [3] · [19]
14.2.85	Schalung der Beckenwand herstellen	687,630 m²		21,93	1,59	4,59	1,23		29,34	20.175,06
Rest	restliche Leistungspositionen	1,000 psch.	...	783.927,54	1.059.207,24	43.056,31	104.619,64	418.412,31	2.409.223,04	2.409.223,04

Abbildung 3.18: Formblatt 1 – Ermittlung der Einheitspreise

Die Summe der *Kostenarten je Einheit (mit Zuschlag)* ergibt den Einheitspreis für eine Leistungsposition. Für das Beispiel der Wandschalung ergibt sich ein Einheitspreis von 29,34 €/m^2 und ein Gesamtpreis von 20.175,06 €.

3.2.4 Ermittlung der Ursache für die Diskrepanz zwischen der Vergütungs- und der Kostenfunktion

Das Vorgehen zur Kalkulation der Einheitspreise lässt zunächst erahnen, dass das Kalkulationsverfahren *Kalkulation über die Angebotssumme* tatsächlich ein reines Zuschlagsverfahren ist. Die Einzelkosten der Teilleistungen erhalten einen Zuschlag für den anteiligen Gemeinkostenbetrag, um den Einheitspreis zu ermitteln.

Eine andere Sicht auf das Kalkulationsverfahren lässt sich gewinnen, wenn nicht die Ebene der Kosten je Einheit, sondern die Ebene der Gesamtkosten einer Leistungsposition gewählt wird, um den Einheitspreis zu ermitteln. Über diesen Gesamtkostenansatz ergibt sich eine andere Beurteilung zur Einordnung des Kalkulationsverfahrens.

Für das Kalkulationsbeispiel der Wandschalung sind die gesamten Einzelkosten der Leistungsposition in Abbildung 3.15 auf Seite 43 angegeben. Die Anzahl der Lohnstunden wird mit dem Kalkulationslohn von 39,88 €/h multipliziert und die Kostenbeträge mit den gewählten Zuschlagssätzen von 15 Prozent für die Kostenarten Stoffkosten, Gerätekosten und Sonstige Kosten sowie mit 10 Prozent auf die Nachunternehmerleistungen beaufschlagt. Die Summe ergibt den Gesamtpreis der Leistungsposition (Abbildung 3.19).

Formblatt 1 - Ermittlung des Gesamtpreises

Lohnkosten	378,20 h	· 39,88 €/h	=	15.082,62 €
Stoffkosten	948,93 €	· 1,15	=	1.091,27 €
Gerätekosten	2.743,64 €	· 1,15	=	3.155,19 €
Sonstige Kosten	735,76 €	· 1,15	=	846,12 €
NU-Leistungen	0,00 €	· 1,10	=	0,00 €
		Summe	=	20.175,20 €

Abbildung 3.19: Ermittlung Gesamtpreises über Gesamtkostenansatz

Der Gesamtpreis von 20.175,20 € aus Abbildung 3.19 entspricht – bis auf minimale Rundungsfehler durch die Rundung auf zwei Nachkommastellen – dem Gesamtpreis von 20.175,06 € aus Abbildung 3.18 auf Seite 46. Der Gesamtpreis muss durch die ausgeschriebene Menge von 687,63 m^2 dividiert werden, um den Einheitspreis von 29,34 €/m^2 zu erhalten.

Eine Division (sic!) ist somit notwendig, um den Einheitspreis zu berechnen. Die Formel 3.6 verdeutlich diesen Zusammenhang. Die gesamten Einzelkosten und die anteiligen Gemeinkosten einer Leistungsposition werden durch die ausgeschriebene Menge dividiert, um den Einheitspreis zu erhalten.

$$\text{Einheitspreis} = \frac{\text{Einzelkosten} + \text{Gemeinkosten}}{\text{ausgeschriebene Menge}} \tag{3.6}$$

Formel 3.6: Ermittlung des Einheitspreis mittels Divisionsverfahren

Das Kalkulationsverfahren *Kalkulation über die Angebotssumme* besitzt somit ein Element, das dem Charakter eines Divisionsverfahrens entspricht. Auf der Ebene der Gesamtkosten einer Leistungsposition ist das Verfahren ein Zuschlagsverfahren, da keine Division durch die Menge erfolgt. Mit dem Übergang in die Ebene der Kosten je Einheit mittels Division durch die Menge wird jedoch der Charakter eines Divisionsverfahrens eingebracht. Das Kalkulationsverfahren *Kalkulation über die Angebotssumme* ist somit kein reines Zuschlagsverfahren, sondern eine Hybridform, die sowohl den Charakter eines Zuschlagsverfahrens als auch den Charakter eines Divisionsverfahrens aufweist.

Die Division der Gesamtkosten einer Leistungsposition durch die ausgeschriebene Menge ist notwendig, um den für die Vergütungsform notwendigen Einheitspreis einer Leistungsposition zu erhalten, der alle anfallenden Kosten enthalten soll. Diese erforderliche Division stellt aber gleichzeitig auch die Ursache für die Diskrepanz zwischen der Kosten- und Vergütungsfunktion dar. Der Bezug aller anfallenden Kosten auf die ausgeschriebene Menge unterstellt eine direkte Proportionalität aller Kosten zu den ausgeführten Mengen. Tatsächlich existieren jedoch Kostenbestandteile mit einem fixen Kostencharakter. Dazu gehören zum Beispiel die Baustellengemeinkosten oder die Lade- und Transportkosten für das Beispiel der Wandschalung. Diese Kosten fallen unabhängig der ausgeführten Menge an. Eine Mengenproportionalität ist für fixe Kosten nicht gegeben.

Der Bezug der fixen Kostenbestandteile auf die einzelnen Mengeneinheiten bedeutet für die Vergütungsberechnung, dass jede Mengeneinheit einen gleichgroßen Anteil zur

Deckung der fixen Kosten beiträgt. Diese Vorgehen wäre als unkritisch zu bewerten, wenn Abweichungen des ausgeschriebenen Mengenansatzes von der tatsächlich hergestellten Menge nicht eintreten würden. Solange die ausgeschriebene Menge nicht von der tatsächlichen Menge abweicht, werden die fixen Kostenbestandteile in der kalkulierten Höhe erwirtschaftet. In dem Punkt *Soll-Menge = Ist-Menge* stimmen die Vergütungsfunktion und die Kostenfunktion überein. Die Abbildung 3.20 ergänzt die Abbildung 3.1 von Seite 28 mit dem Schnittpunkt zwischen der Kosten- und Vergütungsfunktion. Es ist die einzige Stelle, bei der die Vergütung nach Einheitspreisen mit dem realen Kostenverlauf übereinstimmt.

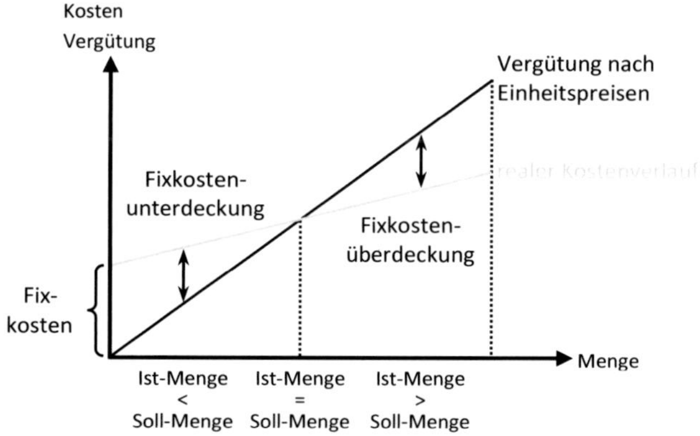

Abbildung 3.20: Entstehung der Kostenüber- und -unterdeckung

Oberhalb des Schnittspunktes zwischen der Vergütungs- und der Kostenfunktion entsteht durch die Überschreitung der Ist-Menge gegenüber der Soll-Menge eine Fixkostenüberdeckung, da auch die Mengeneinheiten über 100 Prozent der Soll-Menge den gleichgroßen Fixkostenanteil pro Mengeneinheit erwirtschaften. Bei der Mengenmehrung wird somit ein höherer Fixkostenanteil abgerechnet als tatsächlich kalkuliert ist.

Unterhalb des Schnittpunktes zwischen der Vergütungs- und der Kostenfunktion führt die Unterschreitung der Ist-Menge gegenüber der Soll-Menge zu einer Fixkostenunterdeckung. Jede Mengeneinheit erwirtschaftet einen gleichgroßen Fixkostenanteil, der für die Ausführung von 100 Prozent der Soll-Menge, nicht jedoch für eine geringere Menge kalkuliert ist. Durch die Mengenunterschreitung können nicht die gesamten kalkulierten Fixkosten abgerechnet werden.

Die Diskrepanz zwischen der Vergütung nach Einheitspreisen und dem realen Kostenverlauf lässt sich somit auf die mengenabhängige Vergütung der fixen Kostenbestandteile zurückführen. Durch das Kalkulationsverfahren werden die fixen Kostenbestandteile auf die ausgeschriebene Soll-Menge bezogen, die nur eine Schätzung der tatsächlich hergestellten Ist-Menge darstellt. Eine Abweichungen der Ist-Menge von der Soll-Menge verursacht eine Über- oder Unterdeckung der Fixkosten.

Das in Abschnitt 1.1 auf Seite 3 f. geschilderte Problem der Über- oder Unterdeckung der Gemeinkosten existiert somit in dieser Form nicht. Es handelt sich um ein Problem der Über- oder Unterdeckung der Fixkosten. Die Perspektive der Kalkulation mit der Trennung in Einzel- und Gemeinkosten ist für die Lösung des Problems nicht geeignet. Das Problem kann nur aus der Perspektive der Vergütung mit Trennung in fixe und variable Kosten gelöst werden.

3.3 Resümee zu Kapitel 3

Dieses Kapitel analysierte die klassische Einheitspreisvergütung und das Kalkulationsverfahren zur Ermittlung der Einheitspreise. Dabei konnte festgestellt werden, dass die Vergütung nach Einheitspreisen nur in dem Punkt, in dem die Ist-Menge gleich der Soll-Menge ist, mit dem realen Kostenverlauf übereinstimmt. Die Ursache für diese Diskrepanz liegt in dem Kalkulationsverfahren *Kalkulation über die Angebotssumme* begründet. Das Kalkulationsverfahren stellt kein reines Zuschlagsverfahren dar, sondern eine Hybridform, die auch den Charakter eines Divisionsverfahren beinhaltet. Die fixen Kostenbestandteile werden auf die ausgeschriebene Soll-Menge bezogen, um den Einheitspreis zu ermitteln. Durch eine Abweichung der Ist-Menge von der Soll-Menge entsteht eine Über- oder Unterdeckung der Fixkosten, die zu einer fehlerhaften Vergütung und damit zu einer Benachteiligung eines Vertragspartners führt. In dem folgenden Kapitel soll eine Modifikation der Einheitspreisvergütung und des Kalkulationsverfahrens vorgestellt werden, bei der die Elemente, die einem Divisionsverfahren entsprechen, eliminiert werden und somit eine Über- oder Unterdeckung der Fixkosten durch Mengenabweichungen nicht mehr möglich ist.

4 Modifikation der Einheitspreisvergütung und des Kalkulationsverfahrens

In diesem Kapitel wird auf Basis der Erkenntnisse aus der Analyse der klassischen Einheitspreisvergütung und des Kalkulationsverfahrens *Kalkulation über die Angebotssumme* eine Modifikation der Vergütungsform vorgestellt, die die Berechnung des Vergütungsanspruches an den realen Kostenverlauf anpasst. Anschließend wird ein Kalkulationsverfahren entwickelt, das eine Kalkulation für diese modifizierte Vergütungsform ermöglicht.

4.1 Eliminierung der Diskrepanz zwischen der Vergütungsfunktion und der Kostenfunktion

Die Untersuchung in Kapitel 3 zeigt, dass die Ursache für die Diskrepanz zwischen der Vergütungsfunktion und der Kostenfunktion in der mengenabhängigen Vergütung der mengen*un*abhängigen Kosten zu finden ist. Die bei der Herstellung der Bauleistung anfallenden Kosten müssen entsprechend ihrer Entstehung vergütet werden, um eine Abweichung zwischen der Vergütungsfunktion und der Kostenfunktion zu verhindern. Die Diskrepanz zwischen der Vergütungsfunktion und der Kostenfunktion lässt sich durch eine getrennte Betrachtung der mengenabhängigen Kosten von den mengenunabhängigen Kosten bei der Berechnung des Vergütungsanspruches für eine Leistungsposition korrigieren. Die mengenabhängigen Kosten einer Leistungsposition weisen eine direkte Proportionalität zu der hergestellten Menge der Leistungsposition auf und können mengenvariabel über einen Preis je ausgeführte Mengeneinheit abgerechnet werden. Die mengenunabhängigen Kosten einer

Leistungsposition fallen hingegen als fixer Kostenbetrag unabhängig von der hergestellten Menge an und müssen als Gesamtbetrag unabhängig von den hergestellten Mengen über einen Fixpreis für die Leistungsposition vergütet werden. Für die Berechnung des Vergütungsanspruches lässt sich folgender Grundsatz formulieren:

Grundsatz der Vergütungsberechnung

Mengenabhängige Kosten werden mengenvariabel über einen Einheitspreis und mengenunabhängige Kosten werden unabhängig von den hergestellten Mengen über einen Fixpreis vergütet.

Um diesen Grundsatz bei der Einheitspreisvergütung umsetzen zu können, muss für jede Leistungsposition i ein Fixpreis FP_i eingeführt werden. Über den Fixpreis FP_i werden alle mengenunabhängigen Kosten der Leistungsposition i vergütet. Der Vergütungsanspruch $V_i(x_i)$ der Leistungsposition i berechnet sich danach aus der Multiplikation der hergestellten Menge x_i mit dem Einheitspreis ep_i zuzüglich des Fixpreises FP_i. Die gesamte Vergütung $V(X)$ für die Gesamtheit aller Leistungspositionen X mit den Mengenansätzen $x_1, x_2, \ldots, x_k$ ergibt sich nach Formel 4.1 aus der Summe der einzelnen Vergütungsansprüche $V_i(x_i)$ wie folgt:

$$V(X) = \sum_{i=1}^{k} V_i(x_i) = \sum_{i=1}^{k} (\underbrace{x_i \cdot ep_i}_{variabel} + \underbrace{FP_i}_{fix}) \tag{4.1}$$

Formel 4.1: Modifizierte Vergütungsberechnung mit Fixpreisanteil

Der Einheitspreis ep_i ist analog zur klassischen Einheitspreisvergütung ein relativer Kostenbetrag bezogen auf die ausgeschriebene Mengeneinheit der Leistungsposition i. Die Vergütung der variablen Kostenbestandteile erfolgt über den vertraglich vereinbarten Einheitspreis ep_i und der tatsächlich hergestellten Menge x_i. Der Fixpreis FP_i ist im Gegensatz zum Einheitspreis ein absoluter Kostenbetrag. Die Vergütung der fixen Kostenbestandteile kann in gleicher Weise wie bei einer Pauschalposition als gesamter Betrag zu einem bestimmten Zeitpunkt oder anteilig in Abhängigkeit des Baufortschritts erfolgen. Bei einer anteiligen Vergütung wird im Fall einer Mengenmehrung maximal der für die jeweilige Leistungsposition angegebene Fixpreis vergütet. Im Fall einer Mengenminderung ist der vollständige Betrag für den Fixpreis mit der letzten ausgeführten Mengeneinheit zu vergüten. In Abbildung 4.1 ist ein Beispiel einer Leistungsposition mit der getrennten Ausweisung der Kostenbestandteile mittels Einheitspreis und Fixpreis dargestellt. Der Gesamtpreis berechnet sich zu 400 m^3 · 53,75 €/m^3 + 8.350,00 € = 29.850,00 €.

Pos.-Nr.	Bezeichnung	Menge	Einheitspreis	Fixpreis	Gesamtpreis
14.285	Fundament herstellen, Ortbeton, d = 20 cm, C25/30, ...	400 m^3	53,75 €/m^3	8.350,00 €	29.850,00 €

Abbildung 4.1: Darstellung einer Leistungsposition mit Einheitspreis und Fixpreis

Durch die getrennte Vergütung der variablen Kostenbestandteile über den Einheitspreis und der fixen Kostenbestandteile über den Fixpreis kann der reale Kostenverlauf für jede ausgeführte Menge einer Leistungsposition korrekt abgebildet werden. Die Abbildung 4.2 zeigt die Berechnung der Vergütung für eine Leistungsposition in Abhängigkeit der ausgeführten Menge. Für jede ausgeführte Ge-

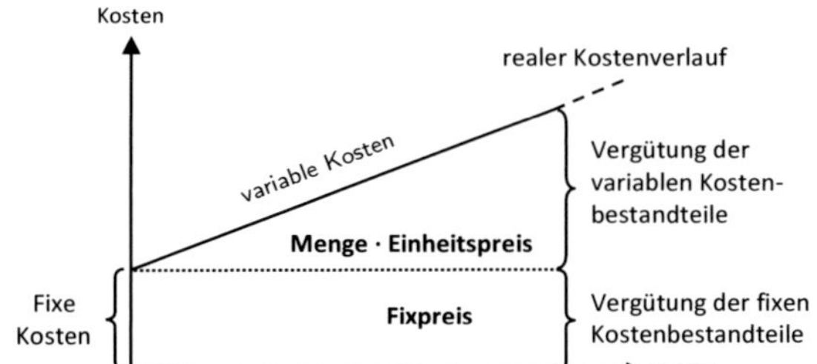

Abbildung 4.2: Modifizierte Vergütungsberechnung für eine Leistungsposition

samtmenge der Leistungsposition fällt derselbe Fixpreis an. Der variable Vergütungsanteil steigt proportional zur hergestellten Menge. Die Gesamtvergütung der Leistungsposition ergibt sich aus der Addition des fixen und des variablen Vergütungsanteils.

Eine Über- oder Unterdeckung der fixen Kostenbestandteile aufgrund von Mengenabweichungen ist bei dieser modifizierten Form der Vergütungsberechnung im Gegensatz zur klassischen Einheitspreisvergütung nicht möglich. Unabhängig von der tatsächlich hergestellten Menge werden die fixen Kostenbestandteile in voller Höhe vergütet. Das Problem der Diskrepanz zwischen der Vergütungsfunktion und der Kostenfunktion bei einer Abweichung der hergestellten Ist-Menge von der ausgeschriebenen Soll-Menge und der sich daraus ergebenden Benachteilung eines Vertragspartners bei Mengenabweichungen ist damit gelöst. Dies gilt jedoch nur, sofern eine Mengenabweichung *nicht* zu einer Änderung der Kostenstruktur oder zu einer Änderung der notwendigen Bauzeit führt. Tritt eine Mengenänderung derart ein, dass sich die fixen Kosten, zum Beispiel fixe Einzelkosten oder Baustellengemeinkosten, in ihrer absoluten Höhe ändern oder dass sich die variablen Kosten je Mengeneinheit ändern, gilt die Geschäftsgrundlage des Vertrages als gestört (§ 313 BGB) und es müssen neue Preise gebildet werden. Führt eine Mengenänderung zu einer längeren Bauzeit, ist ein Nachtrag wie bei der klassischen Einheitspreisvergütung zu stellen.

Der Gedanke der getrennten Betrachtung von fixen und variablen Kostenbestandteilen muss im nächsten Schritt auf die Kalkulation übertragen werden. Das bisherige Kalkulationsverfahren *Kalkulation über die Angebotssumme* liefert als Ergebnis nur den Einheitspreis für eine Leistungsposition. Die modifizierte Einheitspreisvergütung benötigt neben dem Einheitspreis aber auch einen Fixpreis für jede Leistungsposition. Das Kalkulationsverfahren muss an diese Anforderung der Vergütungsform angepasst werden.

4.2 Modifikation des Kalkulationsverfahrens

Dieser Abschnitt beschreibt die Modifikation des Kalkulationsverfahrens im Sinne der modifizierten Einheitspreisvergütung. Zunächst werden die verschiedenen Kostenbestandteile auf ihren Kostencharakter analysiert, um eine getrennte Betrachtung der fixen und variablen Kosten bei der Kalkulation zu ermöglichen. Anschließend wird der prinzipielle Ablauf zur Kalkulation des Einheitspreises und des Fixpreises sowie die hierfür notwendigen, neu entwickelten Kalkulationsformblätter vorgestellt. Ein Kalkulationsbeispiel veranschaulicht die Vorgehensweise für das modifizierte Kalkulationsverfahren.

4.2.1 Analyse der Kostenbestandteile

Die bei der Herstellung eines Bauprojektes anfallenden Kosten können in fünf grundlegende Kostenkategorien unterteilt werden: die Einzelkosten der Teilleistungen, die Baustellengemeinkosten, die Allgemeinen Geschäftskosten, den Wagniszuschlag und den Gewinnzuschlag.

Die modifizierte Einheitspreisvergütung erfordert eine strikte Trennung der fixen und variablen Kostenbestandteile. Es ist daher notwendig, die verschiedenen Kostenkategorien auf einen fixen und variablen Kostencharakter zu untersuchen.

Einzelkosten der Teilleistungen

Die Einzelkosten der Teilleistungen beschreiben die Kosten, die direkt und eineindeutig einer Leistungsposition zugeordnet werden können.[82] Die Kosten entstehen alleinig durch die Herstellung der in der Leistungsposition beschriebenen Teilleistung.[83] Die anfallenden Einzelkosten weisen entweder einen fixen oder einen variablen Kostencharakter auf.

Fixe Einzelkosten der Teilleistungen entstehen zum Beispiel durch Transportkosten für Baumaschinen, notwendige Nebenleistungen, die in keiner anderen Leistungsposition separat ausgeschrieben sind oder durch Ver- und Gebrauchsmaterial, das für die Herstellung der Teilleistung benötigt wird, aber keinen tatsächlichen Bestandteil der Teilleistung darstellt. Die fixen Einzelkosten sind in der Regel notwendig, um die Voraussetzungen für den eigentlichen Leistungserstellungsprozess der jeweilige Teilleistung zu schaffen.

Die variablen Einzelkosten der Teilleistungen sind direkt mit dem eigentlichen Leistungserstellungsprozess verbunden. Sie entstehen proportional zur hergestellten Menge. Variable Einzelkosten sind zum Beispiel der Einkaufspreis je Kubikmeter Beton oder die notwendige Arbeitsleistung für den Einbau eines Kubikmeters Beton.

Für die Modifikation des Kalkulationsverfahrens bleibt festzuhalten, dass die Einzelkosten der Teilleistungen sowohl fixe als auch variable Kostenbestandteile enthalten. Diese Kosten müssen bei der Kalkulation des Einheitspreises und des Fixpreises getrennt betrachtet werden.

---

[82] Vgl. JACOB/STUHR/WINTER (2011): *Kalkulieren im Ingenieurbau*, S. 13.
[83] Vgl. PROPOROWITZ (2008): *Baubetrieb – Bauwirtschaft*, S. 83.

Baustellengemeinkosten

Die Baustellengemeinkosten umfassen alle Kosten, die durch den Betrieb der Baustelle als Ganzes entstehen und keiner ausgeschriebenen Leistungsposition eindeutig und vollständig zugeordnet werden können. Zu den Baustellengemeinkosten gehören, soweit sie nicht separat in einer Leistungsposition ausgeschrieben sind, die Kosten der Baustelleneinrichtung, inklusive der Vorhaltekosten, die Kosten für Bauleitungslöhne und -gehälter sowie die Kosten für Versicherungen usw.[84] Die Kosten fallen dabei entweder als zeitabhängige oder als zeitunabhängige Kosten an.[85] Zeitabhängige Kosten sind zum Beispiel die monatliche Kranmiete oder das Gehalt des Bauleiters. Diese Kosten entwickeln sich proportional zur benötigten Bauzeit. Zu den zeitunabhängigen Kosten gehören zum Beispiel die Kosten für das Aufstellen und das Abbauen des Krans. Die zeitunabhängigen Kosten fallen als einmaliger Betrag an. Die gesamten Baustellengemeinkosten ergeben sich nach Formel 4.2 aus den zeitabhängigen Kosten multipliziert mit der Bauzeit zuzüglich dem Betrag für die zeitunabhängigen Kosten.

$$\begin{array}{l} \text{zeitabhängige Kosten } [\text{€}/t\,] \cdot \text{Bauzeit } [t] \\ + \text{ zeitunabhängige Kosten } [\text{€}\,] \\ \hline = \textbf{Baustellengemeinkosten } [\text{€}\,] \\ \hline\hline \end{array} \qquad (4.2)$$

Formel 4.2: Berechnung der Baustellengemeinkosten

Die Baustellengemeinkosten sind in Bezug zu den hergestellten Mengen fixe Kosten. Eine Variabilität der Baustellengemeinkosten besteht im Bezug zur Bauzeit. Innerhalb der vom Auftraggeber vorgegebenen Bauzeit können die Baustellengemeinkosten als fixe Kostenbestandteile betrachtet werden.

Allgemeine Geschäftskosten

Die Allgemeinen Geschäftskosten dienen zur Deckung der Kosten, die nicht durch die Baustelle, sondern durch das Unternehmen als solches entstehen.[86] Die Allgemei-

[84] Vgl. Schach/Otto (2011): *Baustelleneinrichtung*, S. 360.
[85] Vgl. Jacob/Winter/Stuhr (2002): *Kalkulationsformen im Ingenieurbau*, S. 98.
[86] Vgl. Leimböck/Klaus/Hälkermann (2007): *Baukalkulation und Projektcontrolling*, S. 26.

nen Geschäftskosten werden bei der Kalkulation nicht wie die Baustellengemeinkosten als absoluter Betrag ermittelt, sondern über einen prozentualen Zuschlagssatz auf die Herstellkosten berücksichtigt. Die Herstellkosten bestehen aus den Einzelkosten der Teilleistungen und den Baustellengemeinkosten. Durch die Berücksichtigung der Allgemeinen Geschäftskosten in der Kalkulation über einen prozentualen Zuschlagssatz nehmen die Allgemeinen Geschäftskosten den Kostencharakter der Herstellkosten an. Der Anteil der Allgemeinen Geschäftskosten, der auf die fixen Einzelkosten und die Baustellengemeinkosten beaufschlagt wird, erhält damit ebenfalls einen fixen Kostencharakter. Die Allgemeinen Geschäftskosten, die auf die variablen Einzelkosten beaufschlagt werden, weisen dagegen einen variablen Kostencharakter auf. Abbildung 4.3 veranschaulicht die unterschiedliche Entstehung des Kostencharakters der Allgemeinen Geschäftskosten.

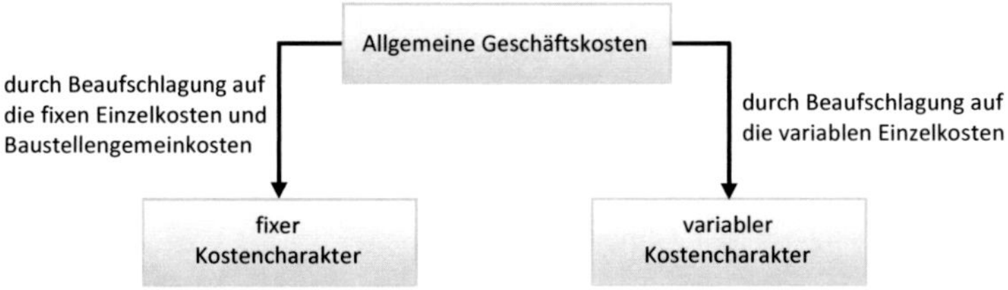

Abbildung 4.3: Entstehung des Kostencharakters der Allgemeinen Geschäftskosten

Bei der Modifikation des Kalkulationsverfahren muss somit berücksichtigt werden, dass die Allgemeinen Geschäftskosten in Abhängigkeit der Bezugsgröße einen fixen oder variablen Kostencharakter annehmen.

Wagniszuschlag

Über den Wagniszuschlag werden die Risiken aus dem Umfeld des Unternehmens (Unternehmensrisiken) berücksichtigt. Risiken, die sich aus dem Bauprojekt ergeben (Projektrisiken), sind in den Einzelkosten der Teilleistungen oder in den Baustellengemeinkosten zu kalkulieren.[87]

Der Wagniszuschlag wird wie die Allgemeinen Geschäftskosten über einen prozentualen Zuschlag auf die Herstellkosten berücksichtigt und weist somit analog zu den

[87] Vgl. BERNER/KOCHENDÖRFER/SCHACH (2012): *Grundlagen der Baubetiebslehre 1*, S. 199 ff.

Allgemeinen Geschäftskosten einen fixen und variablen Kostencharakter auf. Der fixe Kostencharakter entsteht durch die Beaufschlagung des Wagnisanteils auf die fixen Einzelkosten und auf die Baustellengemeinkosten. Der variable Kostencharakter resultiert aus der Beaufschlagung auf die variablen Einzelkosten. Die Abbildung 4.4 veranschaulicht die Differenzierung für den Wagniszuschlag.

Abbildung 4.4: Entstehung des Kostencharakters für den Wagniszuschlag

Gewinnzuschlag

Der Gewinnzuschlag dient der Vergütung der unternehmerischen Tätigkeit und der Verzinsung des eingesetzten Kapitals. Der Gewinn wird als prozentualer Zuschlag auf die Herstellkosten in der Kalkulation berücksichtigt. Der Gewinnzuschlag nimmt analog zu den Allgemeinen Geschäftskosten einen fixen Kostencharakter durch die Beaufschlagung auf die fixen Einzelkosten und auf die Baustellengemeinkosten sowie einen variablen Kostencharakter durch die Beaufschlagung auf die variablen Einzelkosten an. Die Abbildung 4.5 zeigt diese unterschiedliche Entstehung des Kostencharakters für den Gewinnzuschlag.

Abbildung 4.5: Entstehung des Kostencharakters für den Gewinnzuschlag

Der Gewinnzuschlag kann damit wie die Allgemeinen Geschäftskosten und der Wagniszuschlag einen fixen oder variablen Kostencharakter aufweisen.

Zusammenfassung zur Analyse der Kostenbestandteile

Abbildung 4.6 fasst die Analyse der Kostenkategorien hinsichtlich des Kostencharakters in einer Übersicht zusammen. Die Elemente mit einem fixen Kostencharakter bilden die Kostenbestandteile für die Kalkulation des Fixpreises einer Leistungsposition. Die Elemente mit einem variablen Kostencharakter fließen in die Kalkulation des Einheitspreises einer Leistungsposition ein. Die Vorgehensweise zur Kalkulation des Fixpreises und des Einheitspreises werden im nächsten Abschnitt vorgestellt.

Kostenkategorie	fixer Kostencharakter	variabler Kostencharakter
Einzelkosten d. Teilleist.	ja	ja
Baustellengemeinkosten	ja	nein
Allg. Geschäftskosten	ja	ja
Wagniszuschlag	ja	ja
Gewinnzuschlag	ja	ja

Abbildung 4.6: Übersicht über den Kostencharakter der Kostenkategorien

4.2.2 Prinzipieller Ablauf und Formblätter für die Kalkulation

Bei dem modifizierten Kalkulationsverfahren erfolgt eine getrennte Kalkulation der fixen und variablen Kostenbestandteile. Abbildung 4.7 veranschaulicht den prinzipiellen Ablauf des Kalkulationsverfahrens. Die linke Hälfte der Abbildung zeigt die Kalkulation des Einheitspreises. Auf der rechten Hälfte sind die notwendigen Schritte zur Kalkulation des Fixpreises abgebildet. Nach der Kalkulation des Einheitspreises und des Fixpreises können die Gesamtpreise der Leistungspositionen und die Angebotssumme berechnet werden. Die einzelnen Schritte werden im Zusammenhang mit den neu entwickelten Formblättern näher beschrieben.

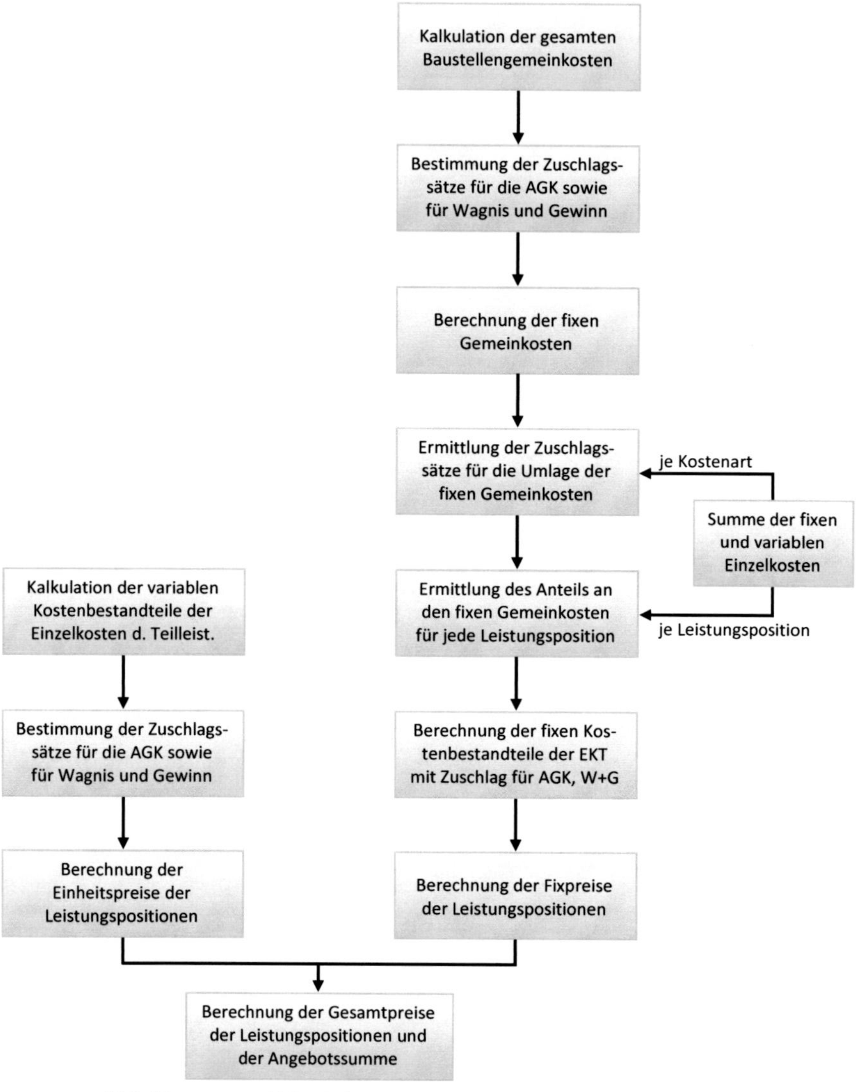

Abbildung 4.7: Ablauf des modifizierten Kalkulationsverfahrens

Im Gegensatz zum Kalkulationsverfahren für die klassische Einheitspreisvergütung ist die Angebotssumme bei dem modifizierten Kalkulationsverfahren kein notwendiges Zwischenergebnis, sondern das Endergebnis der Berechnungen. Aus dieser Vorgehensweise lässt sich der Name *Kalkulation* ***zur*** *Angebotssumme* für das modifizierte Kalkulationsverfahren ableiten.

Das modifizierte Kalkulationsverfahren wurde auf der Basis des Tabellenkalkulationsprogramms Microsoft Excel mit den folgenden sechs Formblättern umgesetzt[88]:

- Formblatt 1 – Ermittlung der fixen und variablen Einzelkosten der Teilleistungen
- Formblatt 2 – Ermittlung der fixen Gemeinkosten
- Formblatt 3 – Zuschlagssätze für die Umlage der fixen Gemeinkosten
- Formblatt 4 – Umlage der fixen Gemeinkosten auf die Teilleistungen
- Formblatt 5 – Ermittlung der Vertragspreise
- Formblatt 6 – Ermittlung der Angebotssumme

Die Formblätter können in Anlage 2 nachgeschlagen werden.[89] In den farblich hinterlegten Zellen der Formblätter werden Zahlenwerte eingegeben. In allen anderen Zellen führt das Tabellenkalkulationsprogramm die Berechnung nach vorgegebenen Formeln durch.

In Abbildung 4.8 sind die Zusammenhänge zwischen den neu entwickelten Formblättern zur Kalkulation der Fixpreise, der Einheitspreise und der Angebotssumme dargestellt. Die einzelnen Formblätter werden nachfolgend vorgestellt. Anschließend wird das Vorgehen für das modifizierte Kalkulationsverfahren *Kalkulation zur Angebotssumme* an einem Beispiel veranschaulicht.

[88] Die Excel-Datei kann im Internet unter www.einheitspreisvertrag.de und unter www.tu-dresden.de/biwibb, dort bei Publikationen/Monografien/Dissertation, heruntergeladen werden.

[89] Andere Formblätter, zum Beispiel für die Berechnung des Mittellohns, der Baustellengemeinkosten, der Baustelleneinrichtung und für die Geräteliste, bleiben unverändert und können wie bei dem klassischen Kalkulationsverfahen *Kalkulation über die Angebotssumme* verwendet werden.

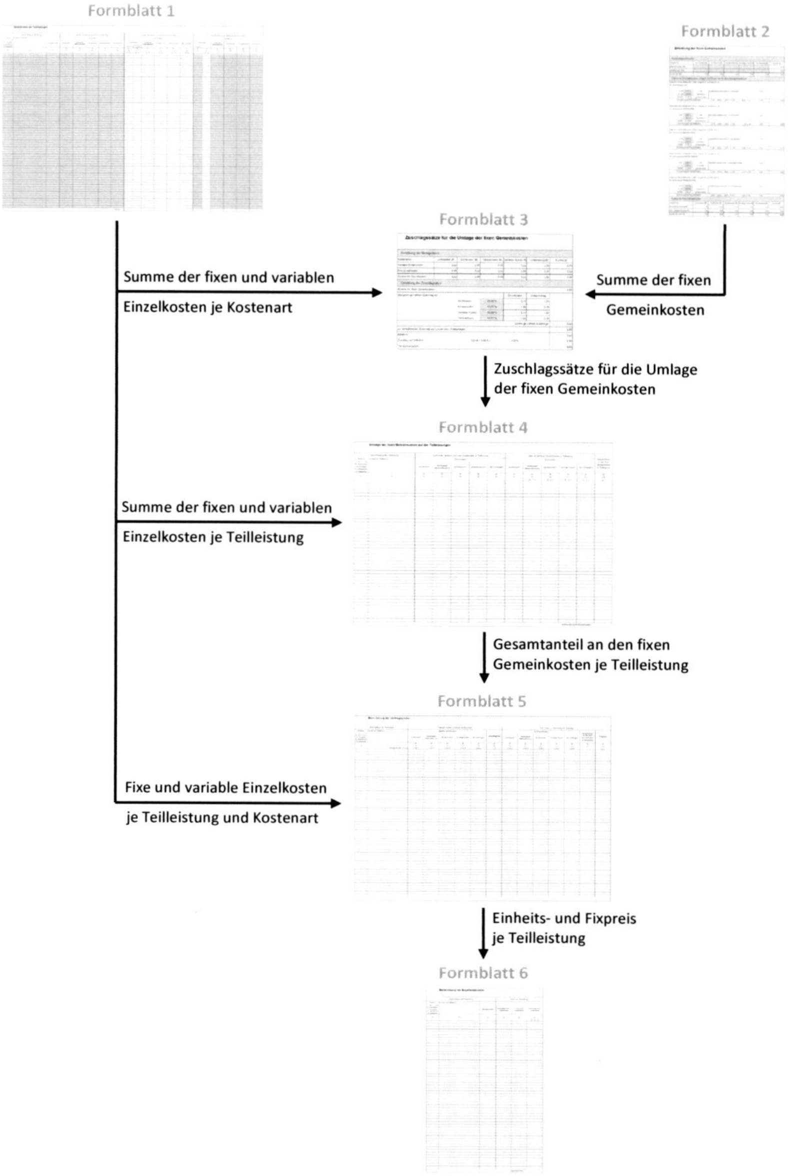

Abbildung 4.8: Zusammenhänge zwischen den Formblättern

Formblätter für die Kalkulation zur Angebotssumme

Die Beschreibung der Formblätter soll den Inhalt, die notwendigen Eingaben und die durchzuführenden Berechnungen eines jeden Formblatts darlegen. Die Zusammenhänge zwischen den Formblättern werden aufgezeigt, indem die Werte, die von dem einen in das andere Formblatt übergehen, erläutert werden.

Formblatt 1 – Fixe und variable Einzelkosten der Teilleistungen

Das Formblatt 1 (Abbildung 4.9) enthält das Leistungsverzeichnis mit den Positionsnummern (Spalte 1), den Kurztexten (Spalte 2) und den Mengenansätzen (Spalte 3) der ausgeschriebenen Leistungspositionen (Teilleistungen). Für diese Teilleistungen werden im Formblatt 1 die variablen und fixen Einzelkosten (ohne Zuschlag) kalkuliert.

Die Kostenansätze für die variablen Einzelkosten werden nach Kostenarten getrennt in den Spalten 4 bis 8 als relative Beträge in Bezug zur ausgeschriebenen Mengeneinheit erfasst (zum Beispiel 15 €/m^3). Die Kostenansätze für die Kostenart Lohnkosten werden in der Einheit *Stunde je Mengeneinheit* angegeben. Die anderen Kostenarten tragen die Einheit *Euro je Mengeneinheit*. Die variablen Einzelkosten je Teilleistung (Spalten 9 bis 14) ergeben sich aus der Multiplikation der Kostenansätze je Mengeneinheit mit dem ausgeschriebenen Mengenansatz und besitzen die Einheit *Euro*. Für die Kostenart Lohnkosten ist zusätzlich noch der Mittellohn in der Einheit *Euro je Stunde* anzugeben (Spalte 10).

Die Kostenansätze der fixen Einzelkosten werden in den Spalten 15 bis 20 als absolute Werte eingegeben. Die Einheit der Kostenansätze für die Kostenart Lohnkosten ist *Stunde* und für die anderen Kostenarten *Euro*. Durch den Mittellohn in *Euro je Stunde* werden die Kostenansätze für die Lohnkosten in Euro-Beträge umgerechnet.

Die kalkulierten fixen und variablen Einzelkosten der Teilleistungen fließen in unterschiedlicher Form in andere Formblätter ein. In Formblatt 3 werden die Summen der fixen und der variablen Einzelkosten über alle Teilleistungen für jede Kostenart benötigt. Die Kostenansätze in den Spalten 10 bis 14 und 16 bis 20 werden innerhalb jeder Spalte aufsummiert. Formblatt 4 erhält die nach Kostenarten aufgeschlüsselten Summen der fixen und variablen Einzelkosten je Teilleistung. Für

Formblatt 1 – Ermittlung der fixen und variablen Einzelkosten der Teilleistungen

Beschreibung der Teilleistung			Variable Einzelkosten je Einheit (ohne Zuschlag)					Variable Einzelkosten je Teilleistung (ohne Zuschlag)						Fixe Einzelkosten je Teilleistung (ohne Zuschlag)					
			Kostenarten					Kostenarten						Kostenarten					
Positions-nummer	Kurztext der Teilleistung	Mengenansatz	Lohnkosten	Stoffkosten	Gerätekosten	Sonstige Kosten	NU-Leistungen	Lohnkosten Mittellohn =		Stoffkosten	Gerätekosten	Sonstige Kosten	NU-Leistungen	Lohnkosten Mittellohn =		Stoffkosten	Gerätekosten	Sonstige Kosten	NU-Leistungen
[1]	[2]	[3]	[h] [4]	[€] [5]	[€] [6]	[€] [7]	[€] [8]	[h] [9] [3] · [4]	[€] [10] [9] · ML	[€] [11] [3] · [5]	[€] [12] [3] · [6]	[€] [13] [3] · [7]	[€] [14] [3] · [8]	[h] [15]	[€] [16] [15] · ML	[€] [17]	[€] [18]	[€] [19]	[€] [20]
							Summe												

Abbildung 4.9: Formblatt 1 für die modifizierte Einheitspreisvergütung

jede Kostenart werden die fixen Kostenansätze (Spalten 15, 17, 18, 19, 20) und die variablen Kostenansätze (Spalten 9, 11, 12, 13, 14) einer Teilleistung addiert, zum Beispiel die Spalten 9 und 15 für die Lohnkosten. In Formblatt 5 werden die relativen Kostenansätze der variablen Einzelkosten (Spalten 4 bis 8) und die absoluten Kostenansätze der fixen Einzelkosten (Spalten 16 bis 20) der Teilleistungen für jede Kostenart übertragen. Eine Addition dieser Werte erfolgt nicht.

Formblatt 2 – Ermittlung der fixen Gemeinkosten

Formblatt 2 (Abbildung 4.10) dient der Ermittlung der fixen Gemeinkosten. Die fixen Gemeinkosten bestehen aus den Baustellengemeinkosten und den auf die Baustellengemeinkosten prozentual beaufschlagten Allgemeinen Geschäftskosten sowie den prozentualen Anteilen für Wagnis und Gewinn.

In das Formblatt müssen die nach Kostenarten getrennten absoluten Beträge für die zeitabhängigen und zeitunabhängigen Baustellengemeinkosten eingetragen werden. Die Summe dieser Werte ergibt die gesamten Baustellengemeinkosten.

Die Allgemeinen Geschäftskosten sowie Wagnis und Gewinn werden analog zum klassischen Kalkulationsverfahren berücksichtigt. Die Zuschlagssätze für die Allgemeinen Geschäftskosten p_{AGK}, für den Wagnisanteil p_W und für den Gewinnanteil p_G werden in Bezug zur Angebotssumme angegeben und müssen daher auf die Basis der Herstellkosten (hier: Baustellengemeinkosten) umgerechnet werden. Die Umrechnung erfolgt nach Formel 4.3.[90]

$$\text{Zuschlagsatz auf Herstellkosten } [\%] = \frac{100\ \% \cdot p_{AGK} + p_W + p_G}{100\ \% - p_{AGK} + p_W + p_G} \tag{4.3}$$

Formel 4.3: Umrechnung der Zuschlagssätze für AGK, W + G auf die Herstellkosten

Die Zuschlagssätze können für jede Kostenart beliebig gewählt werden. Nach der Umrechnung der Zuschlagssätze auf die Bezugsbasis der Herstellkosten können die absoluten Beträge für die Allgemeinen Geschäftskosten sowie die absoluten Anteile für Wagnis und Gewinn ermittelt werden. Diese Werte beziehen sich nur

[90] Zur Herleitung der Formel vgl. LEIMBÖCK/KLAUS/HÄLKERMANN (2007): *Baukalkulation und Projektcontrolling*, S. 53.

Formblatt 2 – Ermittlung der fixen Gemeinkosten

Baustellengemeinkosten

Kostenarten	Lohnkosten [€]	Stoffkosten [€]	Gerätekosten [€]	Sonstige Kosten [€]	Fremdleistung [€]	Summe [€]
zeitunabhängige BGK						0,00
zeitabhängige BGK						0,00
Summe der BGK	0,00	0,00	0,00	0,00	0,00	0,00

Allgemeine Geschäftskosten, Wagnis und Gewinn für die Baustellengemeinkosten

Allgemeine Geschäftskosten (AGK), Wagnis (W) und Gewinn (G)
für die Kostenart LOHN

AGK:		der	Baustellengemeinkosten für Lohnkosten	0,00	
W + G:		Baustellen-			
Summe:	0,00 %	gemeinkosten			
Umrechnung auf Herstellkosten		0,0% · 100% / (100% - 0,0%) =	0,00 % von	0,00	0,00

Allgemeine Geschäftskosten (AGK), Wagnis (W) und Gewinn (G)
für die Kostenart STOFFKOSTEN

AGK:		der	Baustellengemeinkosten für Stoffkosten	0,00	
W + G:		Baustellen-			
Summe:	0,00 %	gemeinkosten			
Umrechnung auf Herstellkosten		0,0% · 100% / (100% - 0,0%) =	0,00 % von	0,00	0,00

Allgemeine Geschäftskosten (AGK), Wagnis (W) und Gewinn (G)
für die Kostenart GERÄTEKOSTEN

AGK:		der	Baustellengemeinkosten für Gerätekosten	0,00	
W + G:		Baustellen-			
Summe:	0,00 %	gemeinkosten			
Umrechnung auf Herstellkosten		0,0% · 100% / (100% - 0,0%) =	0,00 % von	0,00	0,00

Allgemeine Geschäftskosten (AGK), Wagnis (W) und Gewinn (G)
für die Kostenart SONSTIGE KOSTEN

AGK:		der	Baustellengemeinkosten für sonstige Kosten	0,00	
W + G:		Baustellen-			
Summe:	0,00 %	gemeinkosten			
Umrechnung auf Herstellkosten		0,0% · 100% / (100% - 0,0%) =	0,00 % von	0,00	0,00

Allgemeine Geschäftskosten (AGK), Wagnis (W) und Gewinn (G)
für die Kostenart FREMDLEISTUNG

AGK:		der	Baustellengemeinkosten für Fremdleistungen	0,00	
W + G:		Baustellen-			
Summe:	0,00 %	gemeinkosten			
Umrechnung auf Herstellkosten		0,0% · 100% / (100% - 0,0%) =	0,00 % von	0,00	0,00

Summe der fixen Gemeinkosten

Kostenarten	Lohnkosten [€]	Stoffkosten [€]	Gerätekosten [€]	Sonstige Kosten [€]	Fremdleistung [€]	Summe [€]
Baustellengemeinkosten	0,00	0,00	0,00	0,00	0,00	0,00
AGK, Wagnis und Gewinn	0,00	0,00	0,00	0,00	0,00	0,00
Summe der fixen GK	0,00	0,00	0,00	0,00	0,00	**0,00**

Abbildung 4.10: Formblatt 2 für die modifizierte Einheitspreisvergütung

auf die Baustellengemeinkosten. Die Allgemeinen Geschäftskosten sowie Wagnis und Gewinn für die Einzelkosten der Teilleistungen werden in Formblatt 5 berücksichtigt. Die Summe aus den absoluten Werten für die Baustellengemeinkosten, Allgemeinen Geschäftskosten, Wagnis und Gewinn ergeben die fixen Gemeinkosten. Die Summe der fixen Gemeinkosten fließt in Formblatt 3 ein.

Formblatt 3 – Zuschlagssätze für die Umlage der fixen Gemeinkosten

In Formblatt 3 (Abbildung 4.11) werden die Zuschlagssätze für die Umlage der fixen Gemeinkosten auf die einzelnen Teilleistungen (Leistungspositionen) ermittelt. Die Vorgehensweise ist analog zum klassischen Kalkulationsverfahren. Für alle Kostenarten bis auf die Lohnkosten wird ein Zuschlagssatz festgelegt. Der restliche Gemeinkostenbetrag wird auf die Lohnkosten beaufschlagt.

In das Formblatt 3 wird die Summe für die fixen Gemeinkosten aus Formblatt 2 übertragen. Aus Formblatt 1 werden die nach Kostenarten getrennten Summen für die fixen und variablen Einzelkosten übernommen (jeweils die einzelnen Spaltensummen für die Spalten 10 bis 14 und 16 bis 20 im Formblatt 1). Die summierten Einzelkosten einer Kostenart bilden die Bezugsbasis zur Berechnung der Restumlage und des Zuschlagssatzes für die Lohnkosten. Die festgelegten Zuschlagssätze einer Kostenart (außer Lohnkosten) werden mit den summierten Einzelkosten der Kostenart

Formblatt 3 – Zuschlagssätze für die Umlage der fixen Gemeinkosten

Ermittlung der Bezugsbasis

Kostenarten	Lohnkosten [€]	Stoffkosten [€]	Gerätekosten [€]	Sonstige Kosten [€]	Fremdleistung [€]	Summe [€]
Variable Einzelkosten	0,00	0,00	0,00	0,00	0,00	0,00
Fixe Einzelkosten	0,00	0,00	0,00	0,00	0,00	0,00
Summe der Einzelkosten	0,00	0,00	0,00	0,00	0,00	0,00

Ermittlung der Zuschlagsätze

Summe der fixen Gemeinkosten					0,00
abzüglich gewählten Zuschlag auf			Einzelkosten	Umlagebetrag	
	Stoffkosten		0,00	0,00	
	Gerätekosten		0,00	0,00	
	Sonstige Kosten		0,00	0,00	
	Fremdleistung		0,00	0,00	
				Summe gewählter Zuschläge:	0,00
zu verrechnender Zuschlag auf Lohnkosten (Restumlage)					0,00
Mittellohn					0,00
Zuschlag auf Mittellohn	0,00 € / 0,00 € =		0,00%		0,00

Abbildung 4.11: Formblatt 3 für die modifizierte Einheitspreisvergütung

multipliziert, um den Anteil dieser Kostenart an den fixen Gemeinkosten zu ermitteln. Die jeweiligen Anteile der Kostenarten werden vom Gesamtbetrag für die fixen Gemeinkosten abgezogen, um die Restumlage für die Lohnkosten zu ermitteln. Die Restumlage wird durch die summierten Einzelkosten der Kostenart Lohnkosten dividiert, um den Zuschlagssatz für die Lohnkosten zu ermitteln. Die Zuschlagssätze für die Umlage der fixen Gemeinkosten gehen in das Formblatt 4 ein.

Formblatt 4 – Umlage der fixen Gemeinkosten auf die Teilleistungen

Das Formblatt 4 (Abbildung 4.12) verteilt die fixen Gemeinkosten auf die einzelnen Teilleistungen (Leistungspositionen). Aus Formblatt 1 fließen für jede Teilleistung die summierten Werte der fixen und variablen Kostenbestandteile je Kostenart ein (Spalten 9 + 15, Spalten 11 + 17, Spalten 12 + 18, Spalten 13 + 19, Spalten 14 + 20 in Formblatt 1) und werden für jede Kostenart in den Spalten 3 bis 7 im Formblatt 4 berücksichtigt. Aus dem Formblatt 3 werden die prozentualen Zuschlagssätze für die Umlage der fixen Gemeinkosten in allen Zeilen der Spalten 8 bis 12 verwendet.

Für jede Kostenart existiert ein individueller Zuschlagssatz. Der Zuschlagssatz wird mit dem jeweiligen Einzelkostenwert der Kostenart (Spalte 3 bis 7) für jede Teilleistung multipliziert, um den Anteil an den fixen Gemeinkosten für jede Kostenart (Spalten 8 bis 12) zu ermitteln. Einer Teilleistung mit einem höheren Wert für die Einzelkosten wird dabei ein größerer Anteil für die fixen Gemeinkosten zugeteilt als einer Teilleistung mit geringeren Einzelkosten. Diese Vorgehensweise beruht auf der Annahme, dass eine Teilleistung mit größerem Einzelkostenanteil auch einen größeren Anteil der fixen Gemeinkosten verursacht.[91]

Im Gegensatz zum klassischen Kalkulationsverfahren werden beim modifizierten Kalkulationsverfahren die anteiligen fixen Gemeinkosten einer Teilleistung nicht mit den gesamten Einzelkosten der Teilleistung addiert, sondern an dieser Stelle separat ausgewiesen. Die Summe der anteiligen fixen Gemeinkosten je Kostenart (Spalten 8 bis 12) ergibt für jede Teilleistung den Gesamtanteil an den fixen Gemeinkosten (Spalte 13). Dieser Wert wird in das Formblatt 5 übertragen.

[91] Vgl. Ebert (2004): *Kosten- und Leistungsrechnung*, S. 96 f.

Formblatt 4 – Umlage der fixen Gemeinkosten auf die Teilleistungen

Beschreibung der Teilleistung		Summe der variablen und fixen Einzelkosten je Teilleistung – Kostenarten					Anteil an den fixen Gemeinkosten je Teilleistung – Kostenarten					Gesamtanteil an den fixen Gemeinkosten je Teilleistung
Positions-nummer	Kurztext der Teilleistung	Lohnkosten	Stoffkosten	Gerätekosten	Sonstige Kosten	NU-Leistungen	Lohnkosten	Stoffkosten	Gerätekosten	Sonstige Kosten	NU-Leistungen	
		[h]	[€]	[€]	[€]	[€]	[€]	[€]	[€]	[€]	[€]	[€]
[1]	[2]	[3]	[4]	[5]	[6]	[7]	[8]	[9]	[10]	[11]	[12]	[13] Σ [8] bis [12]
										Summe der fixen Gemeinkosten =		

Abbildung 4.12: Formblatt 4 für die modifizierte Einheitspreisvergütung

Formblatt 5 – Ermittlung der Vertragspreise

Im Formblatt 5 (Abbildung 4.13) werden die Fixpreise und die Einheitspreise für die verschiedenen Leistungspositionen berechnet. Das Formblatt 5 bezieht sich auf die Kostenansätze je Mengeneinheit für die variablen Einzelkosten (Spalten 4 bis 8 in Formblatt 1) und auf die absoluten Kostenansätze für die fixen Einzelkosten (Spalten 15, 17 bis 20 in Formblatt 1) für jede Kostenart einer Teilleistung. Die Stundenansätze für die Lohnkosten werden dabei mit dem Mittellohn multipliziert, um einen monetären Wert zu erhalten. Aus Formblatt 2 fließen die auf die Basis der Herstellkosten umgerechneten prozentualen Zuschlagssätze für die Allgemeinen Geschäftskosten, Wagnis und Gewinn in das Formblatt 5 ein. Aus Formblatt 4 wird der Gesamtanteil an den fixen Gemeinkosten für jede Teilleistung (Spalte 13 in Formblatt 4) übernommen.

Die Kostenansätze für die variablen Einzelkosten werden mit den auf Herstellkostenbasis umgerechneten Zuschlagssätzen für die Allgemeinen Geschäftskosten, Wagnis und Gewinn beaufschlagt. Für jede Kostenart werden somit die variablen Kostenbestandteile der Teilleistung mit Zuschlag (Spalten 3 bis 7) ermittelt. Die Summe dieser Werte ergibt den Einheitspreis der Leistungsposition (Spalte 8).

Die Kostenansätze für die fixen Einzelkosten werden ebenfalls mit den Zuschlagssätzen für die Allgemeinen Geschäftskosten, Wagnis und Gewinn beaufschlagt. Zu den fixen Einzelkosten mit Zuschlag einer Teilleistung (Spalten 9 bis 14) wird der Anteil an den fixen Gemeinkosten der Teilleistung (Spalte 14) addiert, um den Fixpreis der Leistungsposition zu erhalten (Spalte 15).

Die Werte für die Fixpreise (Spalte 15) und die Einheitspreise (Spalte 8) werden im Formblatt 6 verwendet.

Formblatt 6 – Ermittlung der Angebotssumme

Die Spalten 1, 2 und 3 des Formblattes 6 enthalten dieselben Angaben wie die Spalten 1, 2 und 3 des Formblattes 1. Die Einheitspreise der Teilleistungen (Spalte 8 in Formblatt 5) werden in die Spalte 4, die Fixpreise der Teilleistungen (Spalte 15 in Formblatt 5) in die Spalte 5 übertragen. Der Gesamtpreis einer Leistungsposition (Spalte 6) ergibt sich aus der Multiplikation des Einheitspreises (Spalte 4) mit dem Mengenansatz (Spalte 3) zuzüglich des Fixpreises (Spalte 5). Die Summe aller Gesamtpreise ergibt die Angebotssumme.

Formblatt 5 – Ermittlung der Vertragspreise

Beschreibung der Teilleistung		Variable Kosten je Einheit (mit Zuschlag)						Fixe Kosten je Teilleistung (mit Zuschlag)						
		variable Einzelkosten						fixe Einzelkosten						
Positions-nummer	Kurztext der Teilleistung	Lohnkosten	Stoffkosten	Gerätekosten	Sonstige Kosten	NU-Leistungen	Einheitspreis	Lohnkosten	Stoffkosten	Gerätekosten	Sonstige Kosten	NU-Leistungen	Gesamtanteil an den fixen Gemeinkosten	Fixpreis
[1]	[2] Zuschlag für AGK, W + G =	[€] [3]	[€] [4]	[€] [5]	[€] [6]	[€] [7]	[€] [8] Σ [3] von [7]	[€] [9]	[€] [10]	[€] [11]	[€] [12]	[€] [13]	[€] [14]	[€] [15] Σ [9] bis [14]

Abbildung 4.13: Formblatt 5 für die modifizierte Einheitspreisvergütung

Formblatt 6 – Ermittlung der Angebotssumme					
Beschreibung der Teilleistung			Preis der Teilleistung		
Positions-nummer	**Kurztext der Teilleistung**	**Mengenansatz**	**Einheitspreis je Teilleistung**	**Fixpreis je Teilleistung**	**Gesamtpreis je Teilleistung**
[1]	[2]	[3]	[4]	[5]	[6] [3] · [4] + [5]
				Angebotssumme =	

Abbildung 4.14: Formblatt 6 für die modifizierte Einheitspreisvergütung

4.2.3 Verkürzter Ablauf der Kalkulation ohne Umlagerechnung

Für das modifizierte Kalkulationsverfahren besteht die Möglichkeit, den Ablauf der Kalkulation in einer verkürzten Form durchzuführen. Die Voraussetzung für diese Verkürzung bilden separate Leistungspositionen für die Baustellengemeinkosten, in denen der Auftragnehmer die gesamten Baustellengemeinkosten kalkuliert. Die Leistungsposition für die zeitunabhängigen Baustellengemeinkosten kann *Baustelleneinrichtung herstellen und Räumen der Baustelle* mit dem Mengenansatz *psch.* lauten und für die zeitabhängigen Baustellengemeinkosten *Baustelleneinrichtung x Monate vorhalten* mit dem Mengenansatz in der Einheit *Monat.*

Wenn die Möglichkeit besteht, die gesamten Baustellengemeinkosten in separaten Leistungspositionen zu kalkulieren, entfällt die Umlage der fixen Gemeinkosten. Die Summe der umzulegenden Baustellengemeinkosten (Formblatt 2, Seite 66) beträgt dann 0,00 €. Damit beträgt auch die Summe der fixen Gemeinkosten bestehend aus den Baustellengemeinkosten mit den Zuschlägen für die Allgemeinen Geschäftskosten, Wagnis und Gewinn 0,00 €. Es ist nicht mehr notwendig, in Formblatt 3 (Seite 67) die Umlagesätze zu bestimmen und in Formblatt 4 (Seite 69) die Umlage der fixen Gemeinkosten auf die Teilleistungen durchzuführen. Die Formblätter 2, 3 und 4 entfallen somit, wenn die gesamten Baustellengemeinkosten in separaten Leistungspositionen kalkuliert werden. Für die Kalkulation nach dem modifizierten Kalkulationsverfahren werden nur noch die Formblätter 1, 5 und 6 benötigt. Der Kalkulationsablauf kann in drei Schritte zusammengefasst werden:

1. Ermittlung der variablen und fixen Einzelkosten in Formblatt 1,
2. Ermittlung der Einheitspreise und der Fixpreise in Formblatt 5,
3. Ermittlung der Gesamtpreise und der Angebtossumme in Formblatt 6.

Die Abbildung 4.15 stellt den Zusammenhang zwischen den drei Formblättern für den verkürzten Kalkulationsablauf dar.

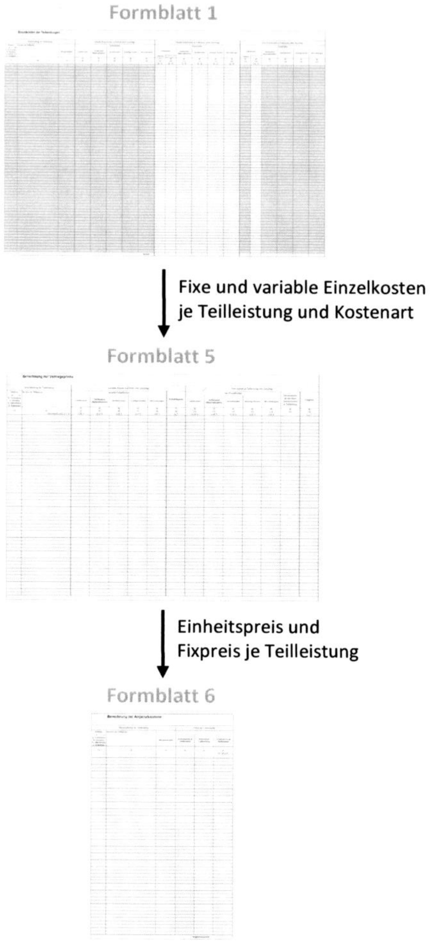

Abbildung 4.15: Verkürzter Ablauf des modifizierten Kalkulationsverfahrens

Im ersten Schritt werden in Formblatt 1 (Seite 64) die variablen Einzelkosten je Einheit (ohne Zuschlag) in den Spalten 4 bis 8 und die fixen Einzelkosten je Teilleistung (ohne Zuschlag) in den Spalten 15 und 17 bis 20 erfasst. Die Berechnung der variablen Einzelkosten je Teilleistung (ohne Zuschlag) in den Spalten 9 bis 14 ist nicht notwendig. Die Berechnung der Summe der Einzelkosten wird bei dem verkürzten Kalkulationsablauf ebenfalls nicht benötigt.

Im zweiten Schritt werden in Formblatt 5 (Seite 71) die variablen und die fixen Einzelkosten mit den Zuschlägen für die Allgemeinen Geschäftskosten, Wagnis und Gewinn beaufschlagt. Die auf der Basis der Herstellkosten umgerechneten Zuschlagssätze müssen hierfür in das Formblatt 5 eingetragen werden. In den Spalten 3 bis 7 werden die variablen Einzelkosten je Einheit (mit Zuschlag) und in den Spalten 9 bis 13 die fixen Einzelkosten je Teilleistung (mit Zuschlag) berechnet. Die Stundenanzahl für die Lohnkosten muss dabei mit dem Mittellohn multipliziert werden. Der Einheitspreis einer Teilleistung ergibt sich aus der Summe der variablen Einzelkosten je Einheit (mit Zuschlag) über alle Kostenarten. Der Einheitspreis in Spalte 8 wird durch die Summe der Spalten 3 bis 7 berechnet. Der Fixpreis einer Teilleistung ergibt sich aus der Summe der fixen Einzelkosten je Teilleistung (mit Zuschlag). Der Fixpreis in Spalte 15 setzt sich aus den Spalten 9 bis 13 zusammen. Der Wert für die anteiligen Gemeinkosten der Teilleistung in Spalte 14 beträgt 0,00 €, da bei diesem verkürzten Kalkulationsablauf die gesamten Baustellengemeinkosten in separaten Leistungspositionen kalkuliert werden und daher keine Umlage durchgeführt wird.

Im dritten Schritt werden in Formblatt 6 (Seite 72) die Gesamtpreise der Teilleistungen und die Angebotssumme berechnet. Die Einheitspreise und Fixpreise der Teilleistungen werden aus Formblatt 5 (Seite 71) und die Mengenansätze aus Formblatt 1 (Seite 64) übernommen. Die Gesamtpreise der Teilleistungen in Spalte 6 ergeben sich aus der Multiplikation des Mengenansatzes (Spalte 3) mit dem Einheitspreis (Spalte 4) zuzüglich des Fixpreises (Spalte 5). Die Summe über alle Gesamtpreise ergibt die Angebotssumme.

Der Ablauf der modifizierten Einheitspreiskalkulation vereinfacht sich somit deutlich, wenn der Auftragnehmer die gesamten Baustellengemeinkosten in einer separaten Leistungsposition kalkulieren kann, da in diesem Fall keine Umlage der Baustellengemeinkosten auf die Teilleistungen notwendig ist. Die Leistungspositionen *Baustelleneinrichtung herstellen und Räumen der Baustelle* und *Baustelleneinrichtung x Monate vorhalten* können bei der modifizierten Einheitspreisvergütung zu einer Leistungsposition *Baustelleneinrichtung herstellen, vorhalten und räumen* mit dem Mengenansatz in der Einheit *Monat* zusammengefasst werden. Der Fixpreis enthält alle zeitunabhängigen Baustellengemeinkosten und der Einheitspreis alle zeitabhängigen Baustellengemeinkosten.

4.2.4 Beispiel für die Kalkulation einer Leistungsposition

Als Beispielrechnung für das modifzierte Kalkulationsverfahren soll die Kalkulation der Leistungsposition zur Herstellung der Wandschalung von Seite 38 dienen. Eine allgemeingültige mathematische Formulierung des Kalkulationsverfahrens *Kalkulation zur Angebotssumme* ist als Anlage 6 beigefügt. Die Abbildung 4.16 zeigt nochmals die ausgeschriebene Leistungsposition für das Kalkulationsbeispiel.

Kalkulationsbeispiel - Schalungkosten

Eine Wandschalung für ein rundes Trinkwasserbecken ist herzustellen. Die Leistungsposition ist wie folgt angegeben:

Pos.-Nr.	Menge	Langtext	EP	GP
14.2.85	687,63 m^2	Schalung der Beckenwand herstellen, h = 3,60 m, Innendurchmesser = 30,00 m, ...	...	...

Folgende Annahmen werden getroffen:

- Die Beckenwand soll mit einem Schalsatz in 6 Betonierabschnitten hergestellt werden. Bei einer Taktzeit von 3 Tagen pro Abschnitt wird die Schalung 18 Arbeitstage benötigt. Einschließlich der Zeiten für Auf- und Abbau sowie Schlussreinigung ist die Schalung 1 Monat vorzuhalten.
- Es wird eine Systemschalung eingesetzt, die aus folgenden Elementen besteht: 6 Innenelemente (l = 2,40 m und h = 3,60 m), 1 Innenelement (l = 1,23 m und h = 3,60 m), 6 Außenelemente (l = 2,50 m und h = 3,60 m) und 1 Außenelement (l = 1,28 m und h = 3,60 m).
- Es soll eigene Schalung zum Einsatz kommen. Der unternehmensinterne Mietsatz pro Monat beträgt 4,25 % des Neupreises.
- Die Elemente werden vormontiert auf die Baustelle geliefert. Der Radius wird auf der Baustelle eingestellt und soll bei der Montage mit 0,50 h/m^2 und bei der Demontage mit 0,30 h/m^2 angesetzt werden.

Insgesamt können 687,63 m^2 Betonfläche abgerechnet werden, pro Abschnitt somit 114,61 m^2. Zusätzlich werden jedoch noch zwei Stirnschalungen von 2,88 m^2 Schalfläche benötigt. Die beiden Stirnschalungen werden je drei mal eingesetzt. Somit beträgt die mittlere zu schalende Fläche 116,05 m^2. Die Rundschalung selbst hat eine Fläche von 114,70 m^2.

Abbildung 4.16: Kalkulationsbeispiel – Herstellung der Wandschalung[92]

Die verschiedenen Kostenbestandteile für die Kalkulation der Schalungskosten sind

[92] Daten aus BERNER/KOCHENDÖRFER/SCHACH (2007): *Grundlagen der Baubetiebslehre 1*, S. 143 - 147.

zunächst hinsichtlich des Kostencharakters in fixe und variable Kostenbestandteile zu differenzieren. Anschließend können der Fixpreis und der Einheitspreis kalkuliert werden. Im letzten Schritt werden die Gesamtpreise und die Angebtossumme berechnet.

Differenzierung der Kostenbestandteile nach dem Kostencharakter

Auf die erneute Berechnung der einzelnen Kostenansätze soll an dieser Stelle verzichtet werden. Die Abbildung 4.17 enthält eine Übersicht über die in Kapitel 3 berechneten Kostenansätze. Anhand der Maßeinheiten lässt sich bereits der Kostencharakter der einzelnen Kostenansätze ableiten.

Vorhaltekosten (Berechnung siehe Seite 39)	
Gesamtbetrag	2.746,84 €
Lade- und Transportkosten (Berechnung siehe Seite 40)	
Ladekosten Bauhof	394,40 €
Ladekosten Baustelle	9,86 h
Transportkosten	57,00 €
Fahrer	282,84 €
Grundeinrichtung und Demontage (Berechnung siehe Seite 40)	
Rundeinstellung der Schalelemente	57,35 h
Demontage der Schalelemente	34,41 h
Montage der Stirnschalungen	2,00 h
Verbrauchsstoffe und Gebrauchsstoffe (Berechnung siehe Seite 41)	
Gerüstbohlen	320,00 €
Gerüstbretter	96,00 €
Verbrauchsstoffe beim Montieren	50,00 €
Einsatzabhängige Kosten (Berechnung siehe Seite 41)	
Lohnstunden für Ein- und Ausschalen	0,40 h/m^2
Verbrauchsstoffe für Trennmittel und Abstandhalter	80,00 €/Einsatz

Abbildung 4.17: Übersicht über die Kostenansätze für die Schalungskosten[93]

Die Vorhaltekosten, die Lade- und Transportkosten, die Kosten für die Grundeinrichtung und Demontage sowie die Kosten für die Ver- und Gebrauchsstoffe sind fixe

[93] Daten aus BERNER/KOCHENDÖRFER/SCHACH (2007): *Grundlagen der Baubetiebslehre 1*, S. 145 f.

Einzelkosten der Teilleistung. Ein direkter Bezug dieser Kosten zu der ausgeschriebenen Mengeneinheit *Quadratmeter (m^2)* ist nicht gegeben.

Die einsatzabhängigen Kosten beschreiben die Kosten, die bei jedem Einsatz des Schalsatzes entstehen. Die Häufigkeit des Einsatzes ist eine unternehmerische Entscheidung und dem Kalkulationsrisiko des Auftragnehmers zuzuordnen. Die Kosten, die allein nur durch den wiederholten Einsatz des Schalsatzes entstehen, sind somit gegenüber der ausgeschriebenen Mengeneinheit als fixe Kosten zu bewerten, da diese Kosten von der Anzahl der Einsätze, nicht aber von der Anzahl der Mengeneinheiten abhängig sind. Die Kosten für Verbrauchsstoffe (Trennmittel und Abstandhalter) stellen in diesem Beispiel fixe Kosten dar. Der Gesamtbetrag für die Kosten der Verbrauchsstoffe ergibt sich aus der Multiplikation des Kostenbetrages je Einsatz mit der Einsatzhäufigkeit. Im Beispiel ergibt sich für die Verbrauchsstoffe ein gesamter Kostenbetrag von 80,00 €/Einsatz · 6 Einsätze = 480,00 €.

Abbildung 4.18 schlüsselt alle fixen Einzelkosten nach Kostenarten auf.

Fixe Einzelkosten für die Herstellung der Wandschalung

	Lohnkosten	Stoffkosten	Gerätekosten	Sonstige Kosten
Vorhaltekosten			2.746,84 €	
Ladekosten Bauhof				394,40 €
Ladekosten Baustelle	9,86 h			
Transportkosten				57,00 €
Fahrer				282,84 €
Rundeinstellung	57,35 h			
Demontage	34,41 h			
Montage	2,00 h			
Gerüstbohlen		320,00 €		
Gerüstbretter		96,00 €		
Verbrauchsstoffe I		50,00 €		
Verbrauchsstoffe II		480,00 €		
Summe	103,62 h	946,00 €	2.746,84 €	734,24 €

Abbildung 4.18: Fixe Einzelkosten für die Herstellung der Wandschalung

Der einzige mengenvariable Kostenansatz für das Beispiel der Schalungskosten sind die Lohnkosten in Höhe von 0,40 h/m^2 für das Ein- und Ausschalen der Schalungswand.

Weiterhin sollen für die Beispielrechnung folgende Daten gelten:

Weitere Daten für die Beispielrechnung

	Variable Kosten	Fixe Kosten
• Lohnstunden für restliche Leistungspositionen:	16.315,440 h	3.341,720 h
• Stoffkosten für restliche Leistungspositionen:	792.102,80 €	128.946,97 €
• Gerätekosten für restliche Leistungspositionen:	20.217,75 €	17.222,52 €
• Sonstige Kosten für restliche Leistungspositionen:	24.562,87 €	66.410,73 €
• NU-Leistungen für restliche Leistungspositionen:	243.439,89 €	136.934,94 €

	zeitunabhängig	zeitabhängig
• Baustellengemeinkosten der Kostenart Lohnkosten:	6.966,36 €	22.060,14 €
• Baustellengemeinkosten der Kostenart Stoffkosten:	26.111,78 €	42.603,43 €
• Baustellengemeinkosten der Kostenart Gerätekosten:	30.235,20 €	8.281,28 €
• Baustellengemeinkosten der Kostenart Sonst. Kosten:	62.625,67 €	11.567,85 €
• Baustellengemeinkosten der Kostenart NU-Leistungen:	1.969,54 €	0,00 €
• Mittellohn:	26,15 €/h	

Abbildung 4.19: Weitere Daten für die Beispielrechnung

Die Daten für die Einzelkosten werden in Formblatt 1 und die Daten für die Baustellengemeinkosten in Formblatt 2 eingegeben.[94] Die Zellen, in denen Werte in die Formblätter eingegeben werden, sind farblich hinterlegt. In den anderen Zellen werden Berechnungen durchgeführt.

Die Abbildung 4.20 zeigt die Eingabe der variablen Einzelkosten (Spalten 4 bis 8), die Abbildung 4.21 die Eingabe der fixen Einzelkosten (Spalten 15, 17 bis 20) und die Abbdildung 4.22 die Eingabe der zeitabhängigen und zeitunabhängigen Baustellengemeinkosten.

Beschreibung der Teilleistung			Variable Einzelkosten je Einheit (ohne Zuschlag)				
			Kostenarten				
Positions-nummer	Kurztext der Teilleistung	Mengen-ansatz	Lohnkosten	Stoffkosten	Gerätekosten	Sonstige Kosten	NU-Leistungen
			[h]	[€]	[€]	[€]	[€]
[1]	[2]	[3]	[4]	[5]	[6]	[7]	[8]
14.2.85	Schalung der Beckenwand herstellen	687,630 m²	0,400	0,00	0,00	0,00	0,00
Rest	restliche Leistungspositionen	1,000 psch.	16.315,440	792.102,80	20.217,75	24.562,87	243.439,89

Abbildung 4.20: Formblatt 1 – Eingabe der variablen Einzelkosten

[94] Die ausgefüllten Formblätter 1 bis 6 für dieses Beispiel sind als Anlage 4 beigefügt.

Beschreibung der Teilleistung			...	Fixe Einzelkosten je Teilleistung (ohne Zuschlag)					
				Kostenarten					
Positions-nummer	Kurztext der Teilleistung	Mengen-ansatz	...	Lohnkosten Mittellohn: 26,15 €/h		Stoffkosten	Gerätekosten	Sonstige Kosten	NU-Leistungen
[1]	[2]	[3]	...	[h] [15]	[€] [16]	[€] [17]	[€] [18]	[€] [19]	[€] [20]
14.2.85	Schalung der Beckenwand herstellen	687,630 m²	...	103,620	2.709,66	946,00	2.746,84	734,24	0,00
Rest	restliche Leistungspositionen	1,000 psch.	...	3.341,720	87.385,98	128.946,97	17.222,52	66.410,73	136.934,94

Abbildung 4.21: Formblatt 1 – Eingabe der fixen Einzelkosten

Baustellengemeinkosten					
Kostenarten	Lohnkosten [€]	Stoffkosten [€]	Gerätekosten [€]	Sonstige Kosten [€]	NU-Leistungen [€]
zeitunabhängige BGK	6.966,36	26.111,78	30.235,20	62.625,67	1.969,54
zeitabhängige BGK	22.060,14	42.603,43	8.281,28	11.567,85	0,00

Abbildung 4.22: Formblatt 2 – Eingabe der Baustellengemeinkosten

Bevor mit der Kalkulation der Fixpreise und der Einheitspreise begonnen werden kann, müssen noch die Summe der variablen Einzelkosten und die Summe der fixen Einzelkosten für jede Kostenart berechnet werden.

Berechnung der Summen für die variablen und fixen Einzelkosten

In Formblatt 1 werden die *variablen Einzelkosten je Teilleistung (ohne Zuschlag)* ermittelt (Abbildung 4.23, Spalten 9 bis 14). Die Kostenansätze für die variablen Kosten je Einheit (Abbildung 4.20, Seite 79, Spalten 4 bis 8) werden mit dem ausgeschriebenen Mengenansatz der Teilleistung (Spalte 3) multipliziert. Das Ergebnis sind die gesamten variablen Einzelkosten der Teilleistung für jede Kostenart (Spalten 9, 11 bis 14). Bei den Lohnstunden für die Schalung der Beckenwand ergibt sich zum Beispiel 687,630 $m^2 \cdot 0{,}400\ h/m^2 = 275{,}052$ h. Die Gesamtanzahl für die Lohnstunden wird mit dem Mittellohn multipliziert, um auch für die Lohnkosten einen

Beschreibung der Teilleistung			...	Variable Einzelkosten je Teilleistung (ohne Zuschlag)					
				Kostenarten					
Positions-nummer	Kurztext der Teilleistung	Mengen-ansatz	...	Lohnkosten Mittellohn: 26,15 €/h		Stoffkosten	Gerätekosten	Sonstige Kosten	NU-Leistungen
[1]	[2]	[3]	...	[h] [9] [3] · [4]	[€] [10] [9] · ML	[€] [11] [3] · [5]	[€] [12] [3] · [6]	[€] [13] [3] · [7]	[€] [14] [3] · [8]
14.2.85	Schalung der Beckenwand herstellen	687,630 m²	...	275,052	7.192,61	0,00	0,00	0,00	0,00
Rest	restliche Leistungspositionen	1,000 psch.	...	16.315,440	426.648,76	792.102,80	20.217,75	24.562,87	243.439,89
		Summe		**16.590,492**	**433.841,37**	**792.102,80**	**20.217,75**	**24.562,87**	**243.439,89**

Abbildung 4.23: Formblatt 1 – Summe der variablen Einzelkosten nach Kostenarten

monetären Betrag zu ermitteln: 275,052 h · 26,15 €/h = 7.192,61 € (Spalte 10). Die Summe der variablen Einzelkosten je Kostenart (letzte Zeile in den Spalten 10 bis 14) ergibt sich durch die Addition aller Kostenbeträge einer Spalte, zum Beispiel für die Lohnkosten: 7.192,61 € + 426.648,76 € = 433.841,37 €

In Formblatt 1 werden die *fixen Einzelkosten je Teilleistung (ohne Zuschlag)* eingegeben (Abbildung 4.24, Spalten 15, 17 bis 20). Diese Werte weisen keinen direkten Bezug zu den Mengenansätzen (Spalte 3) auf und müssen daher nicht mit den Mengenansätzen multipliziert werden. Es wird nur die Anzahl der fixen Lohnstunden der Teilleistung (Spalte 15) mit dem Mittellohn (Spalte 16) multipliziert. Für die Schalung der Beckenwand ergibt sich: 103,620 h · 26,15 €/h = 2.709,66 €. Die Summen der fixen Einzelkosten je Kostenart (letzte Zeile in den Spalten 16 bis 20) ergeben sich durch die Addition aller Kostenbeträge einer Spalte. Die Summe der Lohnkosten berechnet sich zu: 2.709,66 € + 87.385,98 € = 90.095,64 €.

Beschreibung der Teilleistung			...	Fixe Einzelkosten je Teilleistung (ohne Zuschlag)					
				Kostenarten					
Positions-nummer	**Kurztext der Teilleistung**	**Mengen-ansatz**	...	**Lohnkosten** Mittellohn:	26,15 €/h	**Stoffkosten**	**Gerätekosten**	**Sonstige Kosten**	**NU-Leistungen**
[1]	[2]	[3]	...	[h] [15]	[€] [16]	[€] [17]	[€] [18]	[€] [19]	[€] [20]
14.2.85	Schalung der Beckenwand herstellen	687,630 m²	...	103,620	2.709,66	946,00	2.746,84	734,24	0,00
Rest	restliche Leistungspositionen	1,000 psch.	...	3.341,720	87.385,98	128.946,97	17.222,52	66.410,73	136.934,94
		Summe		**3.445,340**	**90.095,64**	**129.892,97**	**19.969,36**	**67.144,97**	**136.934,94**

Abbildung 4.24: Formblatt 1 – Summe der fixen Einzelkosten nach Kostenarten

Ermittlung der Fixpreise

Die Ermittlung der Fixpreise erfolgt in vier Schritten:

Schritt 1 – Ermittlung der fixen Gemeinkosten,

Schritt 2 – Zuschlagssätze für die Umlage der fixen Gemeinkosten ermitteln,

Schritt 3 – Umlage der fixen Gemeinkosten auf die Teilleistungen,

Schritt 4 – Berechnung der Fixpreise.

Schritt 1 – Ermittlung der fixen Gemeinkosten

Für die Kalkulation der Fixpreise muss im ersten Schritt die Summe der fixen Gemeinkosten berechnet werden. Die fixen Gemeinkosten bestehen aus den Baustellengemeinkosten und den anteiligen Allgemeinen Geschäftskosten sowie den Anteilen für Wagnis und Gewinn.

In Abbildung 4.25 ist die Summierung der Baustellengemeinkosten nach Kostenarten und als Gesamtbetrag im Formblatt 2 dargestellt. Die nach Kostenarten getrennte Ermittlung der Baustellengemeinkosten ist notwendig, um für jede Kostenart die jeweiligen Anteile an den Allgemeinen Geschäftskosten, Wagnis und Gewinn zu berechnen.

Baustellengemeinkosten						
Kostenarten	Lohnkosten [€]	Stoffkosten [€]	Gerätekosten [€]	Sonstige Kosten [€]	NU-Leistungen [€]	Summe [€]
zeitunabhängige BGK	6.966,36	26.111,78	30.235,20	62.625,67	1.969,54	127.908,55
zeitabhängige BGK	22.060,14	42.603,43	8.281,28	11.567,85	0,00	84.512,70
Summe der BGK	29.026,50	68.715,21	38.516,48	74.193,52	1.969,54	212.421,25

Abbildung 4.25: Formblatt 2 – Summen für die Baustellengemeinkosten

Für die Lohnkosten ergeben sich zum Beispiel Baustellengemeinkosten von 6.966,36 € + 22.060,14 € = 29.026,50 €. Die gesamten Baustellengemeinkosten berechnen sich zu: 29.026,50 € (Lohnkosten) + 68.715,21 € (Stoffkosten) + 38.516,48 € (Gerätekosten) + 74.193,52 € (Sonstige Kosten) + 1.969,54 € (NU-Leistungen) = 212.421,25 €

Im Formblattt 2 müssen für jede Kostenart die prozentualen Zuschlagssätze für die Allgemeinen Geschäftskosten sowie Wagnis und Gewinn eingetragen werden (Abbildung 4.26). Die prozentualen Zuschlagssätze werden auf Herstellkostenbasis umgerechnet und damit die absoluten Beträge für die Allgemeinen Geschäftskosten sowie für Wagnis und Gewinn ermittelt. Für die Lohnkosten beträgt zum Beispiel der Zuschlagssatz für die Allgemeinen Geschäftskosten 9 Prozent und für Wagnis und Gewinn 2 Prozent. Damit ergibt sich ein umgerechneter Zuschlagssatz von:

$$(11\ \% \cdot 100\ \%)\ /\ (100\ \% - 11\ \%) = 12{,}36\ \%.$$

Der absolute Betrag für die Allgemeinen Geschäftskosten sowie für Wagnis und Gewinn für die Lohnkosten berechnet sich zu 29.026,50 € · 0,1236 = 3.587,68 €.

Allgemeine Geschäftskosten, Wagnis und Gewinn für die Baustellengemeinkosten						
Allgemeine Geschäftskosten (AGK), Wagnis (W) und Gewinn (G) für die Baustellengemeinkosten der Kostenart LOHN						
AGK:	9,00 %	der	Baustellengemeinkosten für Lohnkosten		29.026,50	
W + G:	2,00 %	Baustellen-				
Summe:	11,00 %	gemeinkosten				
Umrechnung auf Herstellkosten			11,0% · 100% / (100% - 11,0%) =	12,36 % von	29.026,50	3.587,68
Allgemeine Geschäftskosten (AGK), Wagnis (W) und Gewinn (G) für die Baustellengemeinkosten der Kostenart STOFFKOSTEN						
AGK:	9,00 %	der	Baustellengemeinkosten für Stoffkosten		68.715,21	
W + G:	2,00 %	Baustellen-				
Summe:	11,00 %	gemeinkosten				
Umrechnung auf Herstellkosten			11,0% · 100% / (100% - 11,0%) =	12,36 % von	68.715,21	8.493,20
Allgemeine Geschäftskosten (AGK), Wagnis (W) und Gewinn (G) für die Baustellengemeinkosten der Kostenart GERÄTEKOSTEN						
AGK:	9,00 %	der	Baustellengemeinkosten für Gerätekosten		38.516,48	
W + G:	2,00 %	Baustellen-				
Summe:	11,00 %	gemeinkosten				
Umrechnung auf Herstellkosten			11,0% · 100% / (100% - 11,0%) =	12,36 % von	38.516,48	4.760,64
Allgemeine Geschäftskosten (AGK), Wagnis (W) und Gewinn (G) für die Baustellengemeinkosten der Kostenart SONSTIGE KOSTEN						
AGK:	9,00 %	der	Baustellengemeinkosten für Sonstige Kosten		74.193,52	
W + G:	2,00 %	Baustellen-				
Summe:	11,00 %	gemeinkosten				
Umrechnung auf Herstellkosten			11,0% · 100% / (100% - 11,0%) =	12,36 % von	74.193,52	9.170,32
Allgemeine Geschäftskosten (AGK), Wagnis (W) und Gewinn (G) für die Baustellengemeinkosten der Kostenart NACHUNTERNEHMERLEISTUNGEN						
AGK:	7,00 %	der	Baustellengemeinkosten für NU-Leistungen		1.969,54	
W + G:	2,00 %	Baustellen-				
Summe:	9,00 %	gemeinkosten				
Umrechnung auf Herstellkosten			9,0% · 100% / (100% - 9,0%) =	9,89 % von	1.969,54	194,79

Abbildung 4.26: Formblatt 2 – AGK, W + G für die Baustellengemeinkosten

Die Beträge für die Baustellengemeinkosten (Abbildung 4.25, Seite 82, letzte Zeile) und die Beträge für die Allgemeinen Geschäftskosten, Wagnis und Gewinn (Abbildung 4.26, rechte Spalte) ergeben die Summe der fixen Gemeinkosten (Abbildung 4.27). In diesem Beispiel betragen die fixen Gemeinkosten 238.627,88 €.

Summe der fixen Gemeinkosten						
Kostenarten	Lohnkosten [€]	Stoffkosten [€]	Gerätekosten [€]	Sonstige Kosten [€]	Fremdleistung [€]	Summe [€]
Baustellengemeinkosten	29.026,50	68.715,21	38.516,48	74.193,52	1.969,54	212.421,25
AGK, W + G auf BGK	3.587,68	8.493,20	4.760,64	9.170,32	194,79	26.206,63
Summe der fixen GK	32.614,18	77.208,41	43.277,12	83.363,84	2.164,33	**238.627,88**

Abbildung 4.27: Formblatt 2 – Berechnung der fixen Gemeinkosten

Schritt 2 – Zuschlagssätze für die Umlage der fixen Gemeinkosten

Die fixen Gemeinkosten werden auf die einzelnen Teilleistungen umgelegt. Bei der Umlage wird der Grundgedanke verfolgt, dass eine Teilleistung mit einem hohen Einzelkostenanteil auch hohe Gemeinkostenanteile verursacht. Die Umlage der fixen Gemeinkosten erfolgt daher über prozentuale Zuschlagssätze.

Zunächst ist im Formblatt 3 die Bezugsbasis für die Umlage der fixen Gemeinkosten zu berechnen (Abbildung 4.28). Die Bezugsbasis besteht aus der Summe der variablen und fixen Einzelkosten. Die Werte werden aus Formblatt 1 (siehe Abbildung 4.23, Seite 80, Spalten 10 bis 14, letzte Zeile und Abbildung 4.24, Seite 81, Spalten 16 bis 20, letzte Zeile) übernommen.

Ermittlung der Bezugsbasis						
Kostenarten	Lohnkosten [€]	Stoffkosten [€]	Gerätekosten [€]	Sonstige Kosten [€]	NU-Leistungen [€]	Summe [€]
Variable Einzelkosten	433.841,37	792.102,80	20.217,75	24.562,87	243.439,89	1.514.164,68
Fixe Einzelkosten	90.095,64	129.892,97	19.969,36	67.144,97	136.934,94	444.037,88
Summe der Einzelkosten	523.937,01	921.995,77	40.187,11	91.707,84	380.374,83	1.958.202,56

Abbildung 4.28: Formblatt 3 – Ermittlung der Bezugsbasis für die Umlage

Für jede Kostenart werden im Formblatt 3 die gesamten Einzelkosten berechnet. Zum Beispiel ergibt sich für die Lohnkosten ein Wert von 433.841,37 € + 90.095,64 € = 523.937,01 €. Die nach Kostenarten aufgeschlüsselten Einzelkosten dienen zur Ermittlung der Restumlage und des Zuschlagssatzes für die Kostenart Lohnkosten.

Im Formblatt 3 werden für alle Kostenarten bis auf die Lohnkosten die Zuschlagssätze für die Umlage der fixen Gemeinkosten eingegeben (Abbildung 4.29). In

Ermittlung der Zuschlagsätze					
Summe der fixen Gemeinkosten					238.627,88
abzüglich gewählten Zuschlag auf			Einzelkosten	Umlagebetrag	
	Stoffkosten	15,00 %	921.995,77	138.299,37	
	Gerätekosten	15,00 %	40.187,11	6.028,07	
	Sonstige Kosten	15,00 %	91.707,84	13.756,18	
	NU-Leistungen	10,00 %	380.374,83	38.037,48	
				Summe gewählter Zuschläge:	196.121,10
zu verrechnender Zuschlag auf Lohnkosten (Restumlage)					42.506,78
Mittellohn					26,15
Zuschlag auf Mittellohn	42.506,78 € / 523.937,01 € =		8,11%		2,12

Abbildung 4.29: Formblatt 3 – Ermittlung der Zuschlagssätze für die Umlage

diesem Beispiel werden dieselben Zuschlagssätze wie für das Beispiel zum klassischen Kalkulationsverfahren (Seite 45) gewählt, um eine Vergleichbarkeit der Ergebnisse nach dem modifizierten und dem klassischen Kalkulationsverfahren zu gewährleisten.[95] Für die Kostenarten Stoffkosten, Gerätekosten und Sonstige Kosten beträgt der Zuschlagssatz jeweils 15 Prozent und für die Nachunternehmerleistungen 10 Prozent. Mit diesen Zuschlagssätzen wird der gesamte Anteil an den fixen Gemeinkosten für die Stoffkosten, die Gerätekosten, die Sonstigen Kosten und die Nachunternehmerleistungen berechnet. Für die Stoffkosten ergibt sich zum Beispiel ein Anteil von 921.995,77 € · 0,15 = 138.299,37 €. Insgesamt werden auf die Stoffkosten, Gerätekosten, Sonstige Kosten und Nachunternehmerleistungen 138.299,37 € + 6.028,07 € + 13.756,18 € + 38.037,48 € = 196.121,10 € umgelegt.

Die Summe der Anteile an den fixen Gemeinkosten für die Stoffkosten, Gerätekosten, Sonstigen Kosten und Nachunternehmerleistungen wird vom Gesamtbetrag für die fixen Gemeinkosten abgezogen, um die Restumlage für die Kostenart Lohnkosten zu ermitteln. In diesem Beispiel ergibt sich eine Restumlage auf die Lohnkosten von 238.627,88 € – 196.121,10 € = 42.506,78 €. Dieser Betrag wird auf die Einzelkosten der Kostenart Lohnkosten bezogen, um den Zuschlagssatz für die Lohnkosten zu erhalten. Der Zuschlagssatz für die Lohnkosten berechnet sich in diesem Beispiel zu 42.506,78 € / 523.937,01 € · 100 Prozent = 8,11 Prozent. Mit diesem Wert kann der Umlagesatz für die Lohnstunden ermittelt werden. Der Umlagesatz ergibt sich zu 26,15 €/h · 0,0811 = 2,12 €/h. Die Zuschlagssätze und der Umlagesatz für die Lohnstunden werden in Formblatt 4 für die Umlage der fixen Gemeinkosten auf die Teilleistungen benötigt.

Schritt 3 – Umlage der fixen Gemeinkosten auf die Teilleistungen

Bevor die Umlage der fixen Gemeinkosten auf die Teilleistungen durchgeführt werden kann, muss für jede Teilleistung die Umlagebasis ermittelt werden (Abbildung 4.30). Die Umlagebasis für eine Teilleistung besteht aus der Summe der variablen Einzelkosten der Teilleistung (Abbildung 4.23, Seite 80, Spalten 9, 11 bis 14) und den fixen Einzelkosten der Teilleistung (Abbildung 4.24, Seite 81, Spalten 15, 17 bis 20). Da die Umlage der fixen Gemeinkosten jeweils für jede Kostenart erfolgt, muss auch die Umlagebasis für jede Kostenart ermittelt werden. Die Werte für die variablen und

[95] Im Abschnitt 5.5 wird die Wahl der Zuschlagssätze für die Gemeinkostenumlage diskutiert, um einen höheren Zuschlag auf die Lohnkosten zu erreichen.

Beschreibung der Teilleistung		Summe der variablen und fixen Einzelkosten je Teilleistung				
		Kostenarten				
Positions-nummer	Kurztext der Teilleistung	Lohnkosten	Stoffkosten	Gerätekosten	Sonstige Kosten	NU-Leistungen
[1]	[2]	[h] [3]	[€] [4]	[€] [5]	[€] [6]	[€] [7]
14.2.85	Schalung der Beckenwand herstellen	378,672	946,00	2.746,84	734,24	0,00
Rest	restliche Leistungspositionen	19.657,160	921.049,77	37.440,27	90.973,60	380.374,83

Abbildung 4.30: Formblatt 4 – Ermittlung der Umlagebasis für jede Teilleistung

fixen Einzelkosten der Teilleistung werden für jede Kostenart addiert. Für die Lohnkosten werden die Spalten 9 und 15 aus Formblatt 1, für die Stoffkosten die Spalten 11 und 17, für die Gerätekosten die Spalten 12 und 18, für die Sonstigen Kosten die Spalten 13 und 19 sowie für die Nachunternehmerleistungen die Spalten 14 und 20 summiert. Für die Teilleistung zur Herstellung der Wandschalung ergeben sich zum Beispiel Lohnstunden in Höhe von 275,052 h + 103,620 h = 378,672 h.

Auf Basis dieser Werte kann die Umlage der fixen Gemeinkosten für jede Teilleistung erfolgen (Abbildung 4.31). Die Zuschlagssätze und der Umlagesatz für die Lohnstunden aus Formblatt 3 (Abbildung 4.29, Seite 84) werden mit den Werten der Umlagebasis (Abbildung 4.30, Seite 86) multipliziert, um die Anteile an den fixen Gemeinkosten einer Teilleistung für jede Kostenart zu erhalten (Spalten 8 bis 12 in Formblatt 4).

Beschreibung der Teilleistung		...	Anteil an den fixen Gemeinkosten je Teilleistung					Gesamtanteil an den fixen Gemeinkosten je Teilleistung
			Kostenarten					
Positions-nummer	Kurztext der Teilleistung	...	Lohnkosten	Stoffkosten	Gerätekosten	Sonstige Kosten	NU-Leistungen	
[1]	[2]	...	[€] [8] [3] · 2,12 €/h	[€] [9] [4] · 0,15	[€] [10] [5] · 0,15	[€] [11] [6] · 0,15	[€] [12] [7] · 0,10	[€] [13] Σ [8] bis [12]
14.2.85	Schalung der Beckenwand herstellen	...	802,78	141,90	412,03	110,14	0,00	1.466,85
Rest	restliche Leistungspositionen	...	41.673,18	138.157,47	5.616,04	13.646,04	38.037,48	237.130,21
			Summe der fixen Gemeinkosten					238.597,06

Abbildung 4.31: Formblatt 4 – Anteile an den fixen Gemeinkosten je Teilleistung[96]

Zum Beispiel beträgt der Anteil an den fixen Gemeinkosten für die Lohnkosten zur Herstellung der Wandschalung 378,672 h · 2,12€/h = 802,78€ oder für die Gerätekosten 2.746,84€ · 0,15 = 412,03€. Die Summe dieser Werte (Spalten 8 bis 12) ergibt für jede Teilleistung den Gesamtanteil an den fixen Gemeinkosten

[96] Rundungsfehler ergeben sich auf die Rundung auf zwei Nachkommastellen.

(Spalte 13). In diesem Beispiel werden der Herstellung der Wandschalung 1.466,85 € der fixen Gemeinkosten zugewiesen.

Die Summe der Gesamtanteile an den fixen Gemeinkosten jeder Teilleistung ergibt den Gesamtbetrag für die fixen Gemeinkosten: 1.466,85 € + 237.130,21 € = 238.597,06 €. In dieser Beispielrechnung weicht der Betrag für die fixen Gemeinkosten aus Abbildung 4.31 von dem Betrag aus Abbildung 4.27 (Seite 83) um 238.627,88 € − 238.597,06 € = 30,82 € ab. Die Ursache dieser Abweichung ist in der Rundung des Zuschlagssatzes für die Lohnkosten im Formblatt 3 (Abbildung 4.29, Seite 84) auf zwei Nachkommastellen zu finden. Bei einer Rechnung ohne Rundung würde sich der identische Betrag ergeben.

Schritt 4 – Berechnung der Fixpreise

Der Fixpreis einer Teilleistung enthält nicht nur den Anteil an den fixen Gemeinkosten, sondern auch die fixen Einzelkosten und die auf die fixen Einzelkosten beaufschlagten Anteile für die Allgemeinen Geschäftskosten, Wagnis und Gewinn.

Im Formblatt 5 werden zunächst die *fixen Einzelkosten je Teilleistung (mit Zuschlag)* ermittelt (Abbildung 4.32, Spalten 9 bis 13). Die auf die Basis der Herstellkosten umgerechneten Zuschlagssätze für die Allgemeinen Geschäftskosten, Wagnis und Gewinn werden aus dem Formblatt 2 (Abbildung 4.26, Seite 83) übernommen. Die Zuschlagssätze auf die Einzelkosten gleichen den Zuschlagssätzen auf die Baustellengemeinkosten. Die fixen Einzelkosten aus Formblatt 1 (Abbildung 4.24, Seite 81, Spalten 16 bis 20) werden mit diesen Zuschlagssätzen beaufschlagt, um die fixen Einzelkosten der Teilleistung mit Zuschlag für jede Kostenart (Spalten 9 bis 13) zu berechnen. Für die fixen Lohnkosten zur Herstellung der Wandschalung ergibt sich zum Beispiel ein Wert mit Zuschlag von 2.709,66 € · 1,1236 = 3.044,57 €.

Beschreibung der Teilleistung		...	Fixe Kosten je Teilleistung (mit Zuschlag)						
			fixe Einzelkosten						
Positions-nummer	**Kurztext der Teilleistung**	...	**Lohnkosten**	**Stoffkosten**	**Gerätekosten**	**Sonstige Kosten**	**NU-Leistungen**	**Gesamtanteil an den fixen Gemeinkosten**	**Fixpreis**
[1]	[2] Zuschlag für AGK, W + G =	...	[€] [9] 12,36 %	[€] [10] 12,36 %	[€] [11] 12,36 %	[€] [12] 12,36 %	[€] [13] 9,89 %	[€] [14]	[€] [15] Σ [9] bis [14]
14.2.85	Schalung der Beckenwand herstellen	...	3.044,57	1.062,93	3.086,35	824,99	0,00	1.466,85	**9.485,69**
Rest	restliche Leistungspositionen	...	98.186,89	144.884,82	19.351,22	74.619,10	150.477,81	237.130,21	**724.650,05**

Abbildung 4.32: Formblatt 5 – Ermittlung der Fixpreise

Die fixen Einzelkosten mit Zuschlag für jede Kostenart einer Teilleistung (Spalten 9 bis 13) ergeben zusammen mit dem Anteil an den fixen Gemeinkosten (Spalte 14), der aus Formblatt 4 (Abbildung 4.31, Seite 86, Spalte 13) übernommen wird, den Fixpreis der Leistungsposition (Spalte 15). In diesem Bespiel beträgt der Fixpreis für die Leistungsposition zur Herstellung der Wandschalung: 3.044,57 € + 1.062,93 € + 3.086,35 € + 824,99 € + 0,00 € + 1.466,85 € = 9.485,69 €.

Ermittlung der Einheitspreise

Die Ermittlung der Einheitspreise erweist sich im Vergleich zur Ermittlung der Fixpreise deutlich einfacher. Die im Formblatt 1 eingegebenen *variablen Einzelkosten je Einheit (ohne Zuschlag)* (Abbildung 4.20, Seite 79, Spalten 4 bis 8) werden mit den Zuschlagssätzen für die Allgemeinen Geschäftskosten, Wagnis und Gewinn beaufschlagt, um die *variablen Einzelkosten je Einheit (mit Zuschlag)* zu erhalten (Abbildung 4.33, Spalten 3 bis 7). Die Zuschlagssätze werden analog zur Berechnung des Fixpreises aus dem Formblatt 2 (Abbildung 4.26, Seite 83) entnommen.

Beschreibung der Teilleistung		Variable Kosten je Einheit (mit Zuschlag)					
		variable Einzelkosten					
Positions-nummer	Kurztext der Teilleistung	Lohnkosten	Stoffkosten	Gerätekosten	Sonstige Kosten	NU-Leistungen	Einheitspreis
[1]	[2] Zuschlag für AGK, W + G =	[€] [3] 12,36 %	[€] [4] 12,36 %	[€] [5] 12,36 %	[€] [6] 12,36 %	[€] [7] 9,89 %	[€] [8] Σ [3] bis [7]
14.2.85	Schalung der Beckenwand herstellen	11,75	0,00	0,00	0,00	0,00	**11,75**
Rest	restliche Leistungspositionen	479.382,54	890.006,71	22.716,66	27.598,84	267.516,10	**1.687.220,85**

Abbildung 4.33: Formblatt 5 – Ermittlung der Einheitspreise

Die variablen Lohnkosten für die Herstellung der Wandschalung errechnen sich zum Beispiel zu $0{,}4\ \text{h/m}^2 \cdot 26{,}15\ €/\text{h} \cdot 1{,}1236 = 11{,}75\ €/\text{m}^2$. Der Einheitspreis einer Leistungsposition (Spalte 8) ergibt sich aus der Summe aller Werte (Spalten 3 bis 7) für die *variablen Einzelkosten je Einheit (mit Zuschlag)*. In diesem Beispiel ist der Einheitspreis für die Herstellung der Wandschalung identisch mit den Lohnkosten von $11{,}75\ €/\text{m}^2$, da keine Stoffkosten, Gerätekosten, Sonstigen Kosten oder Nachunternehmerleistungen anfallen. Für die restlichen Leistungspositionen ergibt sich ein Einheitspreis von 479.382,54 € + 890.006,71 € + 22.716,66 € + 27.598,84 € + 267.516,10 € = 1.687.220,85 €.

Ermittlung der Angebotssumme

Mit den ermittelten Werten für die Fixpreise und für die Einheitspreise können im Formblatt 6 die Gesamtpreise der Leistungspositionen und die Angebotssumme berechnet werden (Abbildung 4.34).

Beschreibung der Teilleistung			Preis der Teilleistung		
Positions-nummer	**Kurztext der Teilleistung**	**Mengenansatz**	**Einheitspreis je Teilleistung**	**Fixpreis je Teilleistung**	**Gesamtpreis je Teilleistung**
[1]	[2]	[3]	[€] [4]	[€] [5]	[€] [6] [3] · [4] + [5]
14.2.85	Schalung der Beckenwand herstellen	687,630 m²	11,75	9.485,69	17.565,34
Rest	restliche Leistungspositionen	1,000 psch.	1.687.220,85	724.650,05	2.411.870,90
				Angebotssumme =	**2.429.436,24**

Abbildung 4.34: Formblatt 6 – Ermittlung der Angebotssumme

In das Formblatt 6 werden die Mengenansätze der Leistungspositionen aus dem Formblatt 1 (Abbildung 4.20, Seite 79, Spalte 3) sowie aus dem Formblatt 5 die Fixpreise (Abbildung 4.32, Seite 87, Spalte 15) und die Einheitspreise (Abbildung 4.33, Seite 88, Spalte 8) übertragen.

Der Gesamtpreis einer Leistungsposition (Spalte 6) ergibt sich aus der Multiplikation des Mengenansatzes (Spalte 3) mit dem Einheitspreis (Spalte 4) zuzüglich des Fixpreises (Spalte 5). Für die Leistungsposition zur Herstellung der Wandschalung ergibt sich ein Gesamtpreis von $687{,}63\ \text{m}^2 \cdot 11{,}75\ €/\text{m}^2 + 9.485{,}69\ € = 17.565{,}34\ €$. Die Summe über alle Gesamtpreise ergibt die Angebotssumme. In dieser Beispielrechnung beträgt die Angebotssumme 2.429.436,24 € (Spalte 6, letzte Zeile).

Rechnerische Differenzen gegenüber dem klassischen Kalkulationsverfahren

Die Angebotssumme nach dem klassischen Kalkulationsverfahren beträgt 2.429.456,54 € (Abbildung 3.16, Seite 44). Die Differenz gegenüber der Angebossumme nach dem modifizierten Kalkulationsverfahren von 2.429.456,54 € – 2.429.436,24 € = 20,30 € ist auf Rundungsfehler durch die Rundung auf zwei Nachkommastellen zurückzuführen. Der Rundungsfehler bezogen auf den Wert nach dem klassischen Kalkulationsverfahren beträgt $8{,}3558 \cdot 10^{-4}$ Prozent. Bei einer Rechnung ohne Rundungen ergäbe sich die exakt gleiche Angebotssumme.

Der Gesamtpreis der Leistungsposition zur Herstellung der Wandschalung beläuft sich bei der Rechnung nach dem modifizierten Kalkulationsverfahren auf

17.565,34 €. Bei der Rechnung nach dem klassischen Kalkulationsverfahren ergibt sich ein Gesamtpreis von 20.175,06 € (Abbildung 3.18, Seite 46). Die Differenz von 20.175,06 € − 17.565,34 € = 2.609,72 € ist nicht auf Rundungsfehler, sondern auf die unterschiedliche Vorgehensweise bei der Umlage der Gemeinkosten auf die Teilleistungen zurückzuführen.

Bei einer Rechnung nach dem klassischen Kalkulationsverfahren ergibt sich ein umzulegender Gemeinkostenbetrag von 471.265,08 € (Abbildung 3.17, Seite 45). Dieser Betrag enthält sowohl fixe als auch variable Kostenbestandteile. Beim modifizierten Kalkulationsverfahren enthält der umzulegende Gemeinkostenbetrag dagegen nur fixe Kostenbestandteile in Höhe von 238.627,88 € (Abbildung 4.29, Seite 84). Die Zuschlagssätze für die Umlage der Gemeinkosten auf die Kostenarten Stoffkosten, Gerätekosten, Sonstige Kosten und Nachunternehmerleistungen waren bei beiden Kalkulationsverfahren identisch gewählt. Somit ergibt sich auch ein gleichgroßer Umlagebetrag auf diese Kostenarten. Die Restumlage für die Lohnkosten variiert dagegen. Beim klassischen Kalkulationsverfahren beträgt die Restumlage 275.143,80 € und beim modifizierten Kalkulationsverfahren 42.506,78 €. Damit ergibt sich ein verhältnismäßig geringer Zuschlagssatz für die Lohnkosten beim modifizierten Kalkulationsverfahren gegenüber dem klassischen Kalkulationsverfahren.

Bei der Wahl derselben Zuschlagssätze für alle Kostenarten außer den Lohnkosten erhalten lohnintensiven Teilleistungen bei dem modifizierten Kalkulationsverfahren einen verhältnismäßig geringeren Umlagebetrag als andere Teilleistungen mit einem geringeren Lohnanteil. Diese Umverteilung der fixen Gemeinkostenanteile zwischen den Teilleistungen wirkt sich nur auf der Ebene der Teilleistungen aus. Der Abschnitt 5.5 diskutiert mögliche Zuschlagssätze für die Umlage der fixen Gemeinkosten, bei denen lohnintensive Leistungspositionen einen höheren Umlagebetrag erhalten. Auf der Ebene des Gesamtprojektes zeigen die Zuschlagssätze für die Umlage der fixen Gemeinkosten keine Auswirkungen, da die fixen Gemeinkosten als Bestandteil des Fixpreises mengenunabhängig vergütet werden.

4.3 Resümee zu Kapitel 4

In diesem Kapitel wurde die Modifikation der Einheitspreisvergütung mit einer Trennung der fixen und variablen Kostenbestandteile umgesetzt. Durch die Einführung eines Fixpreises kann der reale Kostenverlauf abgebildet werden. Mit dem Fixpreis werden alle fixen Kostenbestandteile und mit dem Einheitspreis alle mengenvariablen Kostenbestandteile vergütet. Für die Entwicklung des modifizierten Kalkulationsverfahrens wurden die Einzelkosten der Teilleistungen, die Baustellengemeinkosten, die Allgemeinen Geschäftskosten sowie Wagnis und Gewinn auf ihren Kostencharakter analysiert. Anschließend wurde das modifizierte Kalkulationsverfahren mit den neu entwickelten Kalkulationsformblättern zur Kalkulation der Fixpreise und der Einheitspreise vorgestellt und an einem Beispiel verdeutlicht. Im nachfolgenden Kapitel 5 erfolgt ein qualitativer Vergleich der klassischen und der modifizierten Einheitspreisvergütung für verschiedene baubetriebliche Fragestellungen. Kapitel 6 führt einen quantitativen Vergleich unter Anwendung der Monte-Carlo-Simulation durch.

5 Diskussion baubetrieblicher Fragestellungen

Dieses Kapitel vergleicht die modifizierte Einheitspreisvergütung und die klassische Einheitspreisvergütung für verschiedene baubetriebliche Fragestellungen. Das Ziel des Vergleichs besteht darin, die Verringerung des Konfliktpotenzials zwischen Auftraggeber und Auftragnehmer bei Anwendung der modifizierten Einheitspreisvergütung darzustellen. Die Ausführungen beginnen mit einer Vorbemerkung zur Entstehung des Konfliktpotenzials und alternativer Projektabwicklungsmodelle.

5.1 Konfliktentstehung und alternative Modelle zur partnerschaftlichen Projektabwicklung

In einem Bauvertrag verpflichten sich der Auftragnehmer zur Herstellung und der Auftraggeber zur Vergütung der vereinbarten Bauleistung.[97] Die beiden Vertragspartner verfolgen bei der Realisierung des Bauprojektes unterschiedliche Zielstellungen. Der Auftraggeber ist bestrebt, die Kosten des Bauprojektes auf einem niedrigen Niveau zu halten. Er verfolgt das Ziel der Kostenminimierung unter Berücksichtigung festgelegter Qualitäts- und Terminziele. Mit einem minimalen *finanziellen* Mitteleinsatz soll ein maximaler *materieller* Nutzen generiert werden. Der Auftragnehmer verfolgt eine entgegengesetzte Zielstellung. Er möchte den Gewinn aus der Projektrealisierung unter Einhaltung der geforderten Qualitäts- und Terminziele maximieren. Mit einem minimalen *materiellen* Mitteleinsatz soll ein maximaler *finanzieller* Nutzen generiert werden. Die Abbildung 5.1 veranschaulicht diese diametral ausgerichteten Zielstellungen und das daraus entstehende Konfliktpotenzial zwischen den Vertragspartnern.

---

[97] Vgl. Heiermann et al. (2008): *Handkommentar zur VOB*, S. 658 ff.

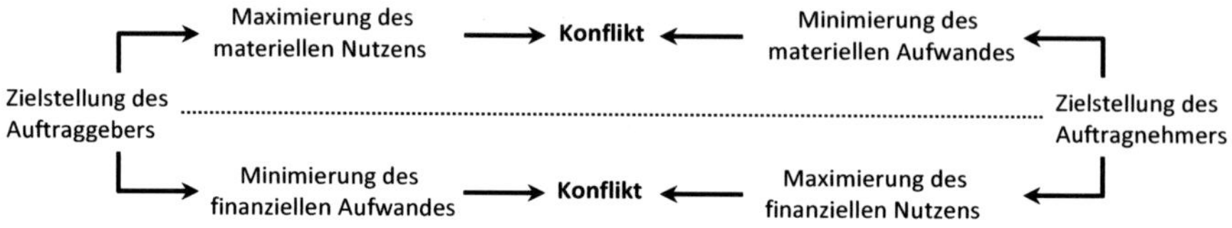

Abbildung 5.1: Konfliktentstehung aus diametralen Zielstellungen

Aus diesen diametral ausgerichteten Zielstellungen entsteht das ursprüngliche Konfliktpotenzial zwischen dem Auftraggeber und dem Auftragnehmer. Dieses Konfliktpotenzial führt zu häufigen Auseinandersetzungen und Streitigkeiten zwischen den Vertragspartnern, die nicht selten vor Gericht entschieden werden müssen. GRALLA/SUNDERMEIER/LEMBCKE stellten in einer Untersuchung fest, dass 94 Prozent der Auftraggeber und 95 Prozent der Auftragnehmer im Zeitraum von 1997 bis 2007 in der Bundesrepublik Deutschland an mindestens einem Gerichtsverfahren beteiligt waren.[98]

Als Ursachen werden hierfür neben der Komplexität des Bauens, den hohen eingesetzten Kapitalwerten und menschlichen Fehlern[99] vermehrt auch die konventionellen Vertragsformen aufgeführt.[100] Der Einheitspreisvertrag und der Pauschalpreisvertrag gelten als konfliktanfällig.[101] Für den klassischen Einheitspreisvertrag konnte bereits in Abschnitt 1.1 gezeigt werden, dass die bestehenden Anreizstrukturen das Konfliktpotenzial zwischen dem Auftraggeber und dem Auftragnehmer verstärken.

Aus diesem Grund wurden alternative Modelle zur partnerschaftlichen Projektabwicklung erarbeitet. Das Ziel dieser Modelle besteht in der Schaffung von Anreizstrukturen, die das Konfliktpotenzial zwischen dem Auftraggeber und dem Auftragnehmer durch eine höhere Kooperationsbereitschaft verringern.[102] Zu den wesentlichen Bestandteilen gehören eine gemeinsame Zielvereinbarung, die Festlegung von Methoden zur Problemlösung und Entscheidungsfindung sowie eine kontinuierliche Verbesserung.[103] Eine Übersicht zu den verschiedenen Konzepten findet sich

[98] Vgl. GRALLA/SUNDERMEIER/LEMBCKE (2009): *Bewältigung von Baustreitigkeiten*, S. 426.
[99] Vgl. HAMMACHER/ERZIGKEIT/SAGE (2011): *So funktioniert Mediation im Planen + Bauen*, S. 2.
[100] Vgl. RACKY (2004): *Status quo und Perspektiven der Bauvertragsgestaltung aus baubetrieblicher Sicht*, S. 2 ff.
[101] Vgl. RACKY (2009): *Ansätze zur Schaffung kooperationsfördernder Rahmenbedingungen in Bauprojekten*, S. 185.
[102] Vgl. GRALLA (2001): *Garantierter Maximalpreis*, S. 29.
[103] Vgl. RACKY (2006): *Die Umsetzung des Managementsatzes Partnering*, S. 4.

bei ESCHENBURG/RACKY.[104] HEILFORT/STICH liefern eine Übersicht über partnerschaftliche Lösungsansätze verschiedener deutscher Bauunternehmen.[105]

Es bleibt jedoch festzuhalten, dass die konventionellen Vertragsformen weiterhin die häufigste Form der Projektabwicklung bilden.[106] Mit der modifizierten Einheitspreisvergütung wird die Möglichkeit geschaffen, das Konfliktpotenzial zwischen dem Auftraggeber und dem Auftragnehmer beim Einheitspreisvertrag zu verringern und damit die Gedanken des partnerschaftlichen Bauens auf ein breites Anwendungsgebiet zu übertragen. Nachfolgend soll für verschiedene Fragestellungen der Mehrwert der modifizierten Einheitspreisvergütung aufgezeigt werden.

5.2 Möglichkeit der Mengenspekulation

Bei einem Einheitspreisvertrag ist die Menge die einzige variable Größe, die zwischen dem Zeitpunkt der Auftragserteilung und dem Zeitpunkt der Abrechnung variieren kann.[107] Sowohl der Auftraggeber als auch der Auftragnehmer könnten versuchen, die Veränderlichkeit der Mengenansätze innerhalb des vom Vertrag vorgegebenen Rahmen zur Erreichung ihrer individuellen Zielstellung auszunutzen. In einem Vertrag mit Vereinbarung der VOB/B beschränkt sich zum Beispiel die Mengenspekulation auf den Toleranzbereich von ± 10 Prozent (§ 2 (3) VOB/B).

5.2.1 Mengenspekulation des Auftraggebers

Bei der klassischen Einheitspreisvergütung profitiert der Auftraggeber von einer Mengenminderung.[108] Der Einheitspreis einer Teilleistung enthält neben den variablen Einzel- und Gemeinkosten auch einen Anteil an den fixen Einzel- und Gemeinkosten. Die Höhe des Fixkostenanteils im Einheitspreis hängt von der Anzahl der ausgeschriebenen Mengeneinheiten ab. Je größer die Anzahl der Mengeneinheiten

[104] Vgl. ESCHENBURG/RACKY (2008): *Partnering in der Bau- und Immobilienwirtschaft*.
[105] Vgl. HEILFORT/STRICH (2004): *Praxis alternativer Geschäftsmodelle*.
[106] Vgl. WIESNER (2011): *Herausforderung Kooperation im internationalen Infrastruktur-Bau*, S. 117.
[107] Diese Aussage gilt soweit keine Änderungen der vertraglichen Leistung vorliegt. Vgl. hierzu z. B. RECKERZÜGL (2000): *Spekulation in der Bauwirtschaft*, S. 244 f.
[108] Siehe auch in Abschnitt 1.1 auf S. 3 ff.

ist, desto geringer wird der Fixkostenanteil im Einheitspreis für eine Mengeneinheit sein, da sich die Fixkosten auf eine größere Anzahl von Mengeneinheiten verteilen. Für den Auftraggeber ist eine große Ausschreibungsmenge und eine kleine Abrechnungsmenge vorteilhaft. Die Fixkosten sollen sich bei der Ausschreibung auf eine größere Mengenbasis verteilen, um den Einheitspreis zu verringern. Bei der Abrechnung soll dagegen nur ein Teil der Menge vergütet werden, um auch nur einen Teil der Fixkosten vergüten zu müssen. Durch eine Unterschreitung der tatsächlich hergestellten Ist-Menge gegenüber der ausgeschriebenen Soll-Menge spart der Auftraggeber somit die anteiligen Fixkosten der nicht ausgeführten Mengeneinheiten ein. Dieser Effekt unterstützt den Auftraggeber in seiner Zielstellung der Kostenminimierung. Der Auftraggeber besitzt bei der klassischen Einheitspreisvergütung den Anreiz, eine höhere als die wahrscheinlich zu erwartende Menge in den Ausschreibungsunterlagen anzugeben. Auf diese Weise spekuliert der Auftraggeber auf Mengenminderungen.

Die modifizierte Einheitspreisvergütung ist durch eine Trennung der fixen und variablen Kostenbestandteile charakterisiert. Der Fixpreis enthält die fixen Einzel- und Gemeinkosten, der Einheitspreis die variablen Einzel- und Gemeinkosten einer Teilleistung. Die fixen Kosten werden unabhängig von der hergestellten Ist-Menge vergütet. Eine Über- oder Unterdeckung der Fixkosten durch eine Abweichung der tatsächlich hergestellten Ist-Menge von der ausgeschriebenen Soll-Menge ist nicht möglich. Der Auftraggeber kann zwar weiterhin eine höhere als die wahrscheinlich zu erwartende Menge in den Ausschreibungsunterlagen angeben. Einen finanziellen Vorteil durch eine Fixkostenunterdeckung kann der Auftraggeber jedoch nicht erzielen. Der Anreiz des Auftraggebers zur Spekulation auf Mengenminderung besteht bei der modifizierten Einheitspreisvergütung somit nicht mehr. Für den Auftragnehmer bedeutet das Fehlen dieser Spekulationsmöglichkeit eine Erhöhung der Kalkulationssicherheit.

5.2.2 Mengenspekulation des Auftragnehmers

Der Auftragnehmer ist bestrebt, eine niedrige Angebotssumme und eine hohe Abrechungssumme zu erzielen.[109] Durch eine niedrige Angebotssumme soll die Chance der Auftragserteilung erhöht werden, während eine hohe Abrechnungssumme

[109] Vgl. Gerster/Kohl (2006): *Baubetrieb in Beispielen*, S. 133.

das Ziel des Auftragnehmers zur Maximierung des Gewinns begünstigt. Bei der klassischen Einheitspreisvergütung wird dieses Ziel durch Mengenmehrungen unterstützt.[110] Analog zum Fall der Mengenminderung entsteht bei der Mengenmehrung eine Überdeckung der Fixkosten. Die vom Auftragnehmer kalkulierten Fixkosten werden bei der Herstellung der ausgeschriebenen Soll-Menge erreicht. Jede darüber hinaus hergestellte Menge erwirtschaftet einen Fixkostenanteil, dem keine kalkulierten Fixkosten gegenüberstehen. Der zusätzlich erwirtschaftete Fixkostenanteil stellt für den Auftragnehmer einen Zusatzgewinn dar. Der Auftragnehmer besitzt somit den Anreiz, auf eine Mengenmehrung zu spekulieren, wenn er zum Beispiel aufgrund der Ausschreibungsunterlagen oder der örtlichen Gegebenheiten erkennt, dass die wahrscheinlich zu erwartende Menge größer als die ausgeschriebene Menge ist. In diesem Fall verteilt der Auftragnehmer einen größeren Anteil an den Fixkosten (hier: Baustellengemeinkosten) auf die spekulative Leistungsposition und reduziert den Fixkostenanteil der restlichen Leistungspositionen. Der Einheitspreis der spekulativen Leistungsposition wird dadurch erhöht und die Einheitspreise der restlichen Leistungspositionen verringert. Tritt die Mengenmehrung bei der Abrechnung tatsächlich ein, kann der Auftragnehmer eine höhere Fixkostenüberdeckung erzielen als er ohne spekulatives Kalkulieren erreicht hätte. Die klassische Einheitspreisvergütung ermöglicht dem Auftragnehmer die Spekulation auf Mengenmehrungen, die das Erreichen seiner individuellen Zielstellung unterstützt.

Bei der modifizierten Einheitspreisvergütung erfolgt eine getrennte Betrachtung von fixen und variablen Kostenbestandteilen. Durch das Kalkulationsverfahren wird für jede Leistungsposition ein Fixpreis und ein Einheitspreis ermittelt. Diese Vorgehensweise hindert den Auftragnehmer jedoch nicht an einer spekulativen Preisgestaltung. Der Auftragnehmer kann bei einer Leistungsposition, bei der eine Mengenmehrung zu vermuten ist, einen Teil der Fixkosten auf den Einheitspreis umrechnen. Durch diese Kombination von fixen und variablen Kostenbestandteilen im Einheitspreis ist eine Überdeckung der kalkulierten Fixkosten möglich. Tritt der Fall der Mengenmehrung ein, kann der Auftragnehmer wie bei der klassischen Einheitspreisvergütung einen höheren Fixkostenanteil abrechnen als ohne spekulatives Kalkulieren realisierbar gewesen wäre. Die Ursache einer Über- oder Unterdeckung der Fixkosten ist dabei im spekulativen Verhalten des Auftragnehmers zu finden und begründet sich nicht systemimmanent aus der modifizierten Einheitspreisvergütung.

[110]Siehe auch in Abschnitt 1.1 auf Seite 3 ff.

Die modifizierte Einheitspreisvergütung kann somit die Möglichkeit der Mengenspekulation des Auftragnehmers nicht verhindern. Dieser Aspekt ist aber soweit nachvollziehbar, als dass der Auftraggeber das Mengenrisiko beim Einheitspreisvertrag tragen soll. Die Auswirkungen einer Abweichung der tatsächlich hergestellten Ist-Menge von der ausgeschriebenen Soll-Menge sollen nur den Auftraggeber als Urheber der Mengenansätze berühren.

5.2.3 Aufdeckung einer Mengenspekulation des Auftragnehmers

Die modifizierte Einheitspreisvergütung kann eine Mengenspekulation des Auftragnehmers nicht verhindern. Sie bietet aber die Möglichkeit, eine solche Spekulation aufzudecken oder zumindest einen Verdacht zu begründen.

Der Fixpreis enthält die fixen Kostenbestandteile und der Einheitspreis die variablen Kostenbestandteile. Bei einer Mengenspekulation wird der Auftragnehmer einen Teil der fixen Kostenbestandteile in den Einheitspreis einrechnen, um bei einer Mengenmehrung eine Überdeckung der fixen Kosten zu erreichen. Der Auftraggeber muss somit das Verhältnis des Fixpreises zum Einheitspreis bei einer Teilleistung bewerten, um eine mögliche spekulative Preisgestaltung des Auftragnehmers erkennen zu können.

Der Auftraggeber wird dazu für eine Teilleistung sowohl eine Auflistung der Platzierungen für den Fixpreis als auch eine Auflistung der Platzierungen für den Einheitspreis zur Bewertung der einzelnen Anbieter erstellen. Die Abbildung 5.2 zeigt ein Beispiel für den Vergleich der Fixpreise und Einheitspreise für eine Teilleistung von insgesamt acht Anbietern. Der günstigste Anbieter erhält Platz 1, der teuerste Anbieter den letzten Platz. Für den Vergleich werden die Platzierungen in drei Vergleichsintervalle unterteilt. Die Einteilung ergibt sich in diesem Beispiel aus der Klassifizierung der Platzierungen nach Quartilen. Die Quartile (auch: Viertelswerte) unterteilen die betrachteten Werte in vier gleich große Bereiche.[111] Das 1. Quartil bildet die Grenze zwischen dem unteren und mittleren Vergleichsintervall und zeigt die 25 Prozent der Bieter, die die niedrigsten Preise anbieten. Das 3. Quartil beschreibt die Grenze zwischen dem mittleren und oberen Vergleichsintervall. Es liefert die 25 Prozent der Bieter, die die höchsten Preise anbieten. Das zweite Quartil

[111] Vgl. Handl (2000): *Multivariate Analysemethoden*, S. 19.

Platzierung	Fixpreis	Einheitspreis	Einteilung für die Bewertung
1	Anbieter B	Anbieter A	unteres Vergleichsintervall
2	Anbieter A	Anbieter G	
3	Anbieter D	Anbieter F	mittleres Vergleichsintervall
4	Anbieter C	Anbieter E	
5	Anbieter F	Anbieter D	
6	Anbieter E	Anbieter C	
7	Anbieter H	Anbieter B	oberes Vergleichsintervall
8	Anbieter G	Anbieter H	

Abbildung 5.2: Platzierungen der Anbieter für eine Teilleistung

ist für diesen Vergleich nicht relevant. Es unterteilt den mittleren Bereich nochmals in zwei Hälften und liegt somit in der Mitte der Werte.

Die Analyse der angebotenen Preise kann nach der Bewertungsmatrix in Abbildung 5.3 erfolgen. Es werden nur die Fix- und Einheitspreise aus dem unteren und oberen Vergleichsintervall betrachtet. Je größer der Abstand zwischen den betrachteten Wertebereichen ist, desto größer ist die Aussagekraft für einen Verdacht auf spekulative Preisgestaltung. Aus diesem Grund wird das mittlere Vergleichsintervall nicht betrachtet.

		Position des Einheitspreises	
		im unteren Vergleichsintervall	im oberen Vergleichsintervall
Position des Fixpreises	im unteren Vergleichs-intervall	günstiges Angebot	spekulatives Angebot
	im oberen Vergleichs-intervall	ungleiche Verteilung der Fixkosten auf die Leistungspositionen	teures Angebot

Abbildung 5.3: Bewertungsmatrix für die Analyse der angebotenen Preise

Die einfachsten Fälle bei der Analyse ergeben sich, wenn ein Anbieter sowohl mit dem Fixpreis als auch mit dem Einheitspreis im unteren Vergleichsintervall oder mit beiden Preisen im oberen Vergleichsintervall liegt. In dem Beispiel nimmt Anbieter A beim Fixpreis Platz 2 und beim Einheitspreis Platz 1 ein. Diese Konstellation lässt auf ein günstiges Angebot schließen. Anbieter H erzielt dagegen beim Fixpreis Platz 7 und beim Einheitspreis Platz 8. Daraus kann auf ein insgesamt teureres Angebot geschlossen werden. Interessant werden die Fälle, in denen der Fixpreis und Einheitspreis nicht in demselben Vergleichsintervall liegen.

Der Fixpreis des Anbieters B liegt mit Platz 1 im unteren Vergleichsintervall, während der Einheitspreis von Anbieter B auf Platz 7 im oberen Vergleichsintervall liegt. Bei einer spekulativen Preisgestaltung wird ein Teil der fixen Kosten aus dem Fixpreis herausgenommen, wodurch der Fixpreis sinkt und in den Einheitspreis eingerechnet wird, wodurch der Einheitspreis steigt. Die Wirkung der spekulativen Preisgestaltung spiegelt sich in der Konstellation „niedriger Fixpreis, hoher Einheitspreis“ im Vergleich mit den anderen Anbietern wider. Aus dieser Konstellation der Preise lässt sich ein Verdacht einer spekulativen Preisgestaltung begründen. Ein eindeutiger Beweis für eine spekulative Preisgestaltung ist damit ausdrücklich nicht gegeben. Ein niedriger Fixpreis kann sich zum Beispiel durch ein anderes Bauverfahren ergeben und einer erhöhter Einheitspreis zum Beispiel aufgrund höherer Einkaufspreise oder höherer Personalkosten.

Der verbleibende Fall aus der Bewertungsmatrix ist ein Fixpreis im oberen Vergleichsintervall und ein Einheitspreis im unteren Vergleichsintervall. Im Beispiel nimmt Anbieter G beim Fixpreis den achten Platz und beim Einheitspreis den zweiten Platz ein. Eine mögliche Erklärung liegt in einer ungleichmäßigen Verteilung der Fixkosten auf die verschiedenen Leistungspositionen. Grundsätzlich ist die Art und Weise der Verteilung der Fixkosten auf die Leistungspositionen nebensächlich, da die fixen Kosten mengenunabhängig in voller Höhe vergütet werden. Aus der Perspektive der Geldflussrechnung ist es aber vorteilhaft, wenn ein Großteil der fixen Kosten bereits in einer frühen Phase der Bauausführung vergütet wird. In diesem Zusammenhang ist es sinnvoll, einen höheren Fixkostenbetrag auf die Leistungspositionen umzulegen, die in einer frühen Phase ausgeführt werden. Dadurch kann sich die Konstellation „hoher Fixpreis, niedriger Einheitspreis“ ergeben.

Auf der Basis der modifizierten Einheitspreisvergütung lässt sich ein Instrument für den Auftraggeber zur Aufdeckung einer möglichen Mengenspekulation durch den Auftragnehmer entwickeln. Dabei müssen auch die Fälle einfließen, bei denen sich der Fixpreis oder der Einheitspreis im mittleren Vergleichsintervall befinden. Es bleibt zu untersuchen, wie derartige Fälle zu bewerten sind. In dieser Arbeit soll auf die Entwicklung eines solchen Instruments nicht näher eingegangen werden. Für die Anwendung muss zudem beachtet werden, dass ein solches Instrument nur ein Hilfsmittel darstellt. Der Auftraggeber muss immer den Einzelfall mit den konkreten Preisen betrachten. Eine Einteilung wie in dem obigen Beispiel ist theoretisch auch für Preise möglich, die sich in nur einem Euro unterscheiden. In einem solchen Fall kann sicherlich nicht auf eine spekulative Preisgestaltung geschlossen werden.

5.3 Angebotsbewertung durch den Auftraggeber

Die Auftragserteilung soll an den wirtschaftlichsten Bieter erfolgen.[112] Für den Begriff *Wirtschaftlichkeit* existiert keine allgemeine Definition. Die Wirtschaftlichkeit eines Angebots kann anhand verschiedener monetärer und nicht-monetärer Kriterien beurteilt werden. Die Vergabepraxis zeigt häufig, dass das wirtschaftlichste Angebot mit dem günstigsten Angebot gleichgesetzt wird oder dass das Preiskriterium mit einer hohen Gewichtung den Vergleich dominiert.[113]

Für einen monetären Vergleich erstellt der Auftraggeber einen Preisspiegel. Der Preisspiegel stellt eine Auflistung der angebotenen Preise für ein identisches Vergleichsobjekt dar.[114] Das Vergleichsobjekt kann sowohl das gesamte Bauprojekt als auch eine einzelne Teilleistung umfassen. Bei einem Vergleich des gesamten Bauprojekts werden die verschiedenen Angebotssummen der Bieter gegenübergestellt. Ein solcher Vergleich enthält alle anfallenden Kosten in absoluten Werten. Daraus kann die Vorteilhaftigkeit eines Bieters gegenüber den anderen Bietern abgeleitet und die Angemessenheit des Angebotspreises beurteilt werden.[115]

Neben dem Vergleich der verschiedenen Angebotssummen werden regelmäßig auch die Einheitspreise[116] wichtiger Teilleistungen in einem Preisspiegel gegenübergestellt.[117] Der Vergleich der Einheitspreise dient der Kostenkontrolle[118] und soll

[112]Vgl. § 16 (6) Nr. 3 VOB/A.
[113]Vgl. Oepen (2003): *Phasenorientiertes Controlling in bauausführenden Unternehmen*, S. 63.
[114]Vgl. Diller (2008): *Preispolitik*, S. 176.
[115]Vgl. Stark (2006): *Baubetriebslehre – Grundlagen*, S. 76.
[116]Nach klassischer Einheitspreisvergütung.
[117]Vgl. Sommer (2009): *Projektmanagement im Hochbau*, S. 41.
[118]Vgl. Möller/Kalusche (2000): *Planungs- und Bauökonomie, Band 2*, S. 164.

die Transparenz[119] bei der Bewertung der Angemessenheit der angebotenen Preise erhöhen. Damit kann zum Beispiel ein „Idealbieter" aus den günstigsten Einheitspreisen der verschiedenen Bieter gebildet werden,[120] um das *„theoretische Minimum der Ausschreibung"*[121] zu erhalten. Zusätzlich sollen *„Auffälligkeiten"*[122] und Ausreißer bei den angebotenen Preisen erkannt werden.[123]

Die Belastbarkeit eines Vergleichs verschiedener Angebote auf der Ebene der Einheitspreise muss kritisch hinterfragt werden. Bei dem Kalkulationsverfahren für die klassische Einheitspreisvergütung werden die Gemeinkosten über Zuschlagssätze auf die Einzelkosten umgelegt. Die Umlage der Gemeinkosten kann auf beliebige Weise durchgeführt werden. Die Abbildung 3.5 auf Seite 37 listete verschiedene Umlagesätze auf. Es ist davon auszugehen, dass die Bieter verschiedene Umlageschlüssel verwenden. Durch die Verwendung verschiedener Umlageschlüssel werden die Gemeinkosten in unterschiedlicher Höhe auf die Einzelkosten beaufschlagt. Die Einheitspreise variieren, während die Angebotssumme unverändert bleibt.[124] Es wäre damit möglich, dass der nach der Angebotssumme günstigste Bieter bei den betrachteten Einheitspreisen der teuerste Bieter ist. Die Aussagekraft eines Preisspiegels mit Einheitspreisen ist allein aufgrund der Möglichkeit der unterschiedlichen Gemeinkostenumlagen nicht gegeben. Die gewünschten Informationen über Ausreißer oder Auffälligkeiten wie Preisspekulationen des Auftragnehmers können daraus nicht gewonnen werden. BERLIK formuliert in diesem Zusammenhang treffend:

> *„Wer jedoch [...] glaubt, daß die Angemessenheit von Einheitspreisen [...] über Vergleiche und damit über einen Preisspiegel vorgenommen werden kann, zeigt auf, daß er absolut nichts von Kalkulationsmethodik und Kostenaufbau versteht."*[125]

Die modifizierte Einheitspreisvergütung ermöglicht durch die Trennung der verschiedenen Kostenbestandteile eine bessere Informationsaufbereitung für die Angebotsbewertung auf der Ebene der Teilleistungen. Die unterschiedlichen Umlageschlüssel

[119] Vgl. MEHLHORN (2010): *Handbuch Brücken*, S. 182.
[120] Vgl. ASCHENBRENNER/FALK/GANTERT (2007): *Die häufigsten Baufehler*, S. 64.
[121] Vgl. METZGER/ASCHENBRENNER (2006): *Baukosten*, S. 141.
[122] Vgl. BELKE (2010): *Vergabepraxis für Auftraggeber*, S. 124.
[123] Vgl. HEIERMANN et al. (2008): *Handkommentar zur VOB*, S. 469
[124] Vgl. DREES/PAUL (2010): *Kalkulation von Baupreisen*, S. 222.
[125] Vgl. BERLIK (1982): *Der Zuschlagsatz in der Baupreiskalkulation*, S. 75.

der Anbieter und die Menge als unbekannte Größen verlieren ihren Einfluss auf das Ergebnis des Vergleichs. Durch die getrennte Betrachtung der fixen und variablen Kostenbestandteile kann die Angebotsbewertung auf der Ebene der Teilleistung im Sinne einer Kostenvergleichsrechnung durchgeführt werden.[126]

Die Abbildung 5.4 zeigt die möglichen Fälle, die bei einem Vergleich einer Teilleistung von zwei Anbietern auftreten können. Der Fixpreis und der Einheitspreis des Anbieters 1 können kleiner, gleich oder größer als die Preise des Anbieters 2 sein. Damit ergeben sich neun mögliche Fälle. Durch diese Unterscheidung und die Betrachtung des realen Kostenverlaufs erhöht sich die Aussagekraft des Vergleichs auf der Ebene der Teilleistungen. Es kann ermittelt werden, ob und bei welcher Menge ein Anbieter vorteilhafter als der andere ist.

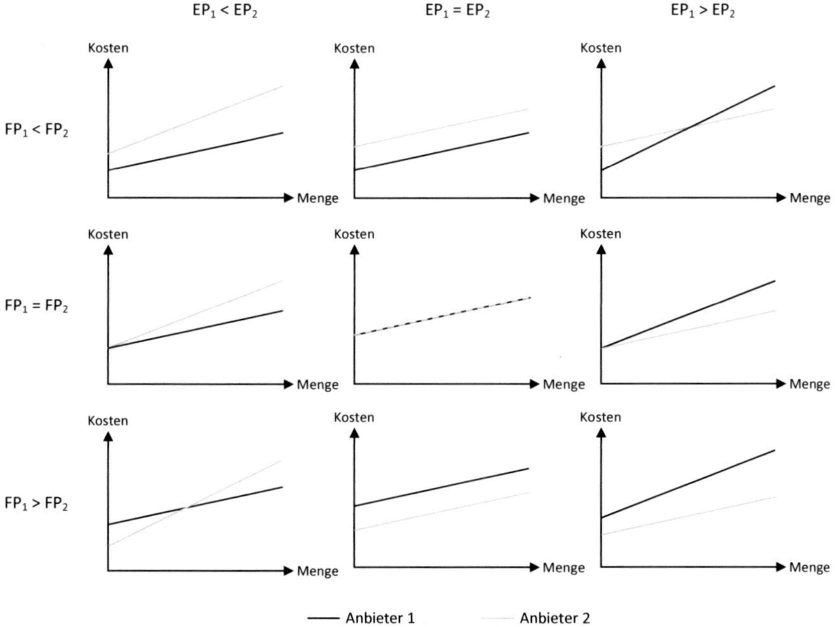

Abbildung 5.4: Kostenvergleich einer Teilleistung für zwei Anbieter

Der Unterschied zwischen der Angebotsbewertung nach klassischer Einheitspreisvergütung und nach modifizierter Einheitspreisvergütung soll an einem vereinfach-

[126] Zur Kostenvergleichrechnung vgl. u. a. Röhrich (2007): *Grundlagen der Investitionsrechnung*, S. 11 - 24.

ten Beispiel dargestellt werden.[127] Für die Berechnung der Einheitspreise nach klassischer Einheitspreisvergütung gelten die Werte in Abbildung 5.5.

Ermittlung der Einheitspreise (klassisch)

	Anbieter 1	Anbieter 2
Einzelkosten der Teilleistung	100 €/m³	90 €/m³
Zuschlag für BGK	8,00 %	20,00 %
Einheitspreis	108 €/m³	108 €/m³

Abbildung 5.5: Ermittlung der Einheitspreise (klassisch)

Die beiden Anbieter kalkulieren unterschiedliche Einzelkosten der Teilleistung. Der Anbieter 1 berechnet 100 €/m³, der Anbieter 2 berechnet 90 €/m³ für die Einzelkosten der Teilleistung. Anbieter 1 wählt einen Zuschlagssatz von 8,00 Prozent und erhält einen Einheitspreis von $100\,€/m^3 \cdot 1{,}08 = 108\,€/m^3$. Anbieter 2 kalkuliert mit einem Zuschlagssatz von 20,00 Prozent. Der Einheitspreis von Anbieter 2 ergibt sich zu $90\,€/m^3 \cdot 1{,}20 = 108\,€/m^3$. Die Einheitspreise von Anbieter 1 und Anbieter 2 sind mit 108 €/m³ identisch. Die beiden Anbieter sind nach dieser Berechnung für diese Teilleistung indifferent.

Bei der modifizierten Einheitspreisvergütung werden die variablen Kosten getrennt von den fixen Kosten vergütet. In diesem Beispiel sollen die Einzelkosten der Teilleistung vollständig variable Kosten sein. Die Baustellengemeinkosten sind fixe Kosten. Der Einheitspreis ergibt sich dann ohne Zuschlag für die Baustellengemeinkosten zu 100 €/m³ für Anbieter 1 und zu 90 €/m³ für Anbieter 2. Die Fixpreise der beiden Anbieter berechnen sich bei einer ausgeschriebenen Menge von 100 m³ wie in Abbildung 5.6 dargestellt.

Berechnung der Fixpreise

	Zuschlag		Einzelkosten		Menge		Fixpreis
Anbieter 1:	0,08	·	100 €/m³	·	100 m³	=	800 €
Anbieter 2:	0,20	·	95 €/m³	·	100 m³	=	1.800 €

Abbildung 5.6: Ermittlung der Fixpreise

[127] Aus Vereinfachungsgründen wird auf die Anteile für Allgemeine Geschäftskosten, Wagnis und Gewinn verzichtet.

Die Abbildung 5.7 zeigt die Bewertung der beiden Anbieter für verschiedene Mengen der Teilleistungen. Bei einer Menge von 100 m^3 sind die beiden Anbieter indifferent. Der Anbieter 1 ist ab einer Menge < 100 m^3 vorteilhaft und Anbieter 2 ab einer Menge > 100 m^3.

Bewertung der Anbieter für verschiedene Mengen

	Anbieter 1		Anbieter 2	
Funktion:	800 € + 100 € · x		1.800 € + 90 € · x	
x = 90 m^3:	9.800 €	<	9.900 €	→ Anbieter 1 vorteilhaft
x = 100 m^3:	10.800 €	=	10.800 €	→ Indifferenz
x = 110 m^3:	11.800 €	>	11.700 €	→ Anbieter 2 vorteilhaft

Abbildung 5.7: Bewertung der Anbieter für verschiedene Mengen

Abbildung 5.8 vergleicht die Angebotsbewertung für das vereinfachte Beispiel nach klassischer und modifizierter Einheitspreisvergütung. Die getrennte Betrachtung von fixen und variablen Kostenbestandteilen ermöglicht eine verbesserte Angebotsbewertung auf der Ebene der Teilleistungen. Der unsichere Wert für den Mengenansatz

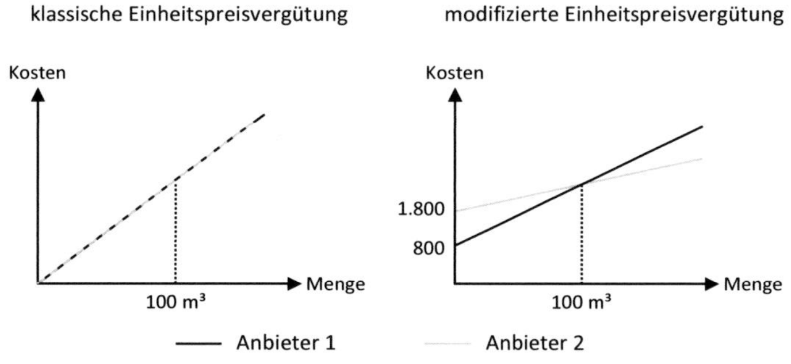

Abbildung 5.8: Vergleich der Angebotsbewertung nach Vergütungsform

kann einen Vergleich der angebotenen Preise nicht mehr verfälschen. Dennoch muss betont werden, dass die absolute Vorteilhaftigkeit eines Anbieters nur auf Basis der Angebotssumme erfolgen kann, da hierbei alle Kosten berücksichtigt werden.

5.4 Deckungsbeitrag für Baustellengemeinkosten

Aus der unternehmerischen Zielstellung der Gewinnmaximierung lässt sich das notwendige Unterziel der Kostendeckung ableiten.[128] Alle anfallenden Kosten müssen langfristig gedeckt sein.[129] Bei einem Bauprojekt besteht somit das Ziel, die Einzelkosten der Teilleistungen, die Baustellengemeinkosten sowie die Anteile für die Allgemeinen Geschäftskosten zu erwirtschaften. Bei einem kurzfristigen Betrachtungshorizont kann es sinnvoll sein, auf die Deckung bestimmter Kosten vollständig oder teilweise zu verzichten.[130] Dieses Vorgehen wird gewählt, um einer Unterbeschäftigung des Personals oder einer Zahlungsunfähigkeit des Unternehmens entgegenzuwirken. Die Preisuntergrenze zur Verhinderung eines operativen Verlustes aus der Leistungserstellung bildet sich aus den Kosten, die sich direkt aus der Leistungserstellung ergeben. Bei einem Bauprojekt müssen dafür mindestens die Einzelkosten der Teilleistungen und die Baustellengemeinkosten, also die Herstellkosten des Bauprojektes erwirtschaftet werden.

Bei der klassischen Einheitspreisvergütung ist die Deckung der Baustellengemeinkosten problematisch, wenn keine separate Leistungsposition für die Baustellengemeinkosten ausgeschrieben wird. Die Baustellengemeinkosten müssen dann über einen Umlageschlüssel den ausgeschriebenen Leistungspositionen zugeordnet werden. Die im Einheitspreis enthaltenen Anteile der Baustellengemeinkosten werden mit jeder ausgeführten Mengeneinheit erwirtschaftet. Bei dieser Form der Vergütung wirken sich erhöhte Mengenansätze im Leistungsverzeichnis und nicht ausgeführte Leistungspositionen auf die Deckung der Baustellengemeinkosten aus. Die ausgeschriebenen Mengenansätze werden nicht realisiert und somit auch nicht die kalkulierten Beträge für die Baustellengemeinkosten erwirtschaftet.

Erhöhte Mengenansätze im Leistungsverzeichnis

Durch eine Erhöhung der ermittelten Mengenansätze möchte sich der Architekt als Erfüllungsgehilfe des Auftraggebers einen finanziellen Puffer für Kostensteigerungen aufgrund von Mengenmehrungen oder für mögliche Nachträge schaffen. Damit

[128] Vgl. HEINEN (1992): *Einführung in die Betriebswirtschaftslehre*, S. 104.
[129] Vgl. PLÖTNER/SIEBEN/KUMMER (2010): *Kosten- und Erlösrechnung*, S. 169.
[130] Vgl. KALENBERG (2004): *Grundlagen der Kostenrechnung*, S. 278.

minimiert der Architekt die Gefahr, die Baukosten zu niedrig ermittelt zu haben. Zum Beispiel berechnet der Architekt eine Menge von 950 m^3, schreibt im Leistungsverzeichnis aber 1.000 m^3 aus. Bei einer abgerechneten Menge von 987,16 m^3 ($<$ 1.000 m^3) kann der Architekt mit einer gegenüber der Angebotssumme niedrigeren Abrechnungssumme argumentieren und bei einer abgerechneten Menge von 1.004,85 m^3 ($>$ 1.000 m^3) mit einer gegenüber der Angebotssumme minimal höheren Abrechnungssumme. Beide Fälle stellen jedoch im Vergleich zur Menge von 950 m^3 eine deutliche Mengenmehrung und damit eine deutliche Überschreitung der Abrechnungssumme gegenüber der Angebotssumme dar.

Für den Auftragnehmer wirken sich erhöhte Mengenansätze im Leistungsverzeichnis negativ auf die Deckung der Baustellengemeinkosten aus. Die anteiligen Baustellengemeinkosten einer Teilleistung werden auf eine höhere Anzahl von Mengeneinheiten verteilt. Aufgrund von erhöhten Mengenansätzen steigt die Gefahr, dass eine Mengenminderung realisiert wird. Der Auftragnehmer kann dann nur die anteiligen Baustellengemeinkosten für die tatsächlich hergestellte Ist-Menge abrechnen. Die restlichen Anteile für die Baustellengemeinkosten können nicht abgerechnet werden und mindern den Gewinn des Auftragnehmers.

Bei der modifizierten Einheitspreisvergütung wirken sich erhöhte Mengenansätze im Leistungsverzeichnis nicht auf den Deckungsbeitrag für die Baustellengemeinkosten des Auftragnehmers aus. Die Baustellengemeinkosten werden als Bestandteil der Fixpreise unabhängig von der Menge vergütet. Eine Unterdeckung der Baustellengemeinkosten durch Mengenminderungen ist nicht möglich.

Nicht ausgeführte Leistungspositionen

FRIEDRICH untersuchte in einer Studie verschiedene kleinere Bauprojekte und stellte fest, dass nur 57 Prozent der ausgeschriebenen Leistungspositionen tatsächlich ausgeführt wurden.[131] WANNINGER weist auf eine Studie des Landesrechnungshofes Niedersachsen hin, in der für eine größere Straßenbaumaßnahme festzustellen war, dass nur ca. 60 Prozent der ausgeschriebenen Leistungspositionen zur Ausführung kamen.[132]

[131] Vgl. FRIEDRICH (1999): *Betrachtungen zur VOB/B § 2 Nr. 3*, S. 817 - 824.
[132] Vgl. WANNINGER (2004): *Von den Kosten zum Preis und wieder zurück*, S. 11 f.

Auf die Diskussion der Repräsentativität dieser oder ähnlicher Studien soll an dieser Stelle verzichtet werden. Dennoch zeigen diese Fälle ein wesentliches Problem auf. Durch die Verwendung von allgemein gehaltenen Leistungsverzeichnissen, die nicht oder nur wenig an das konkrete Bauprojekt angepasst sind, steigt die Wahrscheinlichkeit, dass ein Teil der ausgeschriebenen Leistungspositionen nicht ausgeführt wird.

Eine nicht ausgeführte Leistungsposition bedeutet für den Auftragnehmer bei der klassischen Einheitspreisvergütung, dass keine Mengeneinheiten ausgeführt und somit auch keine anteiligen Baustellengemeinkosten erwirtschaftet werden können. Die anteiligen Baustellengemeinkosten müssen dann aufgrund anderer Vergütungs- oder Schadensersatzansprüche geleistet werden.

Bei der modifizierten Einheitspreisvergütung ist die Erwirtschaftung der kalkulierten Baustellengemeinkosten durch die Vergütung über die Fixpreise auch bei nicht ausgeführten Leistungspositionen gesichert. Der Fixpreis wird auch bei einer nicht ausgeführten Leistungsposition vergütet. Die vollständige Deckung der kalkulierten Baustellengemeinkosten wird bei Anwendung der modifizierten Einheitspreisvergütung stets erreicht. Ein Verlust aus der Leistungserstellung durch nicht ausgeführte Leistungspositionen ist für den Auftragnehmer nicht mehr realisierbar. Eine Kostenunterdeckung aus einer mangelnden Kalkulation des Auftragnehmers bleibt davon natürlich unberührt.

5.5 Festlegung der Gemeinkostenumlage

Bei der klassischen Einheitspreisvergütung müssen die Gemeinkosten über Zuschlagssätze auf die Einzelkosten der Teilleistungen umgelegt werden, um die Einheitspreise zu ermitteln. Bei der modifizierten Einheitspreisvergütung werden nur die fixen Gemeinkosten über Zuschlagssätze den Teilleistungen zugeordnet, um den Fixpreis der Teilleistung zu ermitteln. Die Gestaltung dieser Umlageverteilung bietet einen weiten Ermessensspielraum. Die Umlage kann über einen einheitlichen Zuschlagssatz für alle Kostenarten[133] oder über unterschiedliche Zuschlagssätze für die verschiedenen Kostenarten durchgeführt werden.[134]

[133] Vgl. LEIMBÖCK (2000): *Bauwirtschaft*, S. 115.
[134] Siehe Abbildung 3.5 auf Seite 37.

Durch die modifizierte Einheitspreisvergütung mit der Vergütung der fixen Gemeinkosten über die Fixpreise kann die Diskussion zur Festlegung der Umlage für beendet erklärt werden. Unabhängig von der Zuordnung der fixen Gemeinkosten zu den Fixpreisen der Teilleistungen werden die fixen Gemeinkosten stets in voller Höhe vergütet. Die Wahl der Zuschlagssätze verliert den Einfluss auf die Deckung der fixen Gemeinkosten. Eine Veränderung der Zuschlagssätze wird sich nur in der Höhe der Fixpreise ausdrücken. Auf der Ebene des Gesamtprojektes ergeben sich keine Unterschiede.

Die Auswirkung unterschiedlicher Zuschlagssätze für die Gemeinkostenumlage soll an dem Kalkulationsbeispiel aus Abschnitt 4.2.4 dargestellt werden. In dem Formblatt 3 (Seite 84) wurden Zuschlagssätze gewählt, die für das klassische Kalkulationsverfahren üblich sind. Mit Zuschlagssätzen auf Stoffkosten, Gerätekosten und Sonstige Kosten von je 15 Prozent und einem Zuschlagssatz auf die Nachunternehmerleistungen von 10 Prozent ergibt sich ein Zuschlagssatz auf die Lohnkosten von 8,11 Prozent. Die Lohnkosten tragen damit im Vergleich zu den anderen Kostenarten einen geringen Umlageanteil. Im Bauwesen ist es bisher üblich, einen Großteil der Umlage auf die Lohnkosten zu beaufschlagen.[135] Aus diesem Grund werden im Folgenden die Zuschlagssätze derart gewählt, dass ein höherer Anteil der Umlage auf die Lohnkosten entfällt. Auf diese Weise soll auch gezeigt werden, wie die Zuschlagssätze gewählt werden können, um bei dem modifizierten Kalkulationsverfahren einen Großteil der Umlage auf die Lohnkosten zu beaufschlagen.

Die Abbildung 5.9 enthält fünf Varianten möglicher Zuschlagssätze für die Gemeinkostenumlage. Für die Stoffkosten, die Gerätekosten, die Sonstigen Kosten und die Nachunternehmerleistungen werden die Zuschlagssätze festgelegt. Der Zuschlagssatz

Kostenart	Variante 1	Variante 2	Variante 3	Variante 4	Variante 5
Stoffkosten	15,00 %	10,00 %	5,00 %	3,00 %	1,00 %
Gerätekosten	15,00 %	10,00 %	5,00 %	3,00 %	1,00 %
Sonstige Kosten	15,00 %	10,00 %	5,00 %	3,00 %	1,00 %
NU-Leistungen	10,00 %	5,00 %	5,00 %	3,00 %	1,00 %
Lohnkosten	8,11 %	21,80 %	31,86 %	37,33 %	42,81 %

Abbildung 5.9: Zuschlagssätze für die Varianten der Gemeinkostenumlage

135 Vgl. BERNER/KOCHENDÖRFER/SCHACH (2007): *Grundlagen der Baubetiebslehre 1*, S. 186.

für die Lohnkosten wird anhand des Kalkulationsbeispiels aus Abschnitt 4.2.4 berechnet. Die Variante 1 umfasst die Zuschlagssätze, die für das Kalkulationsbeispiel bereits gewählt wurden. Die Varianten 2 bis 5 enthalten beliebig gewählte Zuschlagssätze, die zu einer höheren Bezuschlagung der Lohnkosten führen.

An diesem Beispiel lässt sich erkennen, dass bei dem modifizierten Kalkulationsverfahren die Zuschlagssätze für die Kostenarten außer Lohnkosten deutlich niedriger gewählt werden müssen als beim klassischen Kalkulationsverfahren, um eine höhere Bezuschlagung der Lohnkosten zu erreichen. Bei dem Beispiel zum klassischen Kalkulationsverfahren (siehe Seite 45) beträgt der Zuschlagssatz auf die Lohnkosten 52,52 Prozent bei gewählten Zuschlagssätzen von je 15 Prozent auf Stoffkosten, Gerätekosten und Sonstige Kosten und 10 Prozent auf Nachunternehmerleistungen. Bei dem modifizierten Kalkulationsverfahren wird hingegen bei gewählten Zuschlagssätzen von je einem Prozent auf die Stoffkosten, Gerätekosten, Sonstigen Kosten und Nachunternehmerleistungen „nur" ein Zuschlagssatz für die Lohnkosten von 42,81 Prozent erreicht. Der Unterschied zwischen den beiden Kalkulationsverfahren begründet sich aus der Gemeinkostenumlage. Bei dem klassischen Kalkulationsverfahren beinhaltet die Umlage sowohl fixe als auch variable Gemeinkosten. Die Umlage des modifizierten Kalkulationsverfahrens enthält hingegen nur die fixen Gemeinkosten.

Das Kalkulationsbeispiel aus Abschnitt 4.2.4 setzt sich aus einer Leistungsposition zur Herstellung der Schalung der Beckenwand und einer Leistungsposition für alle restlichen Teilleistungen zusammen. Die Einheits- und Fixpreise dieser beiden Leistungspositionen sind in Abbildung 5.10 für die fünf Varianten der Gemeinkostenumlage dargestellt.

Variante	Schalung der Beckenwand		restliche Teilleistungen	
	Einheitspreis	Fixpreis	Einheitspreis	Fixpreis
1	11,75 €/m²	9.485,69 €	1.687.220,85 €	724.650,05 €
2	11,75 €/m²	10.619,97 €	1.687.220,85 €	723.530,76 €
3	11,75 €/m²	11.394,53 €	1.687.220,85 €	722.755,90 €
4	11,75 €/m²	11.847,50 €	1.687.220,85 €	722.268,87 €
5	11,75 €/m²	12.300,45 €	1.687.220,85 €	721.781,85 €

Abbildung 5.10: Einheits- und Fixpreise bei verschiedenen Umlagevarianten

Bei allen fünf Varianten verändern sich die Einheitspreise der beiden Leistungspositionen nicht. Die Zuschlagssätze für die Gemeinkostenumlage wirken sich bei dem modifizierten Kalkulationsverfahren nicht auf die Einheitspreise der Leistungspositionen aus. Das ist sofern nachvollziehbar, da die Einheitspreise nur variable Kosten beinhalten; die Gemeinkostenumlage hingegen nur fixe Kosten enthält. Folglich variieren bei einer Änderung der Zuschlagssätze nur die Fixpreise der Leistungspositionen. Eine Erhöhung des Zuschlagssatzes für die Lohnkosten führt bei einer lohnintensiven Leistungsposition wie der Herstellung der Schalung zu einer Erhöhung des Fixpreises. Die Variante 1 weist den geringsten Zuschlagssatz auf Lohnkosten auf und damit auch den geringsten Fixpreis für die Herstellung der Schalung. Die Variante 5 hat dagegen den höchsten Zuschlagssatz auf die Lohnkosten und somit auch den höchsten Fixpreis für die Herstellung der Schalung.

Die Summe der Fixpreise aller Leistungspositionen bleibt dabei stets gleich. Die Abbildung 5.11 zeigt die Summe der Fixpreise für die fünf Varianten. Bis auf minimale Abweichungen aufgrund der Rundung auf zwei Nachkommastellen ist die Summe der Fixpreise identisch.

Variante	Fixpreis für Schalung	Fixpreis für Rest	Summe der Fixpreise	Abweichung zu Variante 1
1	9.485,69 €	724.650,05 €	734.135,74 €	± 0,000000 %
2	10.619,97 €	723.530,76 €	734.150,73 €	+ 0,002042 %
3	11.394,53 €	722.755,90 €	734.150,43 €	+ 0,002001 %
4	11.847,50 €	722.268,87 €	734.116,37 €	– 0,002638 %
5	12.300,45 €	721.781,85 €	734.082,30 €	– 0,007279 %

Abbildung 5.11: Summe der Fixpreise der verschiedenen Umlagevarianten

Die Variation der Zuschlagssätze wirkt sich somit nur auf der Ebene der Teilleistungen durch eine Veränderung des Fixpreises aus. Der Einheitspreis verändert sich nicht. Auf der Ebene des Gesamtprojektes zeigen unterschiedliche Zuschlagssätze keine Auswirkungen. Die Summe der Fixpreise bleibt konstant.

5.6 Kalkulation von Sonderpositionen

In diesem Abschnitt soll die Kalkulation von Sonderpositionen diskutiert werden. Für Eventual- und Alternativpositionen wird dargestellt, welche Schwierigkeiten bei der Kalkulation dieser Leistungspositionen durch die klassische Einheitspreisvergütung entstehen und wie diese Probleme durch die modifizierte Einheitspreisvergütung gelöst werden.

5.6.1 Kalkulation von Eventualpositionen

Eine Eventualposition (auch: Bedarfsposition) beschreibt eine Leistung, die nur auf gesonderte Anordnung des Auftraggebers bei einer tatsächlichen Notwendigkeit ausgeführt wird. Eventualpositionen sind nach VOB/A *„grundsätzlich nicht in die Leistungsbeschreibung aufzunehmen“*.[136] Eine Ausnahme ist möglich, wenn eine Teilleistung für die Herstellung des geschuldeten Werkes notwendig ist, es aber trotz einer umfangreichen Planung nicht vorhergesagt werden kann, ob diese Teilleistung im konkreten Fall erforderlich ist.[137] Zu solchen Teilleistungen gehören zum Beispiel Maßnahmen zur Wasserhaltung oder Bodenverbesserung.

Bei der Kalkulation von Eventualpositionen ist darauf zu achten, dass keine Kostenunterdeckung entsteht, wenn die Eventualposition nicht ausgeführt wird.[138] Aus diesem Grund werden bei der Kalkulation für die klassische Einheitspreisvergütung die Einzelkosten der Eventualpositionen nicht in der Umlagebasis für die Berechnung der Gemeinkostenumlage berücksichtigt.[139] Dennoch kann einer Eventualposition nicht abgesprochen werden, dass sie keinen Gemeinkosten verursachenden Charakter besitzt. Die Gemeinkosten für eine Eventualposition können durch zwei Vorgehensweisen kalkuliert werden.[140] Zum einen können dieselben Zuschlagssätze wie für die anderen Leistungspositionen gewählt werden. Durch die enthaltenen Anteile für die Baustellengemeinkosten kommt es zu einer Überdeckung der Baustellengemeinkosten. Aus diesem Grund werden bei der zweiten Variante Zuschlagssätze gewählt, die um die Anteile für die Baustellengemeinkosten teilweise oder vollständig reduziert sind.

Ein weiteres Problem im Zusammenhang mit der Kalkulation einer Eventualposition besteht in der Prognose des Mengenansatzes durch den Auftraggeber. Wenn die

[136] Siehe § 7 (1) Nr. 4 VOB/A. Private Auftraggeber sind an diese Regelung nicht gebunden.
[137] Vgl. LEIMBÖCK/KLAUS/HÄLKERMANN (2007): *Baukalkulation und Projektcontrolling*, S. 72.
[138] Vgl. BERNER/KOCHENDÖRFER/SCHACH (2007): *Grundlagen der Baubetiebslehre 1*, S. 208.
[139] Vgl. KEIL et al. (2007): *Kostenrechnung für Bauingenieure*, S. 151.
[140] Vgl. DREES/PAUL (2010): *Kalkulation von Baupreisen*, S. 224.

Notwendigkeit einer Leistungsposition unsicher ist, kann auch die notwendige Menge dieser Leistungsposition unsicher sein. Zum Beispiel ist für Maßnahmen zur Bodenverbesserung oder für die Beseitigung von Findlingen der Umfang der erforderlichen Menge kaum zu prognostizieren. In einem solchen Fall zeigen sich die negativen Auswirkungen der mengenabhängigen Vergütung aller Kosten bei der klassischen Einheitspreisvergütung. Abbildung 5.12 stellt beispielhaft die Abhängigkeit der Vergütungsfunktion vom ausgeschriebenen Mengenansatz m für drei mögliche Fälle dar, wobei $m_1 < m_2 < m_3$ und daraus folgend $ep_1 > ep_2 > ep_3$ gilt. Die Vergütungsfunktion weicht stets vom realen Kostenverlauf ab und zwingt sowohl den Auftraggeber als auch den Auftragnehmer insbesondere dann zu Spekulationen, wenn die herzustellende Menge nicht zu prognostizieren ist.

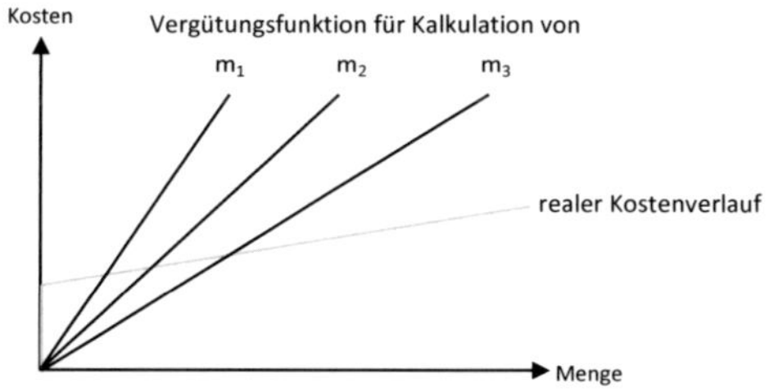

Abbildung 5.12: Abhängigkeit der Vergütungsfunktion vom Mengenansatz m

Das Beispiel aus Abbildung 5.13 veranschaulicht dieses Problem. In Abhängigkeit des Mengenansatzes ergibt sich durch die Verteilung der fixen Transportkosten auf eine unterschiedliche Anzahl der Mengeneinheiten ein anderer Einheitspreis. Je höher der Mengenansatz gewählt wird, desto geringer wird der Einheitspreis und vice versa.

Berechnung des Einheitspreises für eine Eventualposition

Transportkosten für Baumaschine:	1.000,00 €
Kosten für Aushub eines Kubikmeters:	50,00 €/m³
Zuschlag für Allgemeine Geschäftskosten:	10 Prozent
Zuschlag für Wagnis und Gewinn:	2 Prozent

Menge	$K_{Transport}$		K_{Aushub}	Zuschlag		Einheitspreis
1 m³:	(1.000,00 € / 1 m³	+	50,00 €/m³)	· 1,12	=	1.176,00 €/m³
10 m³:	(1.000,00 € / 10 m³	+	50,00 €/m³)	· 1,12	=	168,00 €/m³
100 m³:	(1.000,00 € / 100 m³	+	50,00 €/m³)	· 1,12	=	67,20 €/m³

Abbildung 5.13: Berechnung des Einheitspreises für eine Eventualposition

Der Auftraggeber ist bestrebt, einen geringen Einheitspreis zu vereinbaren, um eine Kostensteigerung zu begrenzen. Der Auftragnehmer möchte dagegen auch bei einer geringen Menge seine Kosten decken und strebt einen höheren Einheitspreis an. An dieser Stelle wird deutlich, welches Konfliktpotenzial aus dem unsicheren Mengenansatz bei der klassischen Einheitspreisvergütung entstehen kann.

Die Schwierigkeiten bei der Preisbildung für eine Eventualposition aufgrund des Einflusses der unbekannten Menge und der korrekten Berücksichtigung der Gemeinkosten werden durch die modifizierte Einheitspreisvergütung behoben. Eine Eventualposition wird analog wie eine normale Leistungsposition kalkuliert. Der einzige Unterschied zu einer normalen Leistungsposition besteht darin, dass der Fixpreis der Eventualposition keinen Anteil an den Baustellengemeinkosten enthält. Die fixen Einzelkosten erhalten wie die variablen Einzelkosten nur einen Zuschlag für die Allgemeinen Geschäftskosten sowie für Wagnis und Gewinn. Die Formel 5.1 verdeutlicht die Vorgehensweise für die Kalkulation des Einheitspreises, die Formel 5.2 die Vorgehensweise für die Kalkulation des Fixpreises der Eventualposition.

$$\begin{array}{l} \quad \text{variable Einzelkosten der Eventualposition} \\ + \text{ Zuschlag für Allgemeine Geschäftskosten} \\ + \text{ Zuschlag für Wagnis und Gewinn} \\ \hline = \text{ Einheitspreis der Eventualposition} \\ \hline\hline \end{array} \tag{5.1}$$

Formel 5.1: Berechnung des Einheitspreises für eine Eventualposition

$$\begin{array}{l} \quad \text{fixe Einzelkosten der Eventualposition} \\ + \text{ Zuschlag für Allgemeine Geschäftskosten} \\ + \text{ Zuschlag für Wagnis und Gewinn} \\ \hline = \text{ Fixpreis der Eventualposition} \\ \hline\hline \end{array} \tag{5.2}$$

Formel 5.2: Berechnung des Fixpreises für eine Eventualposition

Die Eventualposition wird bei der Umlage der fixen Gemeinkosten ausgenommen. Eine Kostenunterdeckung bei Nicht-Ausführung der Eventualposition ist nicht möglich. Durch die getrennte Kalkulation der fixen und variablen Kostenbestandteile verliert der ausgeschriebene Mengenansatz den Einfluss auf die Preisgestaltung. Das Konfliktpotenzial zwischen dem Auftraggeber und dem Auftragnehmer wird durch die Abbildung des realen Kostenverlaufs verringert. Für die Kalkulation der Eventualposition existiert nur noch eine Möglichkeit, mit der die Gemeinkosten der Eventualposition berücksichtigt werden.

Die Daten für das Beispiel aus Abbildung 5.13 werden in Abbildung 5.14 für die Kalkulation des Fixpreises und des Einheitspreises einer Eventualposition nach der modifizierten Einheitspreisvergütung verwendet. Mit den Ergebnissen für den

Berechnung des Einheitspreises und des Fixpreises für eine Eventualposition

Transportkosten für Baumaschine:	1.000,00 €
Kosten für Aushub eines Kubikmeters:	50,00 €/m³
Zuschlag für Allgemeine Geschäftskosten:	10 Prozent
Zuschlag für Wagnis und Gewinn:	2 Prozent

	fixe Kosten	variable Kosten
Transportkosten	1.000,00 €	
Kosten für Aushub		50,00 €/m³
Zuschlag AGK (10 %)	100,00 €	5,00 €/m³
Zuschlag W+G (2 %)	20,00 €	1,00 €/m³
	Fixpreis = 1.120,00 €	Einheitspreis = 56,00 €/m³

Abbildung 5.14: Einheitspreis und Fixpreis für eine Eventualposition

Fixpreis und den Einheitspreis wird der reale Kostenverlauf aus Abbildung 5.12 abgebildet. Welche tatsächliche Menge hergestellt wird, hat bei dieser Berechnung keinen Einfluss auf die Preise.

Die modifizierte Einheitspeisvergütung vereinfacht somit die Kalkulation von Eventualpositionen und löst Probleme, die bei der klassischen Einheitspreisvergütung bestanden haben. Das Konfliktpotenzial zwischen dem Auftraggeber und dem Auftragnehmer aus Eventualpositionen wird durch die Anwendung der modifizierten Einheitspreisvergütung verringert.

5.6.2 Kalkulation von Alternativpositionen

Bei einer Alternativposition (auch: Wahlposition) behält sich der Auftraggeber das Recht vor, zwischen der Ausführung einer Grundposition und einer oder mehrerer Alternativpositionen zu entscheiden.[141] Alternativpositionen sollen nur in das Leistungsverzeichnis aufgenommen werden, wenn zum Zeitpunkt der Ausschreibung nicht eindeutig festgelegt werden kann, welche Alternative zur Ausführung kommen soll.[142]

Bei der Kalkulation einer Alternativposition ist zu beachten, dass keine Kostenunterdeckung entsteht, wenn statt der Grundposition die Alternativposition auszuführen ist.[143] In der Kalkulation für die klassische Einheitspreisvergütung wird nur die Grundposition, nicht aber die Alternativposition bei der Umlage der Gemeinkosten berücksichtigt.[144] Der Zuschlag für eine Alternativposition muss separat ermittelt werden. In einer ersten Rechnung muss aus dem Einheitspreis der Grundposition der Gemeinkostenanteil herausgerechnet werden. Hierfür werden vom Einheitspreis der Grundposition die Einzelkosten der Grundposition abgezogen. Der erhaltene Gemeinkostenbetrag kann nur dann der Alternativposition zugerechnet werden, wenn die Alternativposition und die Grundposition die gleiche Ausschreibungsmenge aufweisen und die Einzelkosten der Alternativposition identisch mit den Einzelkosten der Grundposition sind. Bei einer Abweichung der Ausschreibungsmengen muss der Gemeinkostenbetrag auf die Menge der Alternativposition umgerechnet werden. Bei unterschiedlichen Einzelkosten zwischen der Grund- und der Alternativposition müssen die Anteile für die Allgemeinen Geschäftskosten sowie für Wagnis und Gewinn neu berechnet werden. Im Gegensatz zu den Baustellengemeinkosten werden diese Gemeinkosten über prozentuale Zuschläge auf die Herstellkosten kalkuliert.[145] Sind zum Beispiel die Zuschläge für die Grundposition mit 10 Prozent kalkuliert, so würde sich ein Prozentsatz von über 10 Prozent ergeben, wenn die Einzelkosten der Alternativposition geringer sind als die Einzelkosten der Grundposition. Überschreiten dagegen die Einzelkosten der Alternativposition die Einzelkosten der Grundposition würde sich ein Prozentsatz von unter 10 Prozent ergeben. Eine Änderung der Anteile für die Allgemeinen Geschäftskosten sowie für Wagnis und

[141] Vgl. NOOSTEN/FRIES/NOOSTEN (2011): *Gesamtleitung von Bauten*, S. 289.
[142] Vgl. LEIMBÖCK/KLAUS/HÄLKERMANN (2007): *Baukalkulation und Projektcontrolling*, S. 71.
[143] Vgl. BERNER/KOCHENDÖRFER/SCHACH (2007): *Grundlagen der Baubetiebslehre 1*, S. 208.
[144] Vgl. PROPOROWITZ (2008): *Baubetrieb – Bauwirtschaft*, S. 129.
[145] Vgl. DREES/PAUL (2010): *Kalkulation von Baupreisen*, S. 226.

Gewinn aufgrund des Einzelkostenunterschieds ist somit zusätzlich bei der Kalkulation der Alternativposition zu berücksichtigen.

Für die Kalkulation einer Alternativposition müssen zusammengefasst zunächst die Gemeinkosten von den Einzelkosten getrennt werden, die Gemeinkosten auf die Ausschreibungsmenge der Alternativposition umgerechnet werden und anschließend die Änderung der Anteile für die Allgemeinen Geschäftskosten sowie für Wagnis und Gewinn aufgrund des Einzelkostenunterschieds berechnet werden. Diese Vorgehensweise führt natürlich auch zu einem richtigen Ergebnis. Die Kalkulation einer Alternativposition für die modifizierte Einheitspreisvergütung stellt sich dagegen unkomplizierter dar.

Der Einheitspreis der Alternativposition kann unabhängig von der Grundposition kalkuliert werden. Die variablen Einzelkosten der Alternativposition erhalten einen Zuschlag für die Allgemeinen Geschäftskosten sowie für Wagnis und Gewinn, um den Einheitspreis zu ermitteln. Der Einheitspreis einer Alternativposition wird wie der Einheitspreis einer Eventualposition oder jeder anderen Leistungsposition gebildet. Die Formel 5.3 zeigt das Vorgehen zur Berechnung des Einheitspreises einer Alternativposition.

$$\begin{array}{l} \ \text{variable Einzelkosten der Alternativposition} \\ +\ \text{Zuschlag für Allgemeine Geschäftskosten} \\ +\ \text{Zuschlag für Wagnis und Gewinn} \\ \hline =\ \text{Einheitspreis der Alternativposition} \\ \hline\hline \end{array} \tag{5.3}$$

Formel 5.3: Berechnung des Einheitspreises für eine Alternativposition

Die Vorgehensweise zur Berechnung des Fixpreises einer Alternativposition zeigt Formel 5.4. Die fixen Einzelkosten der Alternativposition erhalten einen Zuschlag für die Allgemeinen Geschäftskosten sowie für Wagnis und Gewinn. Um eine Kostenunterdeckung bei Ausführung der Alternativposition statt der Grundposition zu verhindern, muss der Fixpreis der Grundposition hinzugerechnet werden. Dadurch können die im Fixpreis der Grundposition enthaltenen Baustellengemeinenkosten mit den Zuschlägen für die Allgemeinen Geschäftskosten sowie für Wagnis und Gewinn erwirtschaftet werden. Enthält der Fixpreis der Grundposition fixe Einzelkosten der Grundposition, muss der Fixpreis der Alternativposition noch um die fixen Einzelkosten der Grundposition mit den Zuschlägen für Allgemeine Geschäftskosten sowie für Wagnis und Gewinn bereinigt werden.

$$\begin{array}{ll} & \text{fixe Einzelkosten der Alternativposition} \\ + & \text{Zuschlag für Allgemeine Geschäftskosten} \\ + & \text{Zuschlag für Wagnis und Gewinn} \\ + & \text{Fixpreis der Grundposition} \\ - & \text{fixe Einzelkosten mit Zuschlag der Grundposition} \\ \hline = & \text{Fixpreis der Alternativposition} \\ \hline\hline \end{array} \tag{5.4}$$

Formel 5.4: Berechnung des Fixpreises für eine Alternativposition

Die Kalkulation der Preise für eine Alternativposition soll an einem Beispiel verdeutlicht werden. Für die Grundposition und die Alternativposition gelten die Daten aus Abbildung 5.15.

Berechnung des Einheitspreises und des Fixpreises für eine Alternativposition

Einheitspreis der Grundposition:	20,00 €/m²
Fixpreis der Grundposition:	1.500,00 €
Fixe Einzelkosten der Grundposition	200,00 €
Variable Einzelkosten der Alternativposition:	25,00 €/m²
Fixe Einzelkosten der Grundposition	300,00 €
Zuschlag für Allgemeine Geschäftskosten:	10 Prozent
Zuschlag für Wagnis und Gewinn:	2 Prozent

Abbildung 5.15: Berechnung des Einheitspreises und des Fixpreises für eine Alternativposition

Zunächst soll der Einheitspreis der Alternativposition ermittelt werden. Nach Formel 5.3 (Seite 117) werden die variablen Einzelkosten der Alternativposition mit den

Zuschlägen für die Allgemeinen Geschäftskosten sowie für Wagnis und Gewinn beaufschlagt. Der Einheitspreis berechnet sich somit zu 25,00 €/m^2 · 1,12 = 28,00 €/m^2.

Für die Berechnung des Fixpreises der Alternativposition wird der Fixpreis der Grundposition um die fixen Einzelkosten mit Zuschlag für die Grundposition bereinigt. Es ergibt sich: 1.500,00 € - 200,00 € · 1,12 = 1.276,00 €. Zu diesem Betrag werden die fixen Einzelkosten mit Zuschlag für die Alternativposition addiert. Der Fixpreis der Alternativposition berechnet sich dann zu 1.276,00 € + 300,00 € · 1,12 = 1.612,00 €

Durch die getrennte Betrachtung der variablen und fixen Kostenbestandteile ergibt sich eine transparentere Kalkulation von Alternativpositionen. Umfangreiche Rechnungen zur Trennung der Gemeinkosten von den Einzelkosten und zur Anpassung der Anteile für die Allgemeinen Geschäftskosten sowie für Wagnis und Gewinn aufgrund des Einzelkostenunterschieds entfallen. Die Möglichkeiten von Kalkulationsfehlern des Auftragnehmers werden durch diese transparentere Kalkulationsmethode verringert.

5.7 Berechnung von Vergütungsansprüchen

Dieser Abschnitt beschreibt die Berechnung von Vergütungsansprüchen für die klassische und die modifizierte Einheitspreisvergütung. Die Vergütungsberechnung soll unkompliziert, verständlich und transparent sein, um Streitigkeiten zwischen den Vertragspartnern zu vermeiden.

5.7.1 Vergütungsberechnung bei Mengenabweichungen

Die Berechnung des Vergütungsanspruches bei Mengenabweichungen richtet sich bei der klassischen Einheitspreisvergütung nach § 2 (3) VOB/B. Tritt keine Abweichung der hergestellten Ist-Menge von der ausgeschriebenen Soll-Menge ein oder ist die Abweichung im Toleranzbereich von ± 10 Prozent, erfolgt die Vergütung nach dem vertraglich vereinbarten Einheitspreis. Beträgt die Differenz zwischen der Ist-Menge und der Soll-Menge mehr als ± 10 Prozent, kann auf Verlangen eines Vertragspartners ein neuer Einheitspreis vereinbart werden.[146]

Bei einer Mengenminderung wird der Auftragnehmer auf eine Anpassung des Einheitspreises drängen, um einen Ausgleich für die nicht erwirtschafteten Fixkosten (insbesondere Baustellengemeinkosten) zu erhalten. Der Fehlbetrag wird auf die ausgeführte Ist-Menge bezogen.[147] Der neue Einheitspreis gilt für alle ausgeführten Mengeneinheiten und ergibt sich aus dem alten Einheitspreis zuzüglich eines Anteils an den ungedeckten Fixkosten.

Bei einer Mengenmehrung können sowohl für den Auftraggeber als auch für den Auftragnehmer Gründe bestehen, um eine Anpassung des Einheitspreises zu verlangen. Mit einer Preisanpassung möchte der Auftraggeber eine Verringerung des Einheitspreises erzielen, um die zu vergütenden Kosten zu reduzieren. Eine zusätzliche Überdeckung der Fixkosten soll verhindert werden. Der Auftragnehmer kann bei Mengenmehrungen einen neuen Einheitspreis verlangen, wenn sich durch die Mengenmehrung eine Kostensteigerung im Bereich der Fixkosten zum Beispiel bei den Baustellengemeinkosten ergeben hat. Die Preisanpassung gilt dabei nur für die ausgeführten Mengen über 110 Prozent.[148] Der neue Einheitspreis für diese Mengen berechnet sich aus dem alten Einheitspreis, der um die bereits erwirtschafteten Fixkosten gemindert und um mögliche zusätzliche Fixkosten erhöht wird.

Eine Preisanpassung aufgrund von Mengenabweichungen ist bei der modifizierten Einheitspreisvergütung im Allgemeinen nicht erforderlich. Durch die getrennte Vergütung der fixen Kostenbestandteile über den Fixpreis und der variablen Kostenbestandteile über den Einheitspreis besteht keine Notwendigkeit für eine nachträgliche Preisanpassung. Durch die Struktur der modifizierten Einheitspreisvergütung entfällt die Notwendigkeit des § 2 (3) Nr. 2 und Nr. 3 VOB/B. In speziellen Fällen kann eine Anpassung der Preise analog zur klassischen Einheitspreisvergütung notwendig werden, wenn eine Mengenänderung zu einer Änderung der Kostenstruktur oder der Bauzeit führt.[149]

[146] Vgl. Drees/Paul (2010): *Kalkulation von Baupreisen*, S. 236.
[147] Vgl. Heiermann et al. (2008): *Handkommentar zur VOB*, S. 754.
[148] Vgl. Gerster/Kohl (2006): *Baubetrieb in Beispielen*, S. 133.
[149] Siehe auch Seite 54.

Zum Beispiel sei für eine Leistungsposition mit einer ausgeschriebenen Menge von 100 m^3 ein Einheitspreis von 75,00 €/m^3 und ein Fixpreis von 1.400,00 € kalkuliert. In der Ausführung erhöht sich die Menge auf 156 m^3, wodurch höhere Fixkosten mit Zuschlag von 250,00 € entstehen. In diesem Fall wäre ein Fixpreis von 1.400,00 € + 250,00 € = 1.650,00 € abzurechnen. Der Einheitspreis von 75,00 €/m^3 bleibt unverändert.

Die modifizierte Einheitspreisvergütung ermöglicht gegenüber der klassischen Einheitspreisvergütung eine einfachere Vergütungsberechnung bei Mengenabweichungen. Insbesondere ist hervorzuheben, dass bei Mengenabweichungen im Allgemeinen keine Änderung der vertraglich vereinbarten Preise und damit auch keine Änderung des Vertrages zwischen Auftraggeber und Auftragnehmer notwendig ist. Damit ist ein Anlass für mögliche Streitigkeiten zwischen den Vertragspartnern beseitigt.

5.7.2 Vergütungsberechnung bei Leistungsänderungen

Der Auftraggeber hat nach § 1 (3) VOB/B das Recht, Änderungen des Bauentwurfs auch nach Auftragserteilung anzuordnen. Bei einer Leistungsänderung werden vertraglich vereinbarte Leistungen in einer abweichenden Form ausgeführt.[150] Für die geänderten Leistungen ist nach § 2 (5) VOB/B ein neuer Preis unter Beachtung von Mehr- oder Minderkosten zu bilden. Durch die Vereinbarung eines neuen Preises soll vermieden werden, dass dem Auftragnehmer ein wirtschaftlicher Nachteil durch die Änderungsanordnung des Auftraggebers entsteht.[151] Der Auftragnehmer hat hierfür ein prüffähiges Nachtragsangebot zu erstellen.[152] Der Auftragnehmer muss nachweisen, welche Kosten ihm trotz der Leistungsänderung weiterhin anfallen, welche Kosten entfallen und welche Kosten zusätzlich entstehen.

Bei der klassischen Einheitspreisvergütung müssen zunächst die Einheitspreise der betroffenen Leistungspositionen in Einzelkosten und Gemeinkosten getrennt oder die Einzelkosten aus der Urkalkulation entnommen werden.[153] Die Einzelkosten können

---

[150] Vgl. WEBER/HAFKESBRINK (2008): *Bauwerksabdichtung in der Altbausanierung*, S. 338.
[151] Vgl. HEIERMANN/LINKE/HILKA (2010): *VOB-Musterbriefe für Auftraggeber*, S. 140 f.
[152] Vgl. ZANNER (2011): *VOB/B nach Ansprüchen*, S. 15.
[153] In der baubetrieblichen und baurechtlichen Literatur wird aktuell diskutiert, ob an den Kostenansätzen der Urkalkulation festzuhalten ist. Für einen Überblick siehe HEILFORT (2012): *Preisermittlung nach § 2 Abs. 5 VOB/B -- Gut bleibt gut und schlecht bleibt schlecht?*.

in der Regel vollständig als Minderkosten betrachtet werden, da sie nur anfallen würden, wenn die Leistung tatsächlich erbracht würde. Anschließend ist für den Gemeinkostenbetrag zu unterscheiden, ob die Gemeinkosten abhängig oder unabhängig von den weggefallenen Leistungspositionen entstehen. Die Baustellengemeinkosten fallen im Allgemeinen unabhängig von den einzelnen Leistungspositionen an. In speziellen Fällen können sich durch Leistungsänderungen auch Änderungen bei den Baustellengemeinkosten ergeben, wenn zum Beispiel durch die Anordnung ein anderes Bauverfahren angewandt werden muss. Bei den Allgemeinen Geschäftskosten, Wagnis und Gewinn ist zu differenzieren, ob sich diese Gemeinkosten durch den Zuschlag auf die weggefallenen Einzelkosten oder auf die weiterhin bestehenden Baustellengemeinkosten ergeben. Die Gemeinkosten, die auf die Einzelkosten beaufschlagt wurden, stellen Minderkosten dar. Die Gemeinkosten, die durch Beaufschlagung auf die Baustellengemeinkosten entstehen, bilden weiterhin einen Bestandteil des Vergütungsanspruches.[154] Zu diesen fixen Gemeinkosten müssen abschließend die Einzelkosten der neuen Leistungsposition mit Zuschlag für Allgemeine Geschäftskosten, Wagnis und Gewinn addiert werden, um den Preis der neuen Leistungsposition für die Leistungsänderung zu berechnen.

Diese Vorgehensweise zur Ermittlung des neuen Preises nach der klassischen Einheitspreisvergütung nähert sich dem prinzipiellen Kalkulationsverfahren für die modifizierte Einheitspreisvergütung an. Die Trennung der fixen und variablen Kostenbestandteile durch die modifizierte Einheitspreisvergütung liefert eine bessere Vorarbeit zur Berechnung neuer Preise aufgrund von Leistungsänderungen. Die variablen Kosten, die im Einheitspreis enthalten sind, können direkt als Minderkosten eingestuft werden, da sie vollständig der jeweiligen Leistungsposition zuzuordnen sind. Die variablen Kosten fallen nur an, wenn die Leistung tatsächlich ausgeführt wird. Bei den Fixkosten müssen die fixen Gemeinkosten von den fixen Einzelkosten getrennt werden. Diese Trennung stellt sich bei der Kalkulation für die modifizierte Einheitspreisvergütung sehr einfach dar. Das Kalkulationsverfahren ermittelt für jede Leistungsposition einen Betrag für die fixen Gemeinkosten.[155] Zu den fixen Gemeinkosten müssen die fixen Einzelkosten der neuen Leistungsposition mit den Zuschlägen für die Allgemeinen Geschäftskosten, Wagnis und Gewinn addiert werden,

[154]Der Umgang mit Allgemeinen Geschäftskosten, Wagnis und Gewinn im Zusammenhang mit Leistungsänderungen wird unterschiedlich diskutiert. Vgl. hierzu NOOSTEN (2005): *Die Unterdeckung Allgemeiner Geschäftskosten*, S. 75 - 99.

[155]Siehe Abbildung 4.31 auf Seite 86 (Formblatt 4).

um den neuen Fixpreis zu erhalten.

Die Berechnung des Vergütungsanspruches soll an einem Beispiel veranschaulicht werden. Durch eine Änderungsanordnung des Auftraggebers entfallen die Leistungspositionen 18.60 und 18.70, die durch eine neue Leistungsposition N.18.1 ersetzt werden. Eine Änderung bei den Baustellengemeinkosten oder der Bauzeit ergibt sich nicht. Es gelten die Daten aus Abbildung 5.16.

Beispieldaten für eine Leistungsänderung

Einheitspreis der Leistungsposition 18.60:	30,00 €/m²
Fixpreis der Leistungsposition 18.60:	2.000,00 €
Fixe Einzelkosten der Leistungsposition 18.60:	300,00 €
Einheitspreis der Leistungsposition 18.70:	20,00 €/m²
Fixpreis der Leistungsposition 18.70:	900,00 €
Fixe Einzelkosten der Leistungsposition 18.70:	100,00 €
Variable Einzelkosten der neuen Leistungsposition N.18.1:	28,00 €/m²
Fixe Einzelkosten der neuen Leistungsposition N.18.1:	250,00 €
Zuschlag für Allgemeine Geschäftskosten:	10 Prozent
Zuschlag für Wagnis und Gewinn:	2 Prozent

Abbildung 5.16: Beispieldaten für eine Leistungsänderung

Zunächst müssen die Fixpreise der Leistungspositionen 18.60 und 18.70 um die fixen Einzelkosten mit Zuschlag bereinigt werden, um den Anteil an den Baustellengemeinkosten inklusive den Zuschlägen für die Allgemeinen Geschäftskosten, Wagnis und Gewinn zu ermitteln. Für die Leistungsposition 18.60 ergibt sich ein Wert von 2.000,00 € − 300,00 € · 1,12 = 1.664,00 € und für die Leistungsposition 18.70 ein Wert von 900,00 € − 100,00 € · 1,12 = 788,00 €. Diese beiden Werte ergeben zuzüglich der fixen Einzelkosten der neuen Leistungposition N.18.1 mit Zuschlag den Fixpreis der neuen Leistungsposition: 1.664,00 € + 788,00 € + 250,00 € · 1,12 = 2.732,00 €. Der Einheitspreis der Leistungsposition N.18.1 ergibt sich aus den variablen Einzelkosten mit den Zuschlägen für die Allgemeinen Geschäftskosten, Wagnis und Gewinn wie folgt: 28,00 €/m² · 1,12 = 31,36 €/m².

Der Nachweis der Minder- und Mehrkosten bei Leistungsänderungen kann durch Anwendung der modifizierten Einheitspreisvergütung leichter und in seiner Darstellung gegenüber dem Auftraggeber in einer transparenteren Weise erfolgen. In den Zwischenschritten des Kalkulationsverfahrens werden alle notwendigen Daten erzeugt, sofern die Baustellengemeinkosten von der Leistungsänderung unberührt bleiben. Im Fall einer Änderung der Baustellengemeinkosten wird die Berechnung der neuen Preise aufgrund der transparenteren Datengrundlage durch die Trennung von fixen und variablen Kosten aber ebenso leichter fallen.

5.8 Resümee zu Kapitel 5

In diesem Kapitel wurde die klassische Einheitspreisvergütung und die modifizierte Einheitspreisvergütung aus Sicht einer konfliktarmen Projektabwicklung verglichen. Zunächst wurde die Konfliktentstehung aus den unterschiedlichen Zielstellungen von Auftraggeber und Auftragnehmer hergeleitet. Anschließend wurde für verschiedene baubetriebliche Fragestellungen gezeigt, dass mit der modifizierten Einheitspreisvergütung bestehende Probleme gelöst oder vereinfacht werden und somit das Konfliktpotenzial zwischen dem Auftraggeber und dem Auftragnehmer verringert wird. Im nächsten Kapitel wird der Vergleich unter Anwendung der Monte-Carlo-Simulation fortgesetzt.

6 Quantitativer Vergleich mit Hilfe der Monte-Carlo-Simulation

Nach dem qualitativen Vergleich der klassischen und modifizierten Einheitspreisvergütung in Kapitel 5 soll in diesem Kapitel ein quantitativer Vergleich unter Anwendung des Verfahrens der Monte-Carlo-Simulation durchgeführt werden. Die Monte-Carlo-Simulation soll die Auswirkungen von Mengenabweichungen bei der klassischen und bei der modifizierten Einheitspreisvergütung für unterschiedliche Fragestellungen quantifizieren, um die Vorteilhaftigkeit der modifizierten Einheitspreisvergütung gegenüber der klassischen Einheitspreisvergütung darzustellen. Das Kapitel stellt zunächst die theoretischen Grundlagen der Simulation vor und diskutiert anschließend die Simulationsergebnisse der verschiedenen Vergleichsstudien als Basis eines Vergleichs der beiden Varianten der Einheitspreisvergütung.

6.1 Theoretische Grundlagen der Simulation

Dieser Abschnitt definiert zu Beginn den Begriff der Simulation und gibt eine Begründung für die Anwendung der Simulation. Anschließend werden die theoretischen Grundlagen für die Anwendung der Monte-Carlo-Simulation erläutert.

6.1.1 Begriffsdefinition und Gründe für den Simulationseinsatz

Die Simulation wird in zahlreichen Disziplinen zur Untersuchung unterschiedlicher Fragestellungen eingesetzt.[156] Aus diesem heterogenen Anwendungsgebiet haben sich

[156] Vgl. Bungartz et al. (2009): *Modellbildung und Simulation*, S. 6 f.

verschiedene Definitionen für den Begriff der Simulation entwickelt. Für eine Diskussion der verschiedenen Definitionen sei auf FRANK[157] verwiesen. Die Arten der Simulation beschreiben DOMSCHKE/DÜLL[158]. Zur Durchführung eines Simulationsvorhabens kann KÜHL/STÄHLY[159] herangezogen werden.

Eine allgemeine Definition für den Begriff der Simulation, die unabhängig vom Untersuchungsobjekt ist, liefern FLEMMING/SCHACH:

> *Simulation ist das zielgerichtete Experimentieren an einem Modell, um Erkenntnisse zu gewinnen, die zur Lösung eines realen Problems geeignet sind.*[160]

Das *zielgerichtete Experimentieren* beschreibt in Bezug zu der Intention dieses Kapitels die Variation der tatsächlich hergestellten Ist-Mengen gegenüber den ausgeschriebenen Soll-Mengen. Der *Erkenntnisgewinn* liegt in dem Wissen über die Auswirkungen der Mengenabweichungen auf bestimmte Zielgrößen wie die Projektkosten oder den Projektgewinn. Das *Modell* ist notwendig, um die Simulation durchführen zu können. Im Kontext des Kapitels umfasst der Modellbegriff sowohl die Variante der Einheitspreisvergütung, nach der die Zielgrößen berechnet werden, als auch die Methode, mit der die Variation der Mengenansätze rechnergestützt realisiert wird. Für die *Lösung des realen Problems*, also dem Vergleich zwischen der klassischen und der modifizierten Einheitspreisvergütung, sind die Simulationsergebnisse kritisch auszuwerten. Insbesondere muss die Gültigkeit bei der Übertragung einer allgemeingültigen Aussage aus der Modellebene in die Realebene überprüft werden.

Alternativ zu einem simulationsunterstützten Vergleich zwischen der klassischen und der modifizierten Einheitspreisvergütung wäre ein Vergleich auf der Basis einer Auswertung empirischer Daten möglich. Gegenüber dem empirischen Vergleich weist die Anwendung der Simulation verschiedene Vorzüge auf.

Ein empirischer Vergleich erfordert eine umfangreichere Datenbasis als ein simulationsunterstützter Vergleich. Bei einer empirischen Auswertung liegt für jede Soll-

[157] Vgl. FRANK (1999): *Modellierung und Simulation – Terminolgische Probleme*, S. 50 - 64.

[158] Vgl. DOMSCHKE/DREXL (2005): *Einführung in Operations Research*, S. 224 f.

[159] Vgl. KÜLL/STÄHLY (1999): *Zur Planung und effizienten Abwicklung von Simulationsexperimenten*, S. 1 - 21.

[160] Vgl. FLEMMING/SCHACH (2011): *Zum Begriff der Simulation*, S. 8.

Menge nur ein einziger Wert für die entsprechende Ist-Menge vor. Bei einem Bauvorhaben mit 100 Leistungspositionen können zum Beispiel nur 100 potenzielle Mengenabweichungen untersucht werden. Mit Hilfe der Simulation ist es dagegen möglich, für einen einzigen Mengenansatz beliebig viele Abweichungen der Ist-Menge nachzubilden. Der Stichprobenumfang kann bei Anwendung der Simulation gegenüber einer empirischen Auswertung mit geringerem Aufwand vergrößert werden.

Bei einem empirischen Vergleich müssen zudem alle Abweichungen der Ist-Menge gegenüber der Soll-Menge herausgefiltert werden, die durch eine Änderung des Bauentwurfs begründet sind und somit keine zufälligen Mengenabweichungen darstellen. Das Ergebnis des Vergleichs ließe sich andernfalls nicht mehr eineindeutig auf die zufällige Abweichung der tatsächlich hergestellten Ist-Mengen gegenüber der ausgeschriebenen Soll-Mengen zurückführen. Die Aussagekraft der Ergebnisse wäre aufgrund irrelevanter Einflussfaktoren verfälscht. Durch die notwendige Abstraktion aus der Realebene in die Modellebene kann bei Anwendung eines Simulationsverfahrens sichergestellt werden, dass die Mengenabweichungen nicht auf Änderungsordnungen des Auftraggebers zurückzuführen sind. Die zufälligen Mengenabweichungen sollen den einzigen Einflussfaktor auf die Zielgröße darstellen. Alle weiteren Parameter bleiben konstant. Die Belastbarkeit der Ergebnisse ist damit im Gegensatz zum empirischen Vergleich sichergestellt.

Der simulationsunterstützte Vergleich ist effektiver als ein empirischer Vergleich. Die Simulaton kann mit geringerem Aufwand eine höhere Validität der Ergebnisse erzielen.

6.1.2 Funktionsweise der Monte-Carlo-Simulation

Die Monte-Carlo-Simulation ist eine Methode zur Generierung von künstlichen Stichproben.[161] Ein Stichprobenwert wird durch die Erzeugung einer Zufallszahl aus einer vorgegebenen Wahrscheinlichkeitsverteilung ausgewählt.[162] Bei einer wiederholten Versuchsdurchführung ergibt sich nicht zwingend der Stichprobenwert des

[161] Vgl. MOSLER/SCHMID (2005): *Wahrscheinlichkeitsrechnung und schließende Statistik*, S. 171 f. oder WÜTHRICH (2010): *Portfolio versus Benchmark – Performance- und Risikoanalyse im Portfoliomanagement*, S. 93.

[162] Vgl. MUN (2006): *Modeling Risk*, S. 74. Zum mathematischen Hintergrund zur Erzeugung von Zufallszahlen sei auf VOSE (2008): *Risk Analysis*, S. 57 f. verwiesen.

vorherigen Versuchs.[163] Die Monte-Carlo-Simulation dient somit zur Nachbildung von Zufallsexperimenten.[164] Aufgrund der Anwendung der Wahrscheinlickeitsrechnung wird die Monte-Carlo-Simulation auch als stochastische Simulation bezeichnet.[165] Einen historischen Abriss zur Entstehung der Monte-Carlo-Simulation findet sich bei NEWMAN/BARKEMA.[166]

Der Name der Monte-Carlo-Simulation beruht auf dem gleichnamigen Stadtteil von Monaco, der für sein Kasino bekannt ist.[167] Glücksspiele stellen ebenfalls eine Form von Zufallsexperimenten dar. Zum Beispiel bietet das Spiel *Roulette* einschließlich der Null 37 mögliche Ergebnisse. Diese 37 Ergebnisse entsprechen der vorgegebenen Wahrscheinlichkeitsverteilung für die Monte-Carlo-Simulation.[168] Beim Roulette entscheidet der Zufall, auf welcher Zahl die Kugel landen wird. Bei einem ausreichend großen Betrachtungshorizont wird die Kugel mit gleicher Häufigkeit auf den verschiedenen Zahlen landen. Für die Anwendung der Monte-Carlo-Simulation muss der Zufall künstlich durch Zufallszahlen erzeugt werden. Die Qualität der Zufallszahlen lässt sich daran messen, wie genau die Zufallszahlen die vorgegebene Wahrscheinlichkeitsverteilung abbilden. Ermittelt die Monte-Carlo-Simulation zum Beispiel im Fall des Roulette-Spiels bei 111 Versuchen 20 Mal das Ergebnis „Null“, ist die Qualität der Zufallszahlen als schlecht zu bewerten, da die theoretische Häufigkeit bei 3 und nicht bei 20 liegt.

Eine Weiterentwicklung des klassischen Grundprinzips der Monte-Carlo-Simulation, die zu einer verbesserten Qualität der Zufallszahlen führen soll, ist die Latin-Hypercube-Simulation.[169] Die Latin-Hypercube-Simulation unterteilt das Intervall der Wahrscheinlichkeitsverteilung in Schichten mit einer gleichgroßen Wahrscheinlichkeit.[170] Die Anzahl der Schichten entspricht der Anzahl der zu simulierenden Stichprobenwerte. Bei einem Stichprobenumfang von 100 wird das Wahrscheinlichkeitsintervall in 100 Schichten unterteilt. Die Latin-Hypercube-Simulation generiert

[163] Vgl. LANDAU/BINDER (2005): *A Guide to Monte Carlo Simulations in Statistical Physics*, S. 1.

[164] Neben Zufallsexperimenten existieren naturwissenschaftliche Experimente. Im Gegensatz zu Zufallsexperimenten ergeben sich bei naturwissenschaftlichen Experimenten bei gleichen Versuchsaufbau stets dieselben Ergebnisse.

[165] Vgl. RUBINSTEIN (1981): *Simulation and the Monte Carlo Method*, S. 11.

[166] Vgl. NEWMAN/BARKEMA (1999): *Monte Carlo Methods in Statistical Physics*, S. 22 - 29.

[167] Vgl. DUNN/SHULTIS (2011): *Exploring Monte Carlo Methods*, S. 7.

[168] Bei einem unmanipulierten Spieltisch handelt es sich um eine diskrete Gleichverteilung, bei der jedes Ergebnis eine Wahrscheinlichkeit von $\frac{1}{37}$ besitzt.

[169] Vgl. CHAPMAN (2006): *Simple Tools and Techniques for Enterprise Risk Management*, S. 179 f.

[170] Vgl. FANG/LI/SUDJIANTO (2005): *Design and modeling for computer experiments*, S. 47 ff.

aus jeder Schicht genau eine Zufallszahl. Auf diese Weise wird sichergestellt, dass aus der gesamten Breite der Wahrscheinlichkeitsverteilung Stichproben entnommen werden.

Den Unterschied zwischen der klassischen Monte-Carlo-Simulation und der Latin-Hypercube-Simulation veranschaulicht Abbildung 6.1. Bei der klassischen Monte-Carlo-Simulation wird bei jedem Simulationslauf eine Zufallszahl aus dem gesamten Wahrscheinlichkeitsintervall generiert. Dabei kann eine Ballung der Zufallszahlen in einem Teilintervall entstehen (Abbildung 6.1, links). Eine solche Ballung der Zufallszahlen ist durch die Bildung von Schichten bei der Latin-Hypercube-Simulation nicht möglich (Abbildung 6.1, rechts). Die Latin-Hypercube-Simulation entspricht dem Prinzip *Ziehen ohne Zurücklegen*, während die klassische Monte-Carlo-Simulation dem Prinzip *Ziehen mit Zurücklegen* entspricht. Bei den nachfolgend durchgeführten Vergleichsstudien wird das Verfahren der Latin-Hypercube-Simulation eingesetzt.

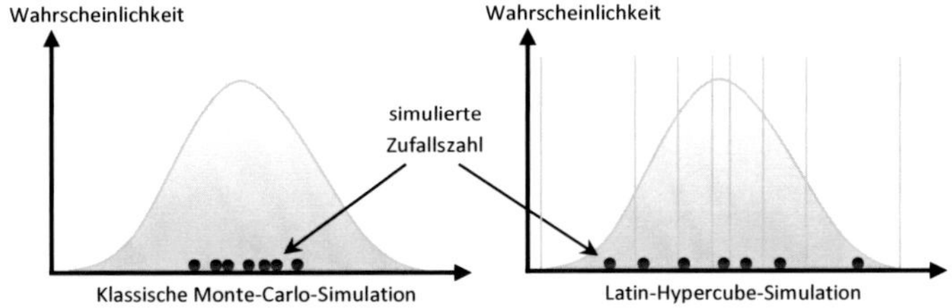

Abbildung 6.1: Vergleich der klassische Monte-Carlo-Simulation mit der Latin-Hypercube-Simulation[171]

Die erste Vergleichsstudie (Abschnitt 6.2) untersucht die Auswirkungen von Mengenabweichungen auf die Gesamtkosten eines Bauprojektes. Dieser Vergleich wird ergeben, welche Variante der Einheitspreisvergütung aus Sicht des Auftraggebers vorteilhafter ist. Die zweite Vergleichsstudie (Abschnitt 6.3) befasst sich mit dem Nutzen für den Auftragnehmer. Die Auswirkungen der Mengenabweichungen auf den Projektgewinn des Auftragnehmers bilden den Untersuchungsgegenstand des zweiten Vergleichs.

Anhand dieser beiden Vergleichsstudien soll überprüft werden, ob die modifizierte Einheitspreisvergütung für beide Vertragspartner gegenüber der klassischen Einheitspreisvergütung einen Mehrwert darstellt.

[171] Nach KAUTT/WIELAND (2001): *Modeling the future*, S. 80 - 82.

6.2 Vergleichsstudie 1 – Auswirkungen von Mengenabweichungen auf die Gesamtkosten

In der ersten Vergleichsstudie werden die klassische und die modifizierte Einheitspreisvergütung anhand der Auswirkungen von Mengenabweichungen auf die Gesamtkosten eines Bauprojektes gegenübergestellt. Das Ziel des Vergleichs besteht in der Ermittlung der Variante der Einheitspreisvergütung, die aus Sicht des Auftraggebers zu einer höheren Kostensicherheit führt.

6.2.1 Vorüberlegungen und Versuchsaufbau

Die Gesamtkosten K eines Bauprojektes ergeben sich aus der Summe der Kosten für die verschiedenen Leistungspositionen. Bei der klassischen Einheitspreisvergütung berechnen sich die Kosten für die Leistungsposition i aus der Multiplikation der in der Bauausführung tatsächlich hergestellten Menge x_i und dem bei Auftragserteilung vertraglich vereinbarten Einheitspreis ep_i. Die Formel 6.1 stellt den mathematischen Zusammenhang dar. Die Menge ist eine variable Größe, während der Einheitspreis eine fixe Größe darstellt.

$$K_{klassisch} = \sum_{i=1}^{k} (\underbrace{x_i}_{variabel} \cdot \underbrace{ep_i}_{fix}) \tag{6.1}$$

Formel 6.1: Gesamtkosten nach klassischer Einheitspreisvergütung

Bei der modifizierten Einheitspreisvergütung bilden sich die Kosten der Leistungsposition i aus der Multiplikation der tatsächlich hergestellten Menge x_i mit dem vertraglich vereinbarten Einheitspreis ep_i zuzüglich des Fixpreises FP_i. Die Gesamtkosten des Bauprojektes werden nach Formel 6.2 berechnet. Die Menge ist auch bei dieser Rechnung eine Variable, während der Einheitspreis und der Fixpreis fixiert sind.

$$K_{modifiziert} = \sum_{i=1}^{k} (\underbrace{x_i}_{variabel} \cdot \underbrace{ep_i}_{fix} + \underbrace{FP_i}_{fix}) \tag{6.2}$$

Formel 6.2: Gesamtkosten nach modifizierter Einheitspreisvergütung

Das Ziel dieser Vergleichsstudie besteht darin, die Auswirkungen der Variabilität der Mengenansätze auf die Gesamtkosten des Bauprojektes darzustellen. Die Variabilität der Mengenansätze kann durch eine Wahrscheinlichkeitsverteilung modelliert werden. Abbildung 6.2 zeigt drei mögliche Wahrscheinlichkeitsverteilungen: eine Rechteckverteilung, eine Dreieckverteilung und eine Trapezverteilung. Bei der

Abbildung 6.2: Verschiedene Wahrscheinlichkeitsverteilungen

Rechteckverteilung weist jeder Wert des Intervalls eine gleich große Wahrscheinlichkeit auf. Die Dreieckverteilung besitzt dagegen einen Wert mit höchster Wahrscheinlichkeit. Die Wahrscheinlichkeit der anderen Werte innerhalb des Intervalls nimmt in Richtung der Intervallgrenzen ab. Die Trapezverteilung kann als eine Kombination zwischen der Rechteckverteilung und der Dreieckverteilung verstanden werden. Anstatt eines einzigen höchstwahrscheinichen Wertes existiert ein Teilintervall höchstwahrscheinlicher Werte, die alle eine gleich große Wahrscheinlichkeit aufweisen. Die Wahrscheinlichkeit der verbleibenden Wert nimmt wie bei der Dreieckverteilung in Richtung der Intervallgrenzen ab.

Die Wahl der Wahrscheinlichkeitsverteilung ist für den Vergleich zwischen klassischer und modifizierter Einheitspreisvergütung nicht entscheidungsrelevant. Die Berechnung der Gesamtkosten basiert bei beiden Varianten der Einheitspreisvergütung auf denselben Stichprobenwerten. Die Eingabewerte sind sowohl für die klassische als auch die modifizierte Einheitspreisvergütung identisch. Mögliche Unterschiede in den Simulationsergebnissen lassen sich somit ausschließlich auf die unterschiedlichen Berechnungsformeln zurückführen. Abbildung 6.3 verdeutlicht dieses Prinzip für die Simulation der Mengenansätze eines Bauprojektes. Dieses Prinzip wird für eine Vielzahl von Bauprojekten durchgeführt, um eine aussagekräftige Vergleichsbasis zu erhalten.

Die gewählte Wahrscheinlichkeitsverteilung beeinflusst aufgrund ihrer Varianz nur die Streuung der Simulationsergebnisse. Die grundlegende Aussage des Vergleichs,

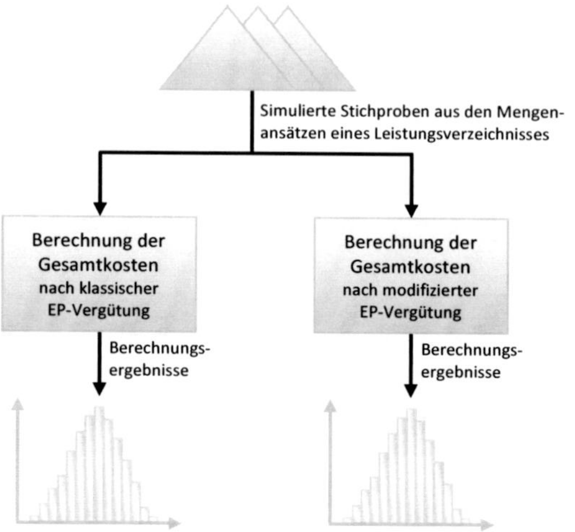

Abbildung 6.3: Prinzipdarstellung des Versuchsaufbaus für ein Bauprojekt

welche Variante der Einheitspreisvergütung zu einer höheren Kostensicherheit führt, bleibt unabhängig der Varianz der gewählten Wahrscheinlichkeitsverteilung erhalten. Die im Abschnitt 6.2.2 ausgewerteten Simulationsergebnisse werden anhand einer Dreieckverteilung mit den Intervallgrenzen –10 Prozent und +10 Prozent bezogen auf den ausgeschriebenen Mengenansatz erzeugt. Diese Wahrscheinlichkeitsverteilung wird für jeden Mengenansatz des Leistungsverzeichnisses vorgegeben. Ein Mengenansatz von 400 m^3 variiert somit im Intervall von 360 m^3 bis 440 m^3, wobei der Wert 400 m^3 die höchste Wahrscheinlichkeit aufweist.

6.2.2 Auswertung der Simulationsergebnisse

Die Simulation der Mengenansätze wurde für insgesamt 15 Bauprojekte durchgeführt. Für jedes Bauprojekt wurden die Gesamtkosten nach der klassischen Einheitspreisvergütung und nach der modifizierten Einheitspreisvergütung berechnet. Jede Simulation wurde mit 5.000 Simulationsläufen durchgeführt. Die Abbildung 6.4 enthält eine Übersicht der simulierten Gesamtkosten für beide Varianten der Einheitspreisvergütung. Als Kennzahlen für die Simulationsauswertung dienen der Median, das 5 %-Quantil und das 95 %-Quantil.

Nr.	klassische Einheitspreisvergütung			modifizierte Einheitspreisvergütung		
	5 %-Quantil	Median	95 %-Quantil	5 %-Quantil	Median	95 %-Quantil
01	126.587,67	128.406,71	130.178,13	126.739,79	128.418,93	130.125,07
02	153.744,43	155.850,80	157.975,85	153.935,02	155.863,67	157.745,52
03	217.747,48	221.359,37	225.086,46	218.003,63	221.367,93	224.720,10
04	62.980,47	64.494,11	65.981,77	63.219,46	64.504,72	65.790,84
05	186.436,15	189.246,29	192.070,59	186.644,38	189.257,59	191.764,69
06	148.080,08	150.287,80	152.493,48	148.349,37	150.328,95	152.343,10
07	168.201,64	170.608,69	173.035,30	168.455,45	170.620,45	172.780,88
08	129.768,59	131.442,83	133.129,66	129.902,75	131.455,33	133.045,97
09	204.604,83	207.418,41	210.370,10	204.783,84	207.429,19	210.034,15
10	281.336,01	290.176,51	298.984,40	282.482,54	291.293,41	300.175,57
11	7.686.701,42	7.788.323,96	7.890.675,28	7.728.529,88	7.788.436,66	7.849.600,20
12	9.478.740,74	9.561.381,73	9.644.369,65	9.515.374,89	9.561.505,56	9.608.220,17
13	2.511.086,42	2.548.506,61	2.585.042,84	2.708.664,31	2.738.995,87	2.768.734,07
14	852.406,37	862.765,24	872.956,16	855.355,09	864.379,32	873.186,73
15	2.701.623,47	2.738.935,90	2.776.851,25	2.521.689,66	2.548.560,12	2.576.651,42

Abbildung 6.4: Simulierte Gesamtkosten für 15 Bauprojekte (Werte in Euro)

Der Median (auch: Zentralwert) ist ein Lageparameter, der die Simulationsergebnisse in zwei gleich große Hälften teilt.[172] Oberhalb und unterhalb des Medians befinden sich 50 Prozent der simulierten Werte. Eine besondere Eigenschaft des Medians ist seine Robustheit gegen Ausreißer.[173] Nicht-robuste Lageparameter wie das arithmetische Mittel verändern sich dagegen, wenn ein Wert der Simulationsergebnisse verändert wird. Zum Beispiel beträgt für die Zahlenreihe [1, 2, 3, 4, 5] der Median und arithmetische Mittel 3. In der Zahlenreihe [1, 2, 3, 4, 50] beträgt das arithmetische Mittel dagegen 12, der Median aber weiterhin 3.

Das 5 %-Quantil und das 95 %-Quantil stellen ebenfalls Lageparameter dar, die die Simulationsergebnisse in zwei Bereiche unterteilen.[174] Im Gegensatz zum Median unterteilen das 5 %-Quantil und das 95 %-Quantil die Simulationsergebnisse in unterschiedlich große Bereiche.[175] Für das 5 %-Quantil liegen 5 Prozent der Simulationsergebnisse unterhalb und 95 Prozent der Simulationsergebnisse oberhalb des Wertes für das 5 %-Quantil. Bei dem 95 %-Quantil befinden sich dagegen 95 Prozent der

[172] Vgl. Bosch (2007): *Basiswissen Statistik*, S. 120.
[173] Vgl. Fahrmeir/Künstler/Pigeot (2007): *Statistik – Der Weg zur Datenanalyse*, S. 55 f.
[174] Vgl. Zwerenz (2009): *Statistik – Einführung in die computergestützte Datenanalyse*, S. 98.
[175] Vgl. Eckey/Kosfeld/Türck (2008): *Deskriptive Statistik – Grundlagen – Methoden – Beispiele*, S. 86.

Simulationsergebnisse unterhalb und 5 Prozent der Simulationsergebnisse oberhalb des Wertes für das 95 %-Quantil.[176] Das 5 %-Quantil und das 95 %-Quantil werden anstelle des minimalen und maximalen Wertes für die Auswertung der Simulationsergebnisse genutzt, da die Quantilswerte wie der Median robust gegen Ausreißer sind. Auf diese Weise wird eine Verfälschung der Auswertungsergebnisse durch Ausreißer vermieden.

Anhand des Medians, des 5 %-Quantils und des 95 %-Quantils soll die Kostensicherheit für die klassische und die modifizierte Einheitspreisvergütung untersucht werden. Unter *Kostensicherheit* soll das Maß dafür verstanden werden, dass unter Beachtung von unsicheren Einflussgrößen die tatsächlichen Kosten mit hoher Wahrscheinlichkeit prognostiziert werden können. Um die Kostensicherheit der verschiedenen Bauprojekte für die klassische und die modifizierte Einheitspreisvergütung vergleichen zu können, ist eine geeignete Kennzahl zu entwickeln, die einen solchen Vergleich ermöglicht.

Als Maß der Kostensicherheit wird die relative Kennzahl *F-Zahl* eingeführt. Nach Formel 6.3 ist die F-Zahl als Quotient aus dem Quantilsabstand und dem Median definiert. Der Quantilsabstand ergibt sich aus der Differenz zwischen dem Wert des 95 %-Quantils und dem Wert für das 5 %-Quantil.

$$\text{F-Zahl} = \frac{\text{Quantilsabstand}}{\text{Median}} = \frac{\text{95 \%-Quantil - 5 \%-Quantil}}{\text{Median}} \; [\%] \qquad (6.3)$$

Formel 6.3: Berechnung der F-Zahl als Maß der Kostensicherheit

Die F-Zahl ist robust gegen Ausreißer, da die Parameter der F-Zahl robust gegen Ausreiser sind. Die F-Zahl ist damit nicht-robusten Streuungsmaßen wie der Varianz oder der Standardabweichung vorzuziehen.

Die Varianz beschreibt die durchschnittliche Abweichung aller Werte y_i vom arithmetischen Mittel $\bar{y}$ und berechnet sich nach der Formel $Var = \frac{1}{n} \cdot \sum_i^n (y_i - \bar{y})^2$. Die Wurzel aus der Varianz ergibt die Standardabweichung $s = \sqrt{Var}$. Für die Zahlenreihe [1, 2, 3, 4, 5] mit $\bar{y} = 3$ beträgt die Varianz $Var = 10$ und die Standardabweichung $s = 3,162$; für die Zahlenreihe [1, 2, 3, 4, 50] mit $\bar{y} = 12$ gilt jedoch

[176] In dieser Logik kann der Median als das 50 %-Quantil bezeichnet werden. Vgl. Eckstein (2006): *Repetitorium Statistik*, S. 38.

$Var = 1.810$ und $s = 42,544$. Der Median beträgt bei beiden Zahlenreihen 3, das 5 %-Quantil 2 und das 95 %-Quantil 4. Für beide Zahlenreihen ergibt sich dieselbe F-Zahl $= \frac{4-2}{3} = 0,667$. Damit zeigt sich, dass die F-Zahl gegen Ausreißer robust ist.

Die Funktionsweise der F-Zahl lässt sich anhand der Abbildung 6.5 erklären. Die Abbildung 6.5 ordnet die notwendigen Parameter für die F-Zahl den Simulationsergebnissen eines Beispiels zu. Die F-Zahl bezieht den Quantilsabstand auf den Median. Der Median befindet sich per Definition stets in der Mitte der Simulationsergebnisse. Die Position des Medians ändert sich nicht. Die Positionen des 5 %-Quantils und des 95 %-Quantils können gegenüber der Position des Medians bei den verschiedenen Simulationsergebnissen variieren. Das 5 %-Quantil und das 95 %-Quantil können sich dem Median annähern oder sich vom Median entfernen. Der Quantilsabstand kann sich somit verringern oder vergrößern. Ein großer Quantilsabstand weist auf eine große Streuung der möglichen Gesamtkosten hin. Die Kostensicherheit ist damit gering. Bei einem geringen Quantilsabstand erhöht sich die Kostensicherheit. Das 5 %-Quantil und das 95 %-Quantil nähern sich dem Median an. Eine mögliche Streuung der Gesamtkosten verringert sich.

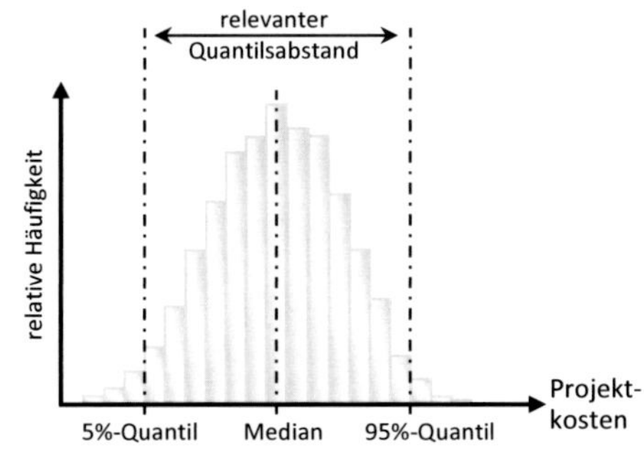

Abbildung 6.5: Parameter der F-Zahl

Die Auswirkungen des Quantilsabstands auf die F-Zahl und die Interpretation der F-Zahl als Maß der Kostensicherheit diskutiert Formel 6.4. Bei einer Erhöhung des Quantilsabstandes erhöht sich die F-Zahl. Die Kostensicherheit sinkt. Bei einer Verringerung des Quantilsabstandes verringert sich die F-Zahl. Die Kostensicherheit steigt.

$$\begin{aligned} \text{F-Zahl} \uparrow &= \frac{\text{Quantilsabstand} \uparrow}{\text{Median}} \Longrightarrow \text{Kostensicherheit} \downarrow \\ \text{F-Zahl} \downarrow &= \frac{\text{Quantilsabstand} \downarrow}{\text{Median}} \Longrightarrow \text{Kostensicherheit} \uparrow \end{aligned} \tag{6.4}$$

Formel 6.4: Veränderung der F-Zahl in Abhängigkeit des Quantilsabstandes

Die Extremwerte, die die F-Zahl annehmen kann, ermittelt Formel 6.5. Strebt der Quantilsabstand gegen ∞, divergiert die F-Zahl gegen ∞. Strebt der Quantilsabstand stattdessen gegen 0, konvergiert die F-Zahl gegen 0. Die F-Zahl bewegt sich also im Intervall von 0 bis ∞, wobei eine niedrige F-Zahl eine hohe Kostensicherheit und eine hohe F-Zahl eine niedrige Kostensicherheit ausdrückt.

$$\begin{aligned} \lim_{\text{Quantilsabstand} \to \infty} \text{F-Zahl} &= \frac{\text{Quantilsabstand}}{\text{Median}} \longrightarrow \infty \\ \lim_{\text{Quantilsabstand} \to 0} \text{F-Zahl} &= \frac{\text{Quantilsabstand}}{\text{Median}} \longrightarrow 0 \end{aligned} \tag{6.5}$$

Formel 6.5: Grenzwertbetrachtung der F-Zahl

Die Simulationsergebnisse können nun anhand der F-Zahl verglichen werden. In Abbildung 6.6 werden für die 15 Bauprojekte die F-Zahlen für die Berechnung der Gesamtkosten nach klassischer und modifizierter Einheitspreisvergütung ermittelt. Für Bauprojekt 1 ergibt sich nach klassischer Einheitspreisvergütung zum Beispiel eine F-Zahl von 3.590,46 € / 128.406,71 € · 100 % = 2,80 % und nach modifizierter Einheitspreisvergütung eine F-Zahl von 3.385,28 € / 128.418,93 € · 100 % = 2,64 %.

Die durchschnittliche F-Zahl über alle 15 Bauprojekte beträgt nach der klassischen Einheitspreisvergütung 3,07 % und nach der modifizierten Einheitspreisvergütung 2,66 %. Auf Basis der Simulationsergebnisse lässt sich somit ableiten, dass die modifizierte Einheitspreisvergütung zu einer höheren Kostensicherheit führt als die

Nr.	klassische Einheitspreisvergütung			modifizierte Einheitspreisvergütung		
	Quantilsabstand	Median	F-Zahl	Quantilsabstand	Median	F-Zahl
	€	€	%	€	€	%
01	3.590,46	128.406,71	2,80	3.385,28	128.418,93	2,64
02	4.231,42	155.850,80	2,72	3.810,50	155.863,67	2,44
03	7.338,98	221.359,37	3,32	6.716,47	221.367,93	3,03
04	3.001,30	64.494,11	4,65	2.571,38	64.504,72	3,99
05	5.634,44	189.246,29	2,98	5.120,31	189.257,59	2,71
06	4.413,40	150.287,80	2,94	3.993,72	150.328,95	2,66
07	4.833,65	170.608,69	2,83	4.325,42	170.620,45	2,54
08	3.361,07	131.442,83	2,56	3.143,22	131.455,33	2,39
09	5.729,27	207.418,41	2,76	5.250,31	207.429,19	2,53
10	17.648,38	290.176,51	6,08	17.693,03	291.293,41	6,07
11	203.973,86	7.788.323,96	2,62	121.070,33	7.788.436,66	1,55
12	165.628,91	9.561.381,73	1,73	92.845,28	9.561.505,56	0,97
13	73.956,42	2.548.506,61	2,90	60.069,76	2.738.995,87	2,19
14	20.549,80	862.765,24	2,38	17.831,65	864.379,32	2,06
15	75.227,78	2.738.935,90	2,75	54.961,76	2.548.560,12	2,16
		durchschnittliche F-Zahl	3,07		durchschnittliche F-Zahl	2,66

Abbildung 6.6: F-Zahlen der Simulationsergebnisse

klassische Einheitspreisvergütung. Aus Sicht des Auftraggebers ist die modifizierte Einheitspreisvergütung daher der klassischen Einheitspreisvergütung vorzuziehen.

Der Durchschnittsfall könnte durch Ausreißer verfälscht sein. Aus diesem Grund vergleicht Abbildung 6.7 die F-Zahlen nach klassischer und modifizierter Einheitspreisvergütung für jedes Bauprojekt. Ein positiver (negativer) Wert in der Spalte *Differenz* bedeutet, dass die F-Zahl nach klassischer Einheitspreisvergütung größer (kleiner) ist als die F-Zahl nach modifizierter Einheitspreisvergütung. Der Vergleich zeigt, dass bei allen 15 Bauprojekten die F-Zahl nach klassischer Einheitspreisvergütung größer ist als nach modifizierter Einheitspreisvergütung. Die Einzelfallbetrachtung bestätigt damit den Durchschnittsfall darin, dass die modifizierte Einheitspreisvergütung aufgrund der höheren Kostensicherheit gegenüber der klassischen Einheitspreisvergütung zu favorisieren ist.

Die getroffene Aussage behält ihre Gültigkeit zunächst nur im Rahmen der simulierten Ergebnisse. Eine allgemeingültige Aussage lässt sich nicht ableiten. Insbesondere zeigt das Bauprojekt 10 mit einer F-Zahl nach klassischer Einheitspreisvergütung von 6,08 und einer F-Zahl nach modifizierter Einheitspreisvergütung von 6,07, dass

Nr.	F-Zahl klassisch	F-Zahl modifiziert	Differenz	höhere Kostensicherheit durch
01	2,80 %	2,64 %	0,16 %	modifizierte Einheitspreisvergütung
02	2,72 %	2,44 %	0,27 %	modifizierte Einheitspreisvergütung
03	3,32 %	3,03 %	0,28 %	modifizierte Einheitspreisvergütung
04	4,65 %	3,99 %	0,67 %	modifizierte Einheitspreisvergütung
05	2,98 %	2,71 %	0,27 %	modifizierte Einheitspreisvergütung
06	2,94 %	2,66 %	0,28 %	modifizierte Einheitspreisvergütung
07	2,83 %	2,54 %	0,30 %	modifizierte Einheitspreisvergütung
08	2,56 %	2,39 %	0,17 %	modifizierte Einheitspreisvergütung
09	2,76 %	2,53 %	0,23 %	modifizierte Einheitspreisvergütung
10	6,08 %	6,07 %	0,01 %	modifizierte Einheitspreisvergütung
11	2,62 %	1,55 %	1,06 %	modifizierte Einheitspreisvergütung
12	1,73 %	0,97 %	0,76 %	modifizierte Einheitspreisvergütung
13	2,90 %	2,19 %	0,71 %	modifizierte Einheitspreisvergütung
14	2,38 %	2,06 %	0,32 %	modifizierte Einheitspreisvergütung
15	2,75 %	2,16 %	0,59 %	modifizierte Einheitspreisvergütung

Abbildung 6.7: Vergleich der F-Zahlen für jedes Bauprojekt[177]

eine absolute Vorteilhaftigkeit innerhalb dieser Vergleichsstudie zu hinterfragen ist. In einem Simulationsdurchlauf, der zufällig positiv im Sinne der klassischen Einheitspreisvergütung und zufällig negativ im Sinne der modifizierten Einheitspreisvergütung ausfällt, könnte ein Vergleich für Bauprojekt 10 ergeben, dass die klassische Einheitspreisvergütung zu einer höheren Kostensicherheit führt.

Insgesamt lässt sich aus dieser Vergleichsstudie dennoch die Tendenz manifestieren, dass die modifizierte Einheitspreisvergütung in einer Vielzahl der Fälle zu einer höheren Kostensicherheit für den Auftraggeber führen wird als die klassische Einheitspreisvergütung. Der an einer hohen Kostensicherheit interessierter Auftraggeber entscheidet sich für die modifizierte Einheitspreisvergütung.

[177] Die Werte der Spalte *Differenz* ergeben sich aus der Differenz für die F-Zahl nach klassischer Einheitspreisvergütung und der F-Zahl nach modifizierter Einheitspreisvergütung.

6.3 Vergleichsstudie 2 – Auswirkungen von Mengenabweichungen auf den Projektgewinn

Die zweite Vergleichsstudie bewertet die klassische und die modifizierte Einheitspreisvergütung aus Sicht des Auftragnehmers. Als Bewertungskriterium werden die Auswirkungen der Mengenabweichungen auf den Projektgewinn des Auftragnehmers gewählt. Aus dem ökonomischen Prinzip ergibt sich, dass das Ziel eines Unternehmer darin besteht, Gewinn aus seiner unternehmerischen Tätigkeit zu erwirtschaften.[178] Unternehmen sind bestrebt, Einflussfaktoren auf den Gewinn, die nicht in ihrer Risikosphäre liegen, zu verringern, um die eigenen Einflussmöglichkeiten auf den Unternehmenserfolg zu sichern und zu vergrößern.

6.3.1 Vorüberlegungen und Versuchsaufbau

Der Projektgewinn beschreibt den Überschuss, der dem Auftragnehmer nach Abzug aller Projektkosten verbleibt. Der Projektgewinn kann dabei auch einen negativen Wert annehmen. Allgemein ergibt sich der Projektgewinn aus der Differenz des eingenommenen Umsatzes mit den entstandenen Kosten.[179]

Nach der klassischen Einheitspreisvergütung berechnet sich der Projektgewinn G nach Formel 6.6. Der Umsatz bildet sich aus der Summe der abrechenbaren Kosten jeder Leistungsposition i. Die abrechenbaren Kosten der Leistungsposition i ergeben sich aus der Multiplikation der tatsächlich hergestellten Menge x_i mit dem Einheitspreis ep_i. Von diesem Umsatzwert sind die Einzelkosten der Teilleistungen, die Baustellengemeinkosten und die Allgemeinen Geschäftskosten abzuziehen.

$$\begin{aligned} G_{klassisch} = &+ \sum_{i=1}^{k} (\underbrace{x_i}_{variabel} \cdot \underbrace{ep_i}_{fix}) \\ &- \sum_{i=1}^{k} \underbrace{EKT_i}_{variabel} - \underbrace{BGK}_{fix} - \underbrace{AGK}_{variabel} \end{aligned} \tag{6.6}$$

Formel 6.6: Projektgewinn nach klassischer Einheitspreisvergütung

[178] Vgl. JUNG (2006): *Allgemeine Betriebswirtschaftslehre*, S. 35 - 39.
[179] Vgl. WITTE (2007): *Allgemeine Betriebswirtschaftslehre*, S. 24.

Die Menge x_i ist wie bei der Betrachtung in der Vergleichsstudie 1 eine variable und der vertraglich festgelegte Einheitspreis ep_i eine fixe Größe. Die Einzelkosten der Teilleistungen weisen eine Variabilität zur Menge auf. Je mehr Mengeneinheiten hergestellt werden, desto größer sind die Einzelkosten der Teilleistungen und vice versa. Die Baustellengemeinkosten stellen gegenüber den hergestellten Mengen fixe Kosten dar. Die Allgemeinen Geschäftskosten werden in dieser Vergleichsstudie als mengenvariable Kosten charakterisiert.

Die Charakterisierung der Allgemeinen Geschäftskosten wird in der Literatur und der Rechtssprechung unterschiedlich diskutiert. Einen Überblick zu dieser Diskussion liefert HEILFORT.[180] Alternativ könnten die Allgemeinen Geschäftskosten in dieser Vergleichsstudie als fixer Kostenbetrag betrachtet werden. Der im Angebot des Auftragnehmers kalkulierte Betrag für die Allgemeinen Geschäftskosten würde als ein absoluter Gesamtbetrag fixiert werden, auf dessen Höhe die hergestellten Mengen keinen Einfluss zeigen. Dieser Betrachtung haftet jedoch der Mangel an, dass der Auftragnehmer bei Kenntnis über die tatsächlich hergestellte Menge den prozentualen Zuschlag für die Allgemeinen Geschäftskosten in Bezug auf diese Menge berechnet hätte. Insofern führt die Charakterisierung der Allgemeinen Geschäftskosten als fixe Kosten zu einer Benachteilung des Auftragnehmers, deren Ursache nicht der Auftragnehmer zu vertreten hat.

Die Berechnung des Projektgewinns nach der modifizierten Einheitspreisvergütung ist in Formel 6.7 dargestellt. Der Umsatz ergibt sich aus der Multiplikation der tat-

$$\begin{aligned} G_{modifiziert} = &+ \sum_{i=1}^{k} (\underbrace{x_i}_{variabel} \cdot \underbrace{ep_i}_{fix} + \underbrace{FP_i}_{fix}) \\ &- \sum_{i=1}^{k} (\underbrace{EKT_i^{var}}_{variabel} + \underbrace{EKT_i^{fix}}_{fix}) \\ &- \underbrace{BGK}_{fix} - \underbrace{AGK_{var}}_{variabel} - \underbrace{AGK_{fix}}_{fix} \end{aligned} \tag{6.7}$$

Formel 6.7: Projektgewinn nach modifizierter Einheitspreisvergütung

[180]Vgl. HEILFORT (2010): *Durchführung eines differenzierten Gemeinkostenausgleichs für Allgemeine Geschäftskosten im gestörten Bauablauf*, S. 1675 f.

sächlich hergestellten Menge x_i mit dem Einheitspreis ep_i zuzüglich des Fixpreises FP_i für alle Leistungspositionen i. Der Kostenanteil setzt sich aus den Einzelkosten der Teilleistungen, den Baustellengemeinkosten und den Allgemeinen Geschäftskosten zusammen. Die Einzelkosten der Teilleistungen können aus fixen und variablen Kostenbestandteilen bestehen. Die Baustellengemeinkosten stellen fixe Kosten dar. Die Allgemeinen Geschäftskosten, die durch die Beaufschlagung auf die variablen Einzelkosten entstehen, nehmen einen variablen Kostencharakter an. Die Allgemeinen Geschäftskosten, die durch die Beaufschlagung auf die fixen Einzelkosten und die Baustellengemeinkosten entstehen, nehmen einen fixen Kostencharakter an.

Für die Untersuchung der Auswirkungen von Mengenabweichungen auf den Projektgewinn des Auftragnehmers wird dasselbe Vorgehen wie in Vergleichsstudie 1 gewählt. Für alle Mengenansätze eines Leistungsverzeichnisses wird eine Dreieckverteilung mit dem Intervall –10 Prozent bis +10 Prozent bezogen auf den ausgeschriebenen Mengenansatz festgelegt. Die aus den Wahrscheinlichkeitsverteilungen gezogenen Strichprobenwerte gehen in die Berechnung des Projektgewinns nach klassischer und modifizierter Einheitspreisvergütung ein. Die Simulationsergebnisse basieren für beide Varianten auf denselben Eingabewerten. Unterschiede in den Simulationsergebnissen lassen sich somit eindeutig auf die Formeln zur Berechnung des Projektgewinns zurückführen. Jede Simulation wird mit 5.000 Simulationsläufen durchgeführt.

Aufgrund der kombinierten Umlage der Allgemeinen Geschäftskosten und des Gewinnanteils über einen gemeinsamen Zuschlagssatz auf die Einzelkosten der Teilleistung ist eine einfache Trennung der Allgemeinen Geschäftskosten und des Gewinns – wie in den Formeln 6.6 und 6.7 dargestellt – nicht möglich. Um unnötigen Rechenaufwand zu vermeiden, werden in dieser Vergleichsstudie alle Bauprojekte mit einem Gewinnzuschlag von 0,00 Prozent kalkuliert. Auf diese Weise ist eine Trennung der Allgemeinen Geschäftskosten vom Gewinn nicht mehr notwendig. Der Zielwert für den Projektgewinn beträgt somit 0,00 €.

Die Ausführungen in Abschnitt 3.2.4 lassen vermuten, dass bei der klassischen Einheitspreisvergütung eine Abweichung der Simulationsergebnisse von dem Zielwert 0,00 € eintritt. Eine Abweichung der Simulationsergebnisse von dem Zielwert 0,00 € belegt eine Abhängigkeit von Mengenabweichungen auf den Projektgewinn und damit ein Mengenrisiko für den Auftragnehmer. Für die modifizierte Einheitspreisvergütung kann aus den Überlegungen in Abschnitt 4.1 angenommen werden, dass alle Simulationsläufe den Zielwert von 0,00 € erreichen. Mengenabweichungen wirken sich somit nicht mehr auf den Projektgewinn des Auftragnehmers aus. Das Mengenrisiko liegt nicht mehr in der Risikosphäre des Auftragnehmers.

6.3.2 Auswertung der Simulationsergebnisse

Die Ergebnisse der Simulation des Projektgewinns für die 15 Bauprojekte sind in Abbildung 6.8 dargestellt. Für die Auswertung werden wie in Vergleichsstudie 1 der Median, das 5 %-Quantil und das 95 %-Quantil betrachtet. Die Höhe der einzelnen Simulationsergebnisse besitzt keine Aussagekraft, da diese von der gewählten Wahrscheinlichkeitsverteilung beeinflusst wird.

Nr.	klassische Einheitspreisvergütung			modifizierte Einheitspreisvergütung		
	5 %-Quantil	Median	95 %-Quantil	5 %-Quantil	Median	95 %-Quantil
01	-163,08 €	0,00 €	163,90 €	0,00 €	0,00 €	0,00 €
02	-227,50 €	0,00 €	226,75 €	0,00 €	0,00 €	0,00 €
03	-324,85 €	0,00 €	329,47 €	0,00 €	0,00 €	0,00 €
04	-221,33 €	0,00 €	223,92 €	0,00 €	0,00 €	0,00 €
05	-284,98 €	0,00 €	283,45 €	0,00 €	0,00 €	0,00 €
06	-235,24 €	0,00 €	242,42 €	0,00 €	0,00 €	0,00 €
07	-264,85 €	0,00 €	257,40 €	0,00 €	0,00 €	0,00 €
08	-185,08 €	0,00 €	186,67 €	0,00 €	0,00 €	0,00 €
09	-257,13 €	0,00 €	253,87 €	0,00 €	0,00 €	0,00 €
10	-329,24 €	0,00 €	329,84 €	0,00 €	0,00 €	0,00 €
11	-47.251,87 €	0,00 €	47.228,20 €	0,00 €	0,00 €	0,00 €
12	-53.637,87 €	0,00 €	53.741,73 €	0,00 €	0,00 €	0,00 €
13	-13.562,63 €	0,00 €	13.418,08 €	0,00 €	0,00 €	0,00 €
14	-2.192,67 €	0,00 €	2.208,14 €	0,00 €	0,00 €	0,00 €
15	-13.584,65 €	0,00 €	13.429,05 €	0,00 €	0,00 €	0,00 €

Abbildung 6.8: Simulierte Projektgewinne für 15 Bauvorhaben

Die Simulationsergebnisse zeigen für die Berechnung des Projektgewinns nach der klassischen Einheitspreisvergütung sowohl eine negative als auch eine positive Abweichung vom kalkulierten Zielwert 0,00 €. Das 5 %-Quantil nimmt bei allen 15 Bauprojekten einen negativen Wert, das 95 %-Quantil dagegen einen positiven Wert an. Mengenabweichungen besitzen somit einen positiven oder negativen Einfluss auf den Projektgewinn des Auftragnehmers. Mengenmehrungen führen zu einer Überdeckung der Fixkosten und damit zu einem Zusatzgewinn. Mengenminderungen verringern aufgrund der Unterdeckung der Fixkosten den Projektgewinn. Die Existenz des Mengenrisikos in der Risikosphäre des Auftragnehmer ist bei der klassischen Einheitspreisvergütung somit durch die Simulation bestätigt.

Bei der Berechnung des Projektgewinns nach der modifizierten Einheitspreisvergütung ergibt sich ein anderes Ergebnis als nach der klassischen Einheitspreisvergütung. Der Median, das 5 %-Quantil und das 95 %-Quantil nehmen jeweils einen Wert von 0,00 € an. Unabhängig von den hergestellten Mengen wird der kalkulierte Zielwert von 0,00 € für den Gewinn realisiert. Mengenabweichungen wirken sich nicht mehr positiv oder negativ auf den Projektgewinn des Auftragnehmers aus, da eine Über- oder Unterdeckung der Fixkosten systemimmanent bei der modifizierten Einheitspreisvergütung nicht möglich ist. Das Mengenrisiko liegt somit nicht mehr in der Risikosphäre des Auftragnehmers. Der Auftragnehmer erhält einen fixen Gewinnanteil für die kalkulierten Fixkosten und einen variablen Gewinnanteil in Abhängigkeit der tatsächlich hergestellten Mengen. Der Gewinnanteil entspricht dabei stets dem prozentual kalkulierten Gewinnzuschlag.

Die Eliminierung des Mengenrisikos aus der Risikosphäre des Auftragnehmers lässt sich sowohl positiv wie auch negativ bewerten. Als vorteilhaft kann festgestellt werden, dass eine geringere Projektrendite oder ein Verlust aufgrund von Mengenminderungen nicht erwirtschaftet werden kann. Nachteilig wirkt sich dagegen aus, dass sich ein Zusatzgewinn aus zufälligen Mengenmehrungen ebenfalls nicht erzielen lässt. Die Sicherheit für den Auftragnehmer, die kalkulierte Projektrendite zu erwirtschaften, verhindert die Chance auf eine Erhöhung der Projektrendite durch Mengenmehrungen.

In einem Wirtschaftszweig wie der Bauwirtschaft, in der Projekte üblicherweise mit niedrigen Gewinnmargen von ein bis zwei Prozent kalkuliert werden, erscheint es sinnvoll, Risikofaktoren auszuschließen, die der Auftragnehmer nicht selbst beeinflussen kann. Die Realisierung eines Bauprojektes ist für den Auftragnehmer mit einer Vielzahl von Risiken behaftet, so dass die Eliminierung eines nicht beeinflussbaren Risikos im Gesamtkontext positiv zu bewerten ist. Der Auftragnehmer, der an einer sicheren Erzielung der kalkulierten Projektrendite interessiert ist, wird die modifizierte Einheitspreisvergütung der klassischen Einheitspreisvergütung vorziehen.

6.4 Resümee zu Kapitel 6

Dieses Kapitel lieferte einen quantitativen Vergleich der klassischen und der modifizierten Einheitspreisvergütung unter Anwendung des Verfahrens der Monte-Carlo-Simulation. In der ersten Vergleichsstudie konnte die Vorteilhaftigkeit der modifizierten Einheitspreisvergütung gegenüber der klassischen Einheitspreisvergütung aus Sicht des Auftraggebers nachgewiesen werden. Die Gesamtkosten eines Bauprojekts variieren bei Mengenabweichungen nach der modifizierten Einheitspreisvergütung in einem geringeren Maße als nach der klassischen Einheitspreisvergütung. In der zweiten Vergleichsstudie konnte gezeigt werden, dass Mengenabweichungen bei der modifizierten Einheitspreisvergütung keinen Einfluss auf den Projektgewinn des Auftragnehmers besitzen. Der Auftragnehmer erhält die kalkulierte Projektrendite unabhängig von den tatsächlich hergestellen Mengen vergütet. In dem nachfolgenden Kapitel werden die Voraussetzungen für die Anwendung der modifizierten Einheitspreisvergütung in der Baupraxis diskutiert.

7 Anwendung der modifizierten Einheitspreisvergütung in der Baupraxis

In den Kapiteln 5 und 6 konnte die Vorteilhaftigkeit der modifizierten Einheitspreisvergütung gegenüber der klassischen Einheitspreisvergütung aufgezeigt werden. Die modifizierte Einheitspreisvergütung bietet sowohl für den Auftraggeber als auch für den Auftragnehmer verschiedene Vorteile, die aber keine Nachteile für den jeweils anderen Vertragspartner darstellen. In diesem Kapitel sollen die Vorausssetzungen für die Anwendung der modifizierten Einheitspreisvergütung in der Baupraxis diskutiert werden.

7.1 Bauvertragliche Voraussetzungen

Die bisherigen Ausführungen bezogen sich bereits an einigen Stellen auf die Teile A und B der *Vergabe- und Vertragsordnung für Bauleistungen (VOB)*. Die modifizierte Einheitspreisvergütung ist weitgehend konform zur VOB/A und VOB/B. Mit der modifizierten Einheitspreisvergütung wird eine Veränderung bei der Vergütungsberechnung durch die Einführung des Fixpreises für jede Leistungsposition vorgenommen. Die prinzipielle Logik der Ausschreibung eines Einheitspreisvertrages mit *„technisch und wirtschaftlich einheitliche[n] Teilleistungen“*[181] bleibt erhalten. Die Grundgedanken des Einheitspreisvertrages werden nicht verändert, sondern ein systemimmanenter Konstruktionsfehler bei der Vergütungsberechnung nach Einheitspreisen behoben. Alle Regelungen der VOB/A und VOB/B, die nicht die Gestaltung

[181] Siehe § 4 (1) Nr. 1 VOB/A.

der Vergütungsberechnung behandeln, gelten unverändert auch für die modifizierte Einheitspreisvergütung. Die Einführung der modifizierten Einheitspreisvergütung in den Anwendungsbereich der VOB/A und VOB/B führt lediglich bei den folgenden Paragraphen zu einem Änderungsbedarf:

- § 4 VOB/A – Vertragsarten,
- § 16 VOB/A – Prüfung und Wertung der Angebote,
- § 2 VOB/B – Vergütung.

Für diese drei Paragraphen werden nachfolgend Vorschläge für einen neuen Wortlaut formuliert, um eine Anwendung der modifizierten Einheitspreisvergütung zu ermöglichen.[182] Die Änderungen im neuen Wortlaut sind jeweils hervorgehoben. Der Wortlaut ist so formuliert, dass die modifizierte Einheitspreisvergütung die klassische Einheitspreisvergütung ersetzt.

§ 4 VOB/A
Vertragsarten

aktueller Wortlaut

(1) Bauleistungen sind so zu vergeben, dass die Vergütung nach Leistung bemessen wird (Leistungsvertrag), und zwar:

1. in der Regel zu Einheitspreisen für technisch und wirtschaftlich einheitliche Teilleistungen, deren Menge nach Maß, Gewicht oder Stückzahl vom Auftraggeber in den Vertragsunterlagen anzugeben ist (Einheitspreisvertrag),

vorgeschlagener Wortlaut

(1) Bauleistungen sind so zu vergeben, dass die Vergütung nach Leistung bemessen wird (Leistungsvertrag), und zwar:

1. in der Regel zu **Fixpreisen und Einheitspreisen** *für technisch und wirtschaftlich einheitliche Teilleistungen, deren Menge nach Maß, Gewicht oder Stückzahl vom Auftraggeber in den Vertragsunterlagen anzugeben ist (Einheitspreisvertrag),*

[182] Der Wortlaut ist eine Empfehlung und muss juristisch überprüft werden.

§ 16 VOB/A
Prüfung und Wertung der Angebote

aktueller Wortlaut

(4) 1. Entspricht der Gesamtbetrag einer Ordnungszahl (Position) nicht dem Ergebnis der Multiplikation von Mengenansatz und Einheitspreis, so ist der Einheitspreis maßgebend.

vorgeschlagener Wortlaut

(4) 1. Entspricht der Gesamtbetrag einer Ordnungszahl (Position) nicht dem Ergebnis der Multiplikation von Mengenansatz und Einheitspreis ***zuzüglich Fixpreis****, so* ***sind*** *der Einheitspreis* ***und der Fixpreis*** *maßgebend.*

§ 2 VOB/B
Vergütung

aktueller Wortlaut

(2) Die Vergütung wird nach den vertraglichen Einheitspreisen und den tatsächlich ausgeführten Leistungen berechnet, wenn keine andere Berechnungsart (z. B. durch Pauschalsumme, nach Stundenlohnsätzen, nach Selbstkosten) vereinbart ist.

vorgeschlagener Wortlaut

(2) Die Vergütung wird nach ***den vertraglichen Fixpreisen,*** *den vertraglichen Einheitspreisen und den tatsächlich ausgeführten Leistungen berechnet, wenn keine andere Berechnungsart (z. B. durch Pauschalsumme, nach Stundenlohnsätzen, nach Selbstkosten) vereinbart ist.*

Der § 2 (3) VOB/B, der die Anpassung des Einheitspreises nach klassischer Einheitspreisvergütung bei Mengenabweichungen regelt, entfällt. Die Anpassung des Einheitspreises nach klassischer Einheitspreisvergütung war bisher aufgrund der Über- oder Unterdeckung der Fixkosten notwendig. Eine Über- oder Unterdeckung der Fixkosten ist bei der modifizierten Einheitspreisvergütung grundsätzlich nicht möglich. Treten dennoch Mengenabweichungen bei einer Teilleistung (Leistungsposition) derart ein, dass sie zu einer Änderung der Gesamtkostensituation führen und damit eine Änderung des Fixpreises und des Einheitspreises notwendig wird, ist eine Preisanpassung auf Basis des § 313 BGB (Störung der Geschäftsgrundlage) durchzuführen. In der VOB/B sollten ggf. Regelungen für diesen Fall aufgenommen werden.

Bei einem Werkvertrag, der ohne Vereinbarung der VOB/B geschlossen wurde, gelten zumindest die §§ 631 bis 651 BGB. Die Vergütung der Leistung richtet sich dann nach den vertraglich festgelegten Abrechnungsmodalitäten. Die Berechnung des Vergütungsanspruches kann sich zum Beispiel an der Version des § 2 (2) VOB/B auf Seite 147 orientieren. Auf die wesentlichen Unterschiede zwischen einem VOB-Bauvertrag und einem BGB-Bauvertrag, zum Beispiel bei dem Umgang mit Mängeln, hat die modifizierte Einheitspreisvergütung keinen Einfluss.[183]

7.2 Voraussetzungen für die Kalkulation

Die Kalkulation des anbietenden Bauunternehmens muss häufig in einer sehr knappen Zeit erfolgen. Eine Kalkulation ohne EDV-Unterstützung ist in der heutigen Zeit nicht mehr vorstellbar. Für eine erfolgreiche Etablierung der modifizierten Einheitspreisvergütung nimmt die Umsetzung des modifizierten Kalkulationsverfahrens *Kalkulation zur Angebotssumme* in die Kalkulationsprogramme der Bauunternehmen eine entscheidende Bedeutung ein. Mit dem Prototypen eines Kalkulationsprogrammes auf der Basis von Microsoft Excel und der allgemeingültigen Formulierung in Anlage 6 sind dafür die notwendigen Vorarbeiten geschaffen. Die Anbieter von Kalkulationsprogrammen werden das modifizierte Kalkulationsverfahren aber nur

[183] Zu den Unterschieden zwischen VOB-Bauvertrag und BGB-Bauvertrag sei auf die Literatur verwiesen, z. B. STEIGER/SCHILL (2010): *Bauabwicklung nach BGB und VOB*, DITTEN (2009): *Handbuch VOB/B* oder HÄUSSERMANN et al. (2007): *Praxiswissen Baurecht für Architekten und Ingenieure*.

in ihre Programme aufnehmen, wenn der Markt dieses Kalkulationsverfahren nachfragt. Den Ursprung einer solchen Marktnachfrage bildet der Kunde der Bauleistung. Wenn der Auftraggeber die Vorteile der modifizierten Einheitspreisvergütung wie eine höhere Kostensicherheit erkennt, wird er die Ausschreibung der Bauleistung mit der Aufforderung einer Angabe eines Fixpreises und eines Einheitspreises für jede Leistungsposition gestalten. Insbesondere der öffentliche Auftraggeber muss mit einer Änderung der VOB die Voraussetzungen dafür schaffen. Der private Auftraggeber kann die modifizierte Einheitspreisvergütung unmittelbar in seiner Ausschreibung anwenden. Die Anbieter von Bauleistungen sind dann gefordert, das modifizierte Kalkulationsverfahren *Kalkulation zur Angebotssumme* anzuwenden. Daraus ergibt sich die Forderung an die Anbieter von Kalkulationsprogrammen, das modifizierte Kalkulationsverfahren in ihren Programmen umzusetzen.

Für den Kalkulator des Bauunternehmens ergeben sich bei der EDV-unterstützten Kalkulation für die modifizierte Einheitspreisvergütung kaum Änderungen gegenüber der Kalkulation für die klassische Einheitspreisvergütung. Die Kostenansätze für die Teilleistungen (Leistungspositionen), die Baustellengemeinkosten, die Zuschläge für die Allgemeinen Geschäftskosten, Wagnis und Gewinn und die Umlagesätze sind in das Kalkulationsprogramm einzugeben. Alle weiteren Berechnungen zur Ermittlung der Fixpreise, der Einheitspreise und der Angebotssumme übernimmt das Kalkulationsprogramm. Der einzige Unterschied zwischen der Kalkulation für die modifizierte Einheitspreisvergütung und der Kalkulation für die klassische Einheitspreisvergütung liegt in der getrennten Eingabe der fixen und variablen Einzelkosten der Teilleistungen.

7.3 Angebotsbewertung bei differierenden Kalkulationsverfahren der Anbieter

Ein Anbieter könnte trotz der Ausschreibung nach der modifizierten Einheitspreisvergütung mit einem Fixpreis und einem Einheitspreis für jede Teilleistung (Leistungsposition) das klassische Kalkulationsverfahren *Kalkulation über die Angebotssumme* anwenden. Bei diesem Vorgehen würde der Anbieter für jeden Fixpreis jeweils einen Wert von 0,00 € in seinem Angebot abgeben. Aus der Sicht der Angebotsbewertung auf Basis der Angebotssumme stellt dieses Vorgehen kein Problem dar. Das modifizierte Kalkulationsverfahren und das klassische Kalkulationsverfahren strukturieren die Kosten auf unterschiedliche Weise. Diese unterschiedliche Strukturierung wirkt sich aber nicht auf die absolute Höhe der Angebotssumme aus. Das modifizierte und das klassische Kalkulationsverfahren ergeben dieselbe Angebotssumme. Unterschiede zwischen den beiden Kalkulationsverfahren existieren nur im Fall einer Abweichung der Ist-Menge von der Soll-Menge. Für die Angebotsbewertung anhand der Angebotssumme zeigt somit das verwendete Kalkulationsverfahren keine Auswirkungen. Ein günstiges Angebot, das mit dem klassischen Kalkulationsverfahren kalkuliert wurde, kann vorteilhaft gegenüber einem teureren Angebot sein, das nach dem modifizierten Kalkulationsverfahren kalkuliert wurde. Bei Angeboten mit ähnlichen hohen Angebotssumme, die nach unterschiedlichen Kalkulationsverfahren kalkuliert wurden, wird der Auftraggeber – aufgrund der in Kapitel 5 und Kapitel 6 aufgezeigten Vorteile – das Angebot mit einer Trennung zwischen fixen und variablen Kostenbestandteilen präferieren. In einer langfristigen Perspektive werden sich damit alle Bieter an die modifizierte Einheitspreisvergütung anpassen müssen, um die Chance einer möglichen Auftragserteilung zu wahren.

7.4 Resümee zu Kapitel 7

Dieses Kapitel betrachtete die Voraussetzung für die Anwendung der modifizierten Einheitspreisvergütung in der Baupraxis. Der private Auftraggeber kann die modifizierte Einheitspreisvergütung unmittelbar anwenden. Der öffentliche Auftraggeber ist an die VOB gebunden. Die Anwendung der modifizierten Einheitspreisvergütung erfordert lediglich in dem § 4 VOB/A (Vertragsarten), dem § 16 VOB/A (Prüfung und Wertung der Angebote) und dem § 2 VOB/B (Vergütung) eine Anpassung. Für die drei Paragraphen wurde ein Wortlaut vorgeschlagen, der die Anwendung der modifizierten Einheitspreisvergütung ermöglicht. Eine weitere Voraussetzung für die modifizierte Einheitspreisvergütung stellt die Umsetzung des modifizierten Kalkulationsverfahrens *Kalkulation zur Angebotssumme* in den Kalkulationsprogrammen der Bauunternehmen dar. Für die Umsetzung stehen der Prototyp auf Basis von Microsoft Excel und die allgemeingültigen Formulierung der Kalkulation in Anlage 6 zur Verfügung. Abschließend wurde gezeigt, dass eine Angebotskalkulation nach dem klassischen Kalkulationsverfahren bei Ausschreibung nach der modifizierten Einheitspreisvergütung möglich, aber langfristig für den Bieter nicht sinnvoll ist.

8 Schlussbetrachtung

Dieses Kapitel fasst die vorliegende Arbeit mit den wichtigsten Ergebnissen zusammen. Aufbauend auf einer Kritik der Arbeit wird ein Ausblick für weitere Forschungsarbeiten gegeben.

8.1 Zusammenfassung und Ergebnisse

In **Kapitel 1** wurde der Ausgangspunkt der Arbeit formuliert. Durch die Abrechnung nach dem Prinzip „*Menge mal Einheitspreis*“ entsteht bei einer Mengenmehrung eine Überdeckung der Fixkosten (Baustellengemeinkosten und fixe Einzelkosten) und bei einer Mengenminderung eine Unterdeckung der Fixkosten. Es konnte gezeigt werden, dass Mengenabweichungen sowohl der Risikosphäre des Auftraggebers als auch der Risikosphäre des Auftragnehmers zuzordnen sind und entweder den Auftraggeber oder den Auftragnehmer benachteiligen. Aus diesem Sachverhalt wurde die Zielstellung formuliert, eine Vergütungsform für den Einheitspreisvertrag zu entwickeln, bei der eine Über- oder Unterdeckung der Fixkosten aufgrund von Mengenabweichungen nicht möglich ist. Als weiteres Ziel wurde aus der Modifikation der Vergütungsform eine Modifikation des Kalkulationsverfahren abgeleitet, um eine Preisermittlung für die modifizierte Einheitspreisvergütung zu ermöglichen.

Kapitel 2 widmete sich den betriebswirtschaftlichen Grundlagen der Kostenrechnung. In diesem Kapitel wurde der theoretische Rahmen für die Analyse des Kalkulationsverfahrens aufgespannt. Die Bedeutung, Ziele und Grundsätze der Kostenrechnung wurden aufgezeigt und verschiedene Grundbegriffe und Kalkulationsverfahren vorgestellt. Für die spätere Analyse waren die Unterscheidung der Divisions- und Zuschlagsverfahren sowie die verschiedenen Kostenverläufe von Bedeutung.

Kapitel 3 analysierte die klassische Einheitspreisvergütung und das klassische Kalkualtionsverfahren zur Ermittlung der Einheitspreise im Hinblick auf die Ursache der Über- oder Unterdeckung der Fixkosten bei Mengenabweichungen. Es konnte festgestellt werden, dass die Vergütung nach Einheitspreisen vom realen Kostenverlauf abweicht. In der Analyse des Kalkulationsverfahrens wurde die Ursache für die Diskrepanz zwischen der Vergütungs- und Kostenfunktion erarbeitet. Das klassische Kalkulationsverfahren zur Ermittlung der Einheitspreise ist kein reines Zuschlagsverfahren, sondern eine Hybridform, das auch Elemente einer Divisionskalkulation aufweist. Die fixen Kostenbestandteile werden durch die ausgeschriebene Menge dividiert, um sie in den Einheitspreis berechnen zu können. Diese mengenabhängige Vergütung der mengenunabhängigen Fixkosten bildet die Ursache für die Über- oder Unterdeckung der Fixkosten bei Mengenabweichungen.

In **Kapitel 4** erfolgte die Umsetzung der Modifikation der Einheitspreisvergütung und des Kalkulationsverfahrens. Durch die getrennte Betrachtung der fixen und variablen Kostenbestandteile lässt sich die Ursache für die Über- oder Unterdeckung der Fixkosten bei Mengenabweichungen eliminieren. Neben dem Einheitspreis wird ein Fixpreis für jede Leistungsposition eingeführt. Der Fixpreis enthält alle mengenunabhängigen Kosten und der Einheitspreis alle mengenabhängigen Kosten. Durch die Berechnung der Vergütung mittels Fixpreis und Einheitspreis kann der reale Kostenverlauf vollständig abgebildet werden. Für die Kalkulation der Fixpreise und der Einheitspreise für die verschiedenen Leistungspositionen wurde das klassische Kalkulationsverfahren *Kalkulation über die Angebotssumme* modifiziert. Hierfür wurden neue Formblätter für die Kalkulation entwickelt. Bei dem modifizierten Kalkulationsverfahren stellt die Angebotssumme das letzte Berechnungsergebnis dar. Daraus leitet sich der Name *Kalkulation zur Angebotssumme* für das modifizierte Kalkulationsverfahren ab.

Kapitel 5 verglich die klassische und die modifizierte Einheitspreisvergütung für verschiedene baubetriebliche Fragestellungen aus Sicht einer konfliktarmen Projektabwicklung. Zu Beginn des Kapitels wurde die Entstehung des Konfliktpotenzials zwischen dem Auftraggeber und dem Auftragnehmer dargestellt. Der Auftraggeber verfolgt die Zielstellung, einen hohen materiellen Nutzen mit einem geringen finanziellen Aufwand zu realisieren. Der Auftragnehmer verfolgt eine entgegengesetzte Zielstellung. Ein hoher finanzieller Nutzen soll mit einem geringen materiellen Aufwand erzielt werden. Anschließend wurden verschiedene baubetriebliche Fragestellungen diskutiert:

- Für das Problem der Mengenspekulation konnte gezeigt werden, dass der Auftraggeber bei Anwendung der modifizierten Einheitspreisvergütung keine Spekulationsmöglichkeiten besitzt. Der Auftragnehmer verfügt dagegen weiterhin über die Möglichkeit einer spekulativen Preisgestaltung. Durch die getrennte Betrachtung der fixen und variablen Kostenbestandteile kann der Auftraggeber die Mengenspekulation des Auftragnehmers erkennen oder zumindest einen Verdacht begründen.

- Die Aussagekraft einer Angebotsbewertung auf der Ebene der Teilleistungen lässt sich durch die modifizierte Einheitspreisvergütung verbessern. Eine Verfälschung des Vergleichs durch unterschiedliche Umlageschlüssel der Bieter und der Menge als unbekannte Größe ist nicht mehr gegeben.

- Die Deckung der kalkulierten Baustellengemeinkosten ist bei der modifizierten Einheitspreisvergütung aufgrund der Vergütung als Bestandteil der Fixpreise in voller Höhe gegeben. Zufällige Mengenabweichungen, eine Erhöhung der Mengenansätze durch „Angstzuschläge“ oder nicht ausgeführte Leistungspositionen wirken sich nicht auf den Deckungsbeitrag für die Baustellengemeinkosten aus. Aus Sicht des Auftragnehmers erhöht sich die Kalkulationssicherheit, da eine Kostenunterdeckung nicht möglich ist. Aus Sicht des Auftraggebers erhöht sich die Kostensichheit, da eine Kostenüberdeckung nicht möglich ist.

- Die Wahl der Zuschlagssätze für die Umlage der fixen Gemeinkosten auf die Leistungspositionen hat bei der modifizierten Einheitspreisvergütung keinen Einfluss auf die Deckung der Fixkosten, da die Fixpreise aller Leistungspositionen unabhängig von der Menge vergütet werden. Eine Veränderung der Zuschlagssätze führt nur zu einer Änderung der Fixpreise, nicht jedoch zu einer Änderung der Einheitspreise der Teilleistungen.

- Die Kalkulation von Eventual- und Alternativpositionen war bei der klassischen Einheitspreisvergütung mit Problemen im Hinblick auf die Gemeinkostendeckung und die Auswirkungen der unbekannten Menge verbunden. Durch die getrennte Betrachtung der fixen und variablen Kostenbestandteile bei der modifizieten Einheitspreisvergütung können Eventual- und Alternativpositionen entsprechend ihres Kostenverlaufs kalkuliert werden. Das Problem einer möglichen Unter- oder Überdeckung der Fixkosten ist entschärft.

- Für die Berechnung der Vergütungsansprüche bei Mengenabweichungen konnte gezeigt werden, dass der § 2 (3) Nr. 2 und Nr. 3 VOB/B, der die Anpassung des Einheitspreises bei Mengenabweichungen regelt, entfallen kann. Durch die modifizierte Einheitspreisvergütung folgt die Vergütungsberechnung dem realen Kostenverlauf. Eine Notwendigkeit der Preisanpassung bei Mengenabweichungen ist nur bei einer Änderung der Kostenstruktur oder der Bauzeit gegeben.

- Die Berechnung der Vergütungsansprüche bei Leistungsänderungen wird durch die Trennung der fixen und variablen Kostenbestandteile transparenter und verständlicher für den Vertragspartner durchführbar sein.

In **Kapitel 6** wurden die klassische und die modifizierte Einheitspreisvergütung mit Hilfe der Monte-Carlo-Simulation gegenübergestellt. Durch die Simulation können die Auswirkungen von Mengenabweichungen quantifiziert werden. Zunächst wurde eine Begründung für die Anwendung eines Simulationsverfahrens gegeben und die Funktionsweise der Monte-Carlo-Simulation erklärt. Anschließend wurden zwei Vergleichsstudien durchgeführt:

- In der ersten Vergleichsstudie wurden die Auswirkungen von Mengenabweichungen auf die gesamten Projektkosten untersucht. Für den Auftraggeber spielt die Sicherheit des geplanten Budgets eine wichtige Rolle. In der Vergleichsstudie wurde gezeigt, dass die finanziellen Auswirkungen von Mengenabweichungen bei der modifizierten Einheitspreisvergütung geringer ausfallen als bei der klassischen Einheitspreisvergütung. Die modifizierte Einheitspreisvergütung führt somit zu einer größeren Kostensicherheit für den Auftraggeber.

- Die zweite Vergleichsstudie untersucht die Auwirkungen von Mengenabweichungen auf den Gewinn des Auftragnehmers. Durch das Simulationsverfahren konnte gezeigt werden, dass Mengenabweichungen bei Anwendung der modifizierten Einheitspreisvergütung keinen Einfluss auf den Gewinn des Auftragnehmers besitzen. Damit ist nachgewiesen, dass das Mengenrisiko nicht mehr in der Risikosphäre des Auftragnehmers liegt.

Kapitel 7 widmete sich der Anwendung der modifizierten Einheitspreisvergütung in der Baupraxis. Es konnte gezeigt werden, dass im Wesentlichen nur die drei Paragraphen der Vergabe- und Vertragsordnung für Bauleistungen geändert werden müssen. Für die § 4 VOB/A, § 16 VOB/A und §2 VOB/B wurde jeweils ein Wortlaut vorgeschlagen, der die Verwendung der modifizierten Einheitspreisvergütung im Anwendungsbereich der VOB ermöglicht. Weiterhin wurde beschrieben, dass eine Etablierung der modifizierten Einheitspreisvergütung nur möglich ist, wenn das modifizierte Kalkulationsverfahren *Kalkulation zur Angebotssumme* in den Kalkulationsprogrammen der Bauunternehmen umgesetzt wird. Abschließend wurde die Angebotswertung bei differierenden Kalkulationsverfahren der Anbieter diskutiert.

8.2 Kritik und Ausblick

Die vorgestellte Modifikation der Einheitspreisvergütung zeichnet sich durch eine getrennte Vergütung der fixen und variablen Kostenbestandteile aus. Durch die Vergütung der ausgeführten Leistung über einen Fixpreis und einen Einheitspreis kann ein realer Kostenverlauf bestehend aus mengenunabhängigen und mengenabhängigen Kosten abgebildet werden. Die modifizierte Einheitspreisvergütung führt damit zu einer verbesserten Vergütungsberechnung als die klassische Einheitspreisvergütung, die nur eine mengenabhängige Vergütung ermöglicht.

Das auf Seite 4 f. zitierte Gerichtsurteil des Bundesgerichthofes begründete den zulässigen Bagatellbereich für Mengenabweichungen von ± 10 Prozent bei der klassischen Einheitspreisvergütung mit dem *„ [...] Interesse zuverlässiger Festlegung des Vertragsinhaltes, und damit vor allem einer vereinfachten Abrechnung [...]“*.[184] Mit diesem Urteil wird zum einen die Forderung nach einer einfachen Abrechnung der erbrachten Leistung an eine Vergütungsform formuliert. Zum anderen darf diese

[184] BGH BauR 1987, 217 zitiert nach KAPELLMANN/SCHIFFERS (2006): *Vergütung, Nachträge und Behinderungsfolgen beim Bauvertrag*, S. 188.

Einfachheit in einem definierten Rahmen zu einer Ungenauigkeit der Vergütungsberechnung führen. Die modifizierte Einheitspreisvergütung benötigt neben dem Einheitspreis zusätzlich einen Fixpreis. Zu der bisherigen Vorgehensweise „*Menge mal Einheitspreis*“ muss lediglich der Fixpreis als ein zusätzlicher Wert addiert werden. Die modifizierte Einheitspreisvergütung erfüllt die Forderung nach einer einfachen Vergütungsberechnung.

Mit der modifizierten Einheitspreisvergütung kann zwar der Kostenverlauf besser abgebildet werden als mit der klassischen Einheitspreisvergütung. Dennoch existieren Sonderfälle wie sprungfixe Kostenbestandteile, die nicht mit der modifizierten Einheitspreisvergütung erfasst werden können. Diese Ungenauigkeit muss aufgrund der einfacheren Vergütungsberechnung gebilligt werden. In weiteren Untersuchungen sollte überprüft werden, ob und wie mit den neuen Möglichkeiten, die sich aus der modifizierten Einheitspreisvergütung ergeben, auch die Sonderfälle von Kostenverläufen abgebildet werden können. Denkbar ist zum Beispiel die Änderung der Bezugsgröße einer Leistungsposition. Anstatt der Bezugsgröße m^3 für den Bodenaushub könnte die Bezugsgröße *LKW-Fuhren mit* x m^3 gewählt werden. Damit werden die sprungfixen Transportkosten für jede einzelne LKW-Fuhre zu variablen Kosten.

Die modifizierte Einheitspreisvergütung erfüllt erstmals die Anforderung aus den Grundgedanken zum Einheitspreisvertrag, wonach das Mengenrisiko alleinig der Risikosphäre des Auftraggebers zuzuordnen ist. Diese Risikoverteilung hat zur Folge, dass nur noch der Auftragnehmer die Möglichkeit einer Mengenspekulation besitzt. Durch die getrennte Betrachtung der fixen und variablen Kostenbestandteile kann der Auftraggeber anhand einer Analyse der Angebote der verschiedenen Bieter einen Verdacht für eine spekulative Preisgestaltung begründen. Hierfür sind geeignete Instrumente unter Anwendung statistischer Analyseverfahren zu entwickeln.

Der Einheitspreisvertrag mit modifizierter Einheitspreisvergütung stellt eine partnerschaftliche Alternative zum Einheitspreisvertrag mit klassischer Einheitspreisvergütung dar. Das Konfliktpotenzial zwischen dem Auftraggeber und dem Auftragnehmer wird durch die modifizierte Einheitspreisvergütung verringert. Verschiedene Fragestellungen zwischen den Vertragspartnern werden gelöst oder vereinfacht. Mit der modifizierten Einheitspreisvergütung gelingt es, die Gedanken des partnerschaftlichen Bauens auf einen breiten Anwendungsbereich des Bauwesen zu übertragen.

Literaturverzeichnis

1. **Alisch, Katrin/Winter, Eggert/Arentzen, Ute (Hrsg.) (2004):** Gabler Wirtschaftslexikon (Band E – J), 16. Auflage, Wiesbaden: Gabler Verlag.

2. **Amsberg, Patrick von/Schneider, Matthias (2003):** (Bau)Leistungen VOB-gerecht beschreiben – Ausschreibungstexte, Nebenangebote und Nachträge rechtssicher gestalten, Wiesbaden: Vieweg Verlag.

3. **Aschenbrenner, Helmut/Falk, Urte/Gantert, Ulrike (2007):** Die häufigsten Baufehler, München: Rudolf Haufe Verlag.

4. **Ax, Thomas/Amsberg, Patrick von/Schneider, Matthias (2003):** Risiken im Bauvertrag – Verteilung und Verlagerung, Wiesbaden: Vieweg + Teubner Verlag.

5. **Bauer, Hermann (2007):** Baubetrieb, 3. Auflage, Berlin, Heidelberg u.a.: Springer.

6. **Belke, Andreas (2010):** Vergabepraxis für Auftraggeber: Rechtliche Grundlagen – Vorbereitung – Abwicklung, Wiesbaden: Vieweg + Teubner Verlag.

7. **Berlik, Günter (1982):** Der Zuschlagsatz in der Baupreiskalkulation, 3. Auflage, Köln: Rudolf Müller Verlag.

8. **Berner, Fritz/Kochendörfer, Bernd/Schach, Rainer (2007):** Grundlagen der Baubetriebslehre 1 – Baubetriebswirtschaft, Wiesbaden: Teubner Verlag.

9. **Berner, Fritz/Kochendörfer, Bernd/Schach, Rainer (2012):** Grundlagen der Baubetriebslehre 1 – Baubetriebswirtschaft, 2. Auflage, Wiesbaden: Teubner Verlag, Unveröffentlicht.

10. **Bielefeld, Bert/Wirths, Mathias (2010):** Entwicklung und Abwicklung von Bauprojekten im Bestand: Analyse – Planung – Ausführung, Wiesbaden: Vieweg + Teubner Verlag.

11. **Bosch, Karl (2007):** Basiswissen Statistik – Einführung in die Grundlagen der Statistik mit zahlreichen Beispielen und Übungsaufgaben mit Lösungen, München: Oldenbourg Verlag.

12. **Brecheler, Winfried et al. (1998):** Baubetriebslehre – Kosten- und Leistungsrechnung – Bauverfahren, Wiesbaden: Vieweg Verlag.

13. **Bundesministerium für Verkehr, Bau und Stadtentwicklung (Hrsg.) (2008):** Vergabe- und Vertragshandbuch für die Baumaßnahmen des Bundes, Berlin, Stand: Mai 2010, verfügbar unter: www.bmvbs.de/cae/servlet/contentblob/31704/publicationFile/597/vhb-2008-stand-mai-2010-lesefassung-nicht-barrierefrei.pdf, zuletzt abgerufen am: 15.01.2012.

14. **Bungartz, Hans-Joachim et al. (2009):** Modellbildung und Simulation – Eine anwendungsorientierte Einführung, Berlin: Springer Verlag.

15. **Chapman, Robert J. (2006):** Simple Tools and Techniques for Enterprise Risk Management, Chichester, England: John Wiley & Sons Verlag.

16. **Coenenberg, Adolf G. et al. (2007):** Einführung in das Rechnungswesen – Grundzüge der Buchführung und Bilanzierung, 2. Auflage, Stuttgart: Schäffer-Poeschel Verlag.

17. **Diller, Hermann (2008):** Preispolitik, 4. Auflage, Stuttgart: Kohlhammer Verlag.

18. **Ditten, Dietrich (2009):** Handbuch VOB/B, 6. Auflage, Renningen: Expert-Verlag.

19. **Domschke, Wolfgang/Drexl, Andreas (2005):** Einführung in Operations Research, Berlin: Springer Verlag.

20. **Drees, Gerhard/Paul, Wolfgang (2010):** Kalkulation von Baupreisen – Hochbau, Tiefbau, Schlüsselfertiges Bauen, 10. Auflage, Berlin: Bauwerk Verlag.

21. **Drittler, Matthias (2010):** Nachträge und Nachtragsprüfung beim Bau- und Anlagenbauvertrag, Köln: Werner Verlag.

22. **Dunn, William L./Shultis, J. Kenneth (2011):** Exploring Monte Carlo Methods, Amsterdam: Elsevier Science & Technology Verlag.

23. **Ebert, Günter (2004):** Kosten- und Leistungsrechnung – mit einem ausführlichen Fallbeispiel, 10. Auflage, Wiesbaden: Gabler Verlag.

24. **Eckey, Hans Friedrich/Kosfeld, Reinhold/Türck, Matthias (2008):** Deskriptive Statistik – Grundlagen – Methoden – Beispiele, 5. Auflage, Wiesbaden: Gabler Verlag.

25. **Eckstein, Peter P.; Wiesbaden (Hrsg.) (2006):** Repetitorium Statistik – Deskriptive Statistik – Stochastik – Induktive Statistik, 6. Auflage, Gabler Verlag.

26. **Eisele, Wolfgang (2007):** Technik des betrieblichen Rechnungswesens – Buchführung und Bilanzierung, Kosten- und Leistungsrechnung, Sonderbilanzen, 7. Auflage, München: Verlag Vahlen.

27. **Elwert, Ulrich/Flassak, Alexander (2008):** Nachtragsmanagement in der Baupraxis, 2. Auflage, Wiesbaden: Vieweg & Sohn Verlag.

28. **Eschenburg, Klaus/Racky, Peter (Hrsg.) (2008):** Partnering in der Bau- und Immobilienwirtschaft – Projektmanagement- und Vertragsstandards in Deutschland, Stuttgart: Kohlhammer Verlag.

29. **Fahrmeir, Ludwig/Künstler, Rita/Pigeot, Iris (2007):** Statistik – Der Weg zur Datenanalyse, 6. Auflage, Berlin: Springer Verlag.

30. **Fandel, Günter et al. (2009):** Kostenrechnung, 3. Auflage, Berlin, Heidelberg: Springer Verlag.

31. **Fang, Kaitai/Li, Runze/Sudjianto, Agus (2005):** Design and modeling for computer experiments, New York: Chapman & Hall / CRC Verlag.

32. Fischer, Peter/Maronde, Michael/Schwiers, Jan A. (2007): Das Auftragsrisiko im Griff – Ein Leitfaden zur Risikoanalyse für Bauunternehmer, Wiesbaden: Vieweg Verlag.

33. Flemming, Christian/Schach, Rainer (2011): Zum Begriff der Simulation, In **Franz, Volkhard (Hrsg.):** Tagungsband zum 2. IBW-Workshop am 24.03.2011 an der Universität Kassel, Simulation von Unikatprozessen – Neue Anwendungen aus Forschung und Praxis, Kassel: kassel university press, S. 1 – 10.

34. Frank, Martin (1999): Modellierung und Simulation – Terminolgische Probleme, In **Biethahn, Jörg et al. (Hrsg.):** Simulation als betriebliche Entscheidungshilfe - State of the Art und neuere Entwicklungen, Heidelberg: Physica-Verlag, S. 50 – 64.

35. Freidank, Carl-Christian (2000): Kostenrechnung – Einführung in die begrifflichen, theoretischen, verrechnungstechnischen sowie planungs- und kontrollorientierten Grundlagen des innerbetrieblichen Rechnungswesens und einem Überblick über neuere Konzepte des Kostenmanagements, 7. Auflage, München: Oldenbourg Verlag.

36. Friedl, Birgit (2010): Kostenrechnung – Grundlagen, Teilrechnungen und Systeme der Kostenrechnung, 2. Auflage, München: Oldenbourg Verlag.

37. Friedrich, J. (1999): Betrachtungen zur VOB/B § 2 Nr. 3 aus der Sicht kleiner und mittelständischer Bauunternehmen, Baurecht, Heft 8, S. 817 – 824.

38. Fries, Claudia (2009): Architektenleistungen – Bauvertrag – Bauleitung – Projektabwicklung, Stuttgart: UTB Verlag.

39. Gerster, Roland/Kohl, Helmut (2006): Baubetrieb in Beispielen, 2. Auflage, Neuwied: Werner Verlag.

40. Girmscheid, Gerhard/Busch, Thorsten A. (2008a): Projektrisikomanagement in der Bauwirtschaft, Berlin: Bauwerk.

41. Girmscheid, Gerhard/Busch, Thorsten A. (2008b): Unternehmensrisikomanagement in der Bauwirtschaft, Berlin: Bauwerk.

42. **Girmscheid, Gerhard/Motzko, Christoph (2007):** Kalkulation und Preisbildung in Bauunternehmen – Grundlagen, Methodik und Organisation, Berlin: Springer Verlag.

43. **Gossow, Volkmar (1998):** Baubetriebspraxis – Leitfaden für die Bauausführung, Berlin u. a.: Springer Verlag.

44. **Gralla, Mike (2001):** Garantierter Maximalpreis – GMP-Partnering-Modelle – Ein neuer und innovativer Ansatz für die Baupraxis, Stuttgart u. a.: Teubner Verlag.

45. **Gralla, Mike/Sundermeier, M./Lembcke, M. (2009):** Bewältigung von Baustreitigkeiten im Adjudikations-Verfahren – Entwicklungstrends und Regelungsvorschläge aus Deutschland, In **Technische Universität Graz (Hrsg.):** Festschrift 40 Jahre Institut für Baubetrieb und Bauwirtschaft, Graz: Eigenverlag TU Graz.

46. **Götze, Uwe (2004):** Kostenrechnung und Kostenmanagement, 3. Auflage, Berlin u. a.: Springer Verlag.

47. **Hammacher, Peter/Erzigkeit, Ilse/Sage, Sebastian (2011):** So funktioniert Mediation im Planen + Bauen – mit Fallbeispielen und Checklisten, 2. Auflage, Wiesbaden: Vieweg + Teubner Verlag.

48. **Handl, Andreas (2000):** Multivariate Analysemethoden – Theorie und Praxis multivariater Verfahren unter besonderer Berücksichtigung von S-PLUS, Berlin u. a.: Springer Verlag.

49. **Hauptverband der Deutschen Bauindustrie/ Zentralverband des Deutschen Baugewerbes (2001):** Kosten- und Leistungsrechnung der Bauunternehmen – KLR Bau, 7. Auflage, Wiesbaden u. a.: Bauverlag.

50. **Heiermann, Wolfgang/Linke, Liane/Hilka, Matthias (2010):** VOB-Musterbriefe für Auftraggeber: Bauherren – Architekten – Bauingenieure, 6. Auflage, Wiesbaden: Vieweg + Teubner Verlag.

51. **Heiermann, Wolfgang et al. (2008):** Handkommentar zur VOB – Teile A und B: Rechtsschutz im Vergabeverfahren, 11. Auflage, Wiesbaden: Vieweg + Teubner Verlag.

52. Heilfort, Thomas (2010): Durchführung eines differenzierten Gemeinkostenausgleichs für Allgemeine Geschäftskosten im gestörten Bauablauf, BauR,, Nr. 10, S. 1673 – 1680.

53. Heilfort, Thomas (2012): Preisermittlung nach § 2 Abs. 5 VOB/B — Gut bleibt gut und schlecht bleibt schlecht? Dieser Beitrag ist eine Zusammenfassung des Vortrags zum VSVI-Seminar „Bauvertragsrecht" vom 15.02.2012 in Friedberg/Hessen. Erhältlich unter: www.heilfort.de/71.html. Dort Nummer 34.

54. Heilfort, Thomas/Strich, Anke (2004): Praxis alternativer Geschäftsmodelle – Mehr Erfolg für Bauherren und Bauunternehmen, Dresden: Saxoprint.

55. Heinen, Edmund (1992): Einführung in die Betriebswirtschaftslehre, 9. Auflage, Wiesbaden: Gabler Verlag.

56. Huch, Burkhard/Behme, Wolfgang/Ohlendorf, Thomas (2004): Rechnungswesenorientiertes Controlling – Ein Leitfaden für Studium und Praxis, 4. Auflage, Heidelberg: Physica-Verlag.

57. Häußermann, Daniel et al. (2007): Praxiswissen Baurecht für Architekten und Ingenieure – von der Auftragsakquise bis zum Projektabschluss, Stuttgart: Kohlhammer Verlag.

58. Jacob, Dieter/Stuhr, Constanze/Winter, Christoph (Hrsg.) (2011): Kalkulieren im Ingenieurbau, 2. Auflage, Vieweg + Teubner Verlag.

59. Jacob, Dieter/Winter, Christoph/Stuhr, Constanze (2002): Kalkulationsformen im Ingenieurbau, Berlin: Ernst & Sohn Verlag.

60. Joos-Sachse, Thomas (2006): Controlling, Kostenrechnung und Kostenmanagement – Grundlagen – Instrumente – Neue Ansätze, 4. Auflage, Wiesbaden: Gabler Verlag.

61. Jung, Hans (2006): Allgemeine Betriebswirtschaftslehre, 10. Auflage, München: Oldenbourg Verlag.

62. Kalenberg, Frank (2004): Grundlagen der Kostenrechnung, München: Oldenbourg Verlag.

63. **Kalenberg, Frank (2008):** Kostenrechnung – Gundlagen und Anwendungen, 2. Auflage, München: Oldenbourg Verlag.

64. **Kapellmann, Klaus D./Schiffers, Karl-Heinz (2006):** Vergütung, Nachträge und Behinderungsfolgen beim Bauvertrag, 5. Auflage, Neuwied: Werner Verlag.

65. **Kautt, Glenn/Wieland, Fred (2001):** Modeling the future – The full Monte, the Latin Hypercube and other Curiosities, Journal of Financial Planning, December 2001, S. 78 – 88.

66. **Keil, Wolfram et al. (2007):** Kostenrechnung für Bauingenieure: Angebotskalkulation – Baubetriebsrechnung – Steuerungsmaßnahmen – Wirtschaftlichkeitskontrolle, 11. Auflage, Köln: Werner Verlag.

67. **Kemmetmüller, Wolfgang/Bogensberger, Stefan (2002):** Handbuch der Kostenrechnung – Das Grundlagenwerk zu Kostenrechnung und Kostenmanagement, 7. Auflage, Wien: Service Fachverlag.

68. **Küll, Roland/Stähly, Paul (1999):** Zur Planung und effizienten Abwicklung von Simulationsexperimenten, In **Biethahn, Jörg et al. (Hrsg.):** Simulation als betriebliche Entscheidungshilfe - State of the Art und neuere Entwicklungen, Heidelberg: Physica-Verlag, S. 1 – 21.

69. **Kloock, Josef et al. (2005):** Kosten- und Leistungsrechnung, 9. Auflage, Stuttgart: Lucius und Lucius Verlag.

70. **Koch, Joachim (1997):** Kosten- und Leistungsrechnung, 6. Auflage, München: Oldenbourg Verlag.

71. **Landau, David P./Binder, Kurt (2005):** A Guide to Monte Carlo Simulations in Statistical Physics, 2. Auflage, Cambridge u. a.: Cambridge University Press.

72. **Leimböck, Egon (2000):** Bauwirtschaft, Wiesbaden: Teubner Verlag.

73. **Leimböck, Egon/Klaus, Ulf Rüdiger/Hälkermann, Oliver (2007):** Baukalkulation und Projektcontrolling unter Berücksichtigung der KLR Bau und der VOB, 11. Auflage, Wiesbaden: Vieweg Verlag.

74. Leinemann, Ralf (Hrsg.) (2010): VOB/B Kommentar, 4. Auflage, Köln: Werner Verlag.

75. Macha, Roman (2010): Grundlagen der Kosten- und Leistungsrechnung, 5. Auflage, München: Verlag Vahlen.

76. Malkwitz, Alexander/Karl, Christian K./Koenen, Andreas (2011): Bauvertragsrecht kompakt, München: Oldenbourg Verlag.

77. Mehlhorn, Gerhard (Hrsg.) (2010): Handbuch Brücken – Entwerfen, Konstruieren, Berechnen, Bauen und Erhalten, 2. Auflage, Berlin, Heidelberg: Springer Verlag.

78. Metzger, Bernhard/Aschenbrenner, Helmut (2006): Baukosten – so sparen Sie und umgehen die häufigsten Fallen, München: Rudolf Haufe Verlag.

79. Möller, Dietrich-Alexander/Kalusche, Wolfdietrich (2000): Planungs- und Bauökonomie, Band 2 – Grundlagen der wirtschaftlichen Bauausführung, 4. Auflage, München: Oldenbourg Verlag.

80. Moews, Dieter (1996): Kosten- und Leistungsrechnung, 6. Auflage, München: Oldenbourg Verlag.

81. Mosler, Karl/Schmid, Friedrich (2005): Wahrscheinlichkeitsrechnung und schließende Statistik, 2. Auflage, Berlin: Springer Verlag.

82. Mun, Johnathan (2006): Modeling Risk – Applying Monte Carlo Simulation, Real Options Analysis, Forecasting, and Optimization Techniques, Hoboken, New Jersey: John Wiley & Sons Verlag.

83. Newman, Mark E. J./Barkema, Gerard. T. (1999): Monte Carlo Methods in Statistical Physics, Oxford u. a.: Oxford University Press.

84. Noosten, Dirk (2005): Die Unterdeckung Allgemeiner Geschäftskosten bei Bauablaufstörungen und Anwendung der VOB/B aus baubetriebswirtschaftlicher Sicht, Ort: Verlag An der Lottbek.

85. Noosten, Dirk/Fries, Claudia/Noosten, Dagmar; Meyer-Meierling, Paul (Hrsg.) (2011): Gesamtleitung von Bauten – Ein Leitfaden zur Projektabwicklung, Zürich: vdf Hochschulverlag.

86. **Oepen, Ralf-Peter (2003):** Phasenorientiertes Controlling in bauausführenden Unternehmen, Wiesbaden: Deutscher Universitäts-Verlag.

87. **Olfert, Klaus (1996):** Kostenrechnung, 10. Auflage, Ludwigshafen: Kiehl Verlag.

88. **Opitz, Gerhard (1949):** Preisermittlung für Bauleistungen, Düsseldorf: Werner Verlag.

89. **Paul, Wolfgang (1998):** Steuerung der Bauausführung, Renningen-Malmsheim: expert Verlag.

90. **Plötner, Olaf/Sieben, Barbara/Kummer, Tyge-F. (2010):** Kosten- und Erlösrechnung – Anschaulich, kompakt, praxisnah, 2. Auflage, Berlin, Heidelberg: Springer Verlag.

91. **Preißler (2005):** Entscheidungsorientierte Kosten- und Leistungsrechnung, 3. Auflage, München: Oldenbourg.

92. **Proporowitz, Armin (2008):** Baubetrieb – Bauwirtschaft, München: Carl Hanser Verlag.

93. **Racky, Peter (2004):** Status quo und Perspektiven der Bauvertragsgestaltung aus baubetrieblicher Sicht, In **Racky, Peter (Hrsg.):** 3. IBW-Symposium, Partnerschaftliche Vertragsmodelle für Bauprojekte, Kassel: kassel university press, S. 1 – 29.

94. **Racky, Peter (2006):** Die Umsetzung des Managementsatzes Partnering bei Construction at Risk und Public Private Partnership-Modellen, In **Racky, Peter (Hrsg.):** 4. IBW-Symposium - Innovative Abwicklungsformen für Bauprojekte: Partnering und PPP, Kassel: kassel university press.

95. **Racky, Peter (2009):** Ansätze zur Schaffung kooperationsfördernder Rahmenbedingungen in Bauprojekten, In **Racky, Peter (Hrsg.):** Forum Baubetrieb 2009, Kooperationsorientierte Projektabwicklung im Hochbau, Ansätze und Beispiele für die Effizienzsteigerung beim Zusammenwirken von Bauherren und Bauausführenden, Kassel: kassel university press, S. 183 – 202.

96. **Reckerzügl, Walter (2000):** Spekulation in der Bauwirtschaft – Gratwanderung zwischen Liberalisierung und Regulierung der Baupreisbildung,Dissertation, Technische Universität Wien.

97. **Röhrich, Martina (2007):** Grundlagen der Investitionsrechnung – Eine Darstellung anhand einer Fallstudie, München: Oldenbourg Verlag.

98. **Rubinstein, Reuven Y. (1981):** Simulation and the Monte Carlo Method, John Wiley & Sons Verlag.

99. **Schabel, Thomas/Lehmann, Axel (2007):** VOB/B leicht gemacht – Leitfaden für die Praxis, 4. Auflage, Heidelberg u. a.: Rehm Verlag.

100. **Schach, Rainer/Otto, Jens (2011):** Baustelleneinrichtung – Grundlagen – Planung – Praxishinweise – Vorschriften und Regeln, 2. Auflage, Wiesbaden: Vieweg + Teubner Verlag.

101. **Schach, Rainer/Sperling, Wolfgang (2001):** Baukosten – Kostensteuerung in Planung und Ausführung, 1. Auflage, Berlin: Springer Verlag.

102. **Schmidt, Andreas (2008):** Kostenrechnung – Grundlagen der Vollkosten-, Deckungsbeitrags- und Plankostenrechnung sowie des Kostenmanagements, 5. Auflage, Stuttgart: Kohlhammer Verlag.

103. **Schulte, Werner-Karl (2008):** Immobilienökonomie – Band 1 – Betriebswirtschaftliche Grundlagen, München: Oldenbourg Verlag.

104. **Seicht, Gerhard (1999):** Moderne Kosten- und Leistungsrechnung – Grundlagen und praktische Gestaltung, 10. Auflage, Wien: Linde Verlag.

105. **Sommer, Hans (2009):** Projektmanagement im Hochbau – 35 Jahre Innovationen bei Drees & Sommer, 3. Auflage, Berlin, Heidelberg: Springer Verlag.

106. **Stark, Karlhans (2006):** Baubetriebslehre – Grundlagen: Projektbeteiligte, Projektplanung, Projektablauf, Wiesbaden: Vieweg + Teubner Verlag.

107. **Steger, Johann (2006):** Kosten- und Leistungsrechnung – Einführung in das betriebliche Rechnungswesen, Grundlagen der Vollkosten-, Teilkosten-, Plankosten- und Prozesskostenrechnung, 4. Auflage, München: Oldenbourg Verlag.

108. Steiger, Thomas/Schill, Nicolas (Hrsg.) (2010): Bauabwicklung nach BGB und VOB, 4. Auflage, Freiburg: Haufe Verlag.

109. Vose, David (2008): Risk Analysis – A Quantitative Guide, 3. Auflage, Chichester, England: John Wiley & Sons Verlag.

110. Walter, Wolfgang G. (2000): Einführung in die moderne Kostenrechnung – Grundlagen – Methoden – Neue Ansätze, 2. Auflage, Wiesbaden: Gabler Verlag.

111. Wanninger, Rainer (2004): Von den Kosten zum Preis und wieder zurück – die prüfbare Kalkulation als Traum, In **Institut für Bauwirtschaft und Baubetrieb (Hrsg.):** Kosten- und Preisermittlung in Konfliktsituationen - Beiträge zum Braunschweiger Baubetriebsseminar vom 13. Februar 2004. Schriftenreihe des Instituts für Bauwirtschaft und Baubetrieb, Heft 38, Braunschweig: Eigenverlag TU Braunschweig.

112. Weber, Jürgen/Hafkesbrink, Volker (Hrsg.) (2008): Bauwerksabdichtung in der Altbausanierung – Verfahren und juristische Betrachtungsweise, 2. Auflage, Wiesbaden: Vieweg + Teubner Verlag.

113. Weber, Jürgen/Weißenberger, Barbara E. (2006): Einführung in das Rechnungswesen, 7. Auflage, Stuttgart: Schäffer-Poeschel Verlag.

114. Wenusch, Hermann (2009): ÖNORM B 2110 – Kommentar zum Bauwerkvertragsrecht, Wien: Springer Verlag.

115. Wiesner, Wolfgang (2011): Herausforderung Kooperation im internationalen Infrastruktur-Bau, In **Schach, Rainer (Hrsg.):** Tagungsband zum 1. Internationalen BBB-Kongress - Zukunftspotential Bauwirtschaft, Dresden: reprogress, S. 117 – 129.

116. Witte, Hermann (2007): Allgemeine Betriebswirtschaftslehre – Lebensphasen des Unternehmens und betriebliche Funktionen, 2. Auflage, München: Oldenbourg Verlag.

117. Wüthrich, Elena (2010): Portfolio versus Benchmark – Performance- und Risikoanalyse im Portfoliomanagement, Münster: Lit Verlag.

118. Zanner, Christian (2011): VOB/B nach Ansprüchen – Entscheidungshilfen für Auftraggeber, Planer und Bauunternehmen, 4. Auflage, Wiesbaden: Vieweg + Teubner Verlag.

119. Zimmermann, Werner/Fries, Hans-Peter (1995): Betriebliches Rechnungswesen, 6. Auflage, München: Oldenbourg Verlag.

120. Zwerenz, Karlheinz (2009): Statistik – Einführung in die computergestützte Datenanalyse, 4. Auflage, München: Oldenbourg Verlag.

Thesen zur Dissertation

1. Die klassische Einheitspreisvergütung benachteiligt bei Mengenabweichungen durch eine Über- oder Unterdeckung der Fixkosten stets einen Vertragspartner.

2. Sowohl der Auftraggeber als auch der Auftragnehmer besitzen jeweils einen Anreiz, die Über- oder Unterdeckung der Fixkosten durch Mengenspekulationen zur Erreichung ihrer individuellen Zielstellung auszunutzen. Das Anreizsystem ist diametral ausgerichtet. Ein Vorteil des Auftraggebers wirkt sich als Nachteil für den Auftragnehmer aus und vice versa. Die klassische Einheitspreisvergütung wirkt damit den Gedanken des partnerschaftlichen Bauens entgegen.

3. Die Vergütung nach Einheitspreisen der klassischen Einheitspreisvergütung stimmt mit dem realen Kostenverlauf, der aus mengenabhängigen und mengenunabhängigen Kosten besteht, ausschließlich in dem Punkt *Ist-Menge = Soll-Menge* überein.

4. Das klassische Kalkulationsverfahren *Kalkulation über die Angebotsssumme* ist kein reines Zuschlagsverfahren. Es enthält auch Bestandteile eines Divisionsverfahrens.

5. Die Elemente des klassischen Kalkulationsverfahrens, die den Charakter eines Divisionsverfahrens aufweisen, sind die Ursache für die Über- oder Unterdeckung der Fixkosten bei Mengenabweichungen. Die Fixkosten werden durch die ausgeschriebene Menge dividiert, um den Einheitspreis berechnen zu können. Damit werden die mengenunabhängigen Fixkosten mengenvariabel vergütet.

6. Durch die Einführungen eines zusätzlichen Fixpreises kann der reale Kostenverlauf durch die Vergütungsform abgebildet werden. Alle mengenunabhängigen Kosten werden unabhängig von der hergestellten Menge über den Fixpreis und alle mengenvariablen Kosten über den Einheitspreis vergütet. Durch diese Modifikation stimmt die Vergütungsfunktion für alle Mengen mit dem Kostenverlauf überein.

7. Die modifizierte Einheitspreisvergütung mit getrennter Betrachtung von fixen und variablen Kostenbestandteilen verhindert eine Benachteiligung der Vertragspartner durch eine Über- oder Unterdeckung der Fixkosten bei Mengenabweichungen.

8. Das modifizierte Kalkulationsverfahren *Kalkulation zur Angebotssumme* ist ein reines Zuschlagsverfahren.

9. Die fixen Kostenbestandteile ergeben sich aus den Einzelkosten der Teilleistungen, den Baustellengemeinkosten und den Zuschlägen für die Allgemeinen Geschäftskosten sowie für Wagnis und Gewinn. Die variablen Kostenbestandteile ergeben sich dagegen nur aus den Einzelkosten der Teilleistungen und den Zuschlägen für die Allgemeinen Geschäftskosten sowie für Wagnis und Gewinn, nicht jedoch aus den Baustellengemeinkosten.

10. Die modifizierte Einheitspreisvergütung verhindert die Möglichkeit der Mengenspekulation durch den Auftraggeber. Durch die modifizierte Einheitspreisvergütung kann der Auftraggeber einen Verdacht für eine mögliche Mengenspekulation des Auftragnehmers begründen.

11. Der Deckungsbeitrag für die kalkulierten Baustellengemeinkosten ist unabhängig von den tatsächlich ausgeführten Leistungspositionen mit ihren tatsächlich ausgeführten Ist-Mengen gesichert.

12. Die Wahl der Zuschlagssätze für die Umlage der fixen Gemeinkosten auf die Leistungspositionen ist irrelevant. Die Fixkosten werden unabhängig von der Umlage in voller Höhe über die Fixpreise vergütet.

13. Mit der modifizierten Einheitspreisvergütung können Eventual- und Alternativpositionen leichter und transparenter gegenüber der klassischen Einheitspreisvergütung kalkuliert werden.

14. Durch die modifizierte Einheitspreisvergütung wird der § 2 (3) Nr. 2 und Nr. 3 VOB/B, der eine Preisanpassung bei Mengenabweichung regelt, obsolet.

15. Die modifizierte Einheitspreisvergütung erleichtert durch die getrennte Betrachtung von fixen und variablen Kostenbestandteilen die Vergütungsberechnung bei Leistungsänderungen.

16. Die modifizierte Einheitspreisvergütung weist eine höhere Kostensicherheit für den Auftraggeber auf. Bei der modifizierten Einheitspreisvergütung fällt die Kostenschwankung aufgrund von Mengenabweichungen geringer aus als bei der klassischen Einheitspreisvergütung.

17. Das Mengenrisiko liegt bei der modifizierten Einheitspreisvergütung alleinig in der Risikosphäre des Auftraggebers. Eine positive oder negative Auswirkung von Mengenabweichungen auf den kalkulierten Projektgewinn des Auftragnehmers existiert nicht.

18. Die modifizierte Einheitspreisvergütung verringert das Konfliktpotenzial zwischen dem Auftraggeber und dem Auftragnehmer bei Vereinbarung eines Einheitspreisvertrages und leistet somit einen Beitrag zum partnerschaftlichen Bauen.

Stichwortverzeichnis

Anlagenverzeichnis

Anlage 1

Formblätter für die klassische Einheitspreiskalkulation

Formblatt 1 – Einzelkosten der Teilleistungen und Einheitspreisermittlung

			Kostenart je Einheit (ohne Zuschläge)					Kostenarten insgesamt (ohne Zuschläge)					Kostenarten je Einheit (mit Zuschlägen)						
Positions-nummer	Kurztext der Teilleistung	Mengen-angaben	Lohn	Stoffkosten	Geräte-kosten	Sonstige Kosten	Nach-unter-nehmer	Lohn	Stoffkosten	Geräte-kosten	Sonstige Kosten	Nach-unter-nehmer	Lohn	Stoffkosten	Geräte-kosten	Sonstige Kosten	Nach-unter-nehmer	Preis je Einheit	Preis je Teilleistung
[1]	[2]	[3]	[h] [4]	[€] [5]	[€] [6]	[€] [7]	[€] [8]	[h] [9] [3] · [4]	[€] [10] [3] · [5]	[€] [11] [3] · [6]	[€] [12] [3] · [7]	[€] [13] [3] · [8]	[€] [14]	[€] [15]	[€] [16]	[€] [17]	[€] [18]	[€] [19] Σ [14] bis [18]	[€] [20] [3] · [19]
Summe													Angebotssumme in €						

Formblatt 2 – Ermittlung der Angebotssumme

Kostenarten	Lohnkosten [€]	Stoffkosten [€]	Gerätekosten [€]	Sonstige Kosten [€]	NU-Leistung [€]	Summe [€]
Einzelkosten der Teilleistung						
Gemeinkosten der Baustelle						
Herstellkosten						

Allgemeine Geschäftskosten (AGK), Wagnis (W) und Gewinn (G) für die Kostenart LOHN			
AGK: W + G: Summe:	der Angebots- summe	Herstellkostenanteil für Lohnkosten	
Umrechnung auf Herstellkosten			
Allgemeine Geschäftskosten (AGK), Wagnis (W) und Gewinn (G) für die Kostenart STOFFKOSTEN			
AGK: W + G: Summe:	der Angebots- summe	Hestellkostenanteil für Stoffkosten	
Umrechnung auf Herstellkosten			
Allgemeine Geschäftskosten (AGK), Wagnis (W) und Gewinn (G) für die Kostenart GERÄTEKOSTEN			
AGK: W + G: Summe:	der Angebots- summe	Herstellkostenanteil für Gerätekosten	
Umrechnung auf Herstellkosten			
Allgemeine Geschäftskosten (AGK), Wagnis (W) und Gewinn (G) für die Kostenart SONSTIGE KOSTEN			
AGK: W + G: Summe:	der Angebots- summe	Hestellkostenanteil für sonstige Kosten	
Umrechnung auf Herstellkosten			
Allgemeine Geschäftskosten (AGK), Wagnis (W) und Gewinn (G) für die Kostenart NACHUNTERNEHMERLEISTUNG			
AGK: W + G: Summe:	der Angebots- summe	Herstellkostenanteil für Nachunternehmerleistungen	
Umrechnung auf Herstellkosten			
Angebotssumme ohne Mehrwertsteuer			

Formblatt 3 – Ermittlung der Gemeinkostenumlage

Angebotssumme ohne Mehrwertsteuer					
abzüglich Einzelkosten der Teilleistungen					
insgesamt zu verrechnender Zuschlag					
abzüglich gewählten Zuschlag auf		Umlagesatz [%]	Einzelkosten [€]	Umlagebetrag [€]	
	Stoffkosten				
	Gerätekosten				
	Sonstige Kosten				
	NU-Leistung				
				Summe gewählter Zuschläge:	
zu verrechnender Zuschlag auf Lohnkosten					
Mittellohn (ASL/APSL)					
Umlage auf Lohn					
VERRECHNUNGSLOHN					

Anlage 2

Formblätter für die modifizierte Einheitspreiskalkulation

Formblatt 1 – Ermittlung der fixen und variablen Einzelkosten der Teilleistungen

Beschreibung der Teilleistung			Variable Einzelkosten je Einheit (ohne Zuschlag)					Variable Einzelkosten je Teilleistung (ohne Zuschlag)						Fixe Einzelkosten je Teilleistung (ohne Zuschlag)					
			Kostenarten					Kostenarten						Kostenarten					
Positions-nummer	Kurztext der Teilleistung	Mengenansatz	Lohnkosten	Stoffkosten	Gerätekosten	Sonstige Kosten	NU-Leistungen	Lohnkosten Mittellohn =		Stoffkosten	Gerätekosten	Sonstige Kosten	NU-Leistungen	Lohnkosten Mittellohn =		Stoffkosten	Gerätekosten	Sonstige Kosten	NU-Leistungen
[1]	[2]	[3]	[h] [4]	[€] [5]	[€] [6]	[€] [7]	[€] [8]	[h] [9] [3] · [4]	[€] [10] [9] · ML	[€] [11] [3] · [5]	[€] [12] [3] · [6]	[€] [13] [3] · [7]	[€] [14] [3] · [8]	[h] [15]	[€] [16] [15] · ML	[€] [17]	[€] [18]	[€] [19]	[€] [20]
							Summe												

Formblatt 2 – Ermittlung der fixen Gemeinkosten

Baustellengemeinkosten

Kostenarten	Lohnkosten [€]	Stoffkosten [€]	Gerätekosten [€]	Sonstige Kosten [€]	Fremdleistung [€]	Summe [€]
zeitunabhängige BGK						0,00
zeitabhängige BGK						0,00
Summe der BGK	0,00	0,00	0,00	0,00	0,00	0,00

Allgemeine Geschäftskosten, Wagnis und Gewinn für die Baustellengemeinkosten

Allgemeine Geschäftskosten (AGK), Wagnis (W) und Gewinn (G)
für die Kostenart LOHN

AGK:	der	Baustellengemeinkosten für Lohnkosten	0,00	
W + G:	Baustellen-			
Summe: 0,00 %	gemeinkosten			
Umrechnung auf Herstellkosten	0,0% · 100% / (100% - 0,0%) =	0,00 % von	0,00	0,00

Allgemeine Geschäftskosten (AGK), Wagnis (W) und Gewinn (G)
für die Kostenart STOFFKOSTEN

AGK:	der	Baustellengemeinkosten für Stoffkosten	0,00	
W + G:	Baustellen-			
Summe: 0,00 %	gemeinkosten			
Umrechnung auf Herstellkosten	0,0% · 100% / (100% - 0,0%) =	0,00 % von	0,00	0,00

Allgemeine Geschäftskosten (AGK), Wagnis (W) und Gewinn (G)
für die Kostenart GERÄTEKOSTEN

AGK:	der	Baustellengemeinkosten für Gerätekosten	0,00	
W + G:	Baustellen-			
Summe: 0,00 %	gemeinkosten			
Umrechnung auf Herstellkosten	0,0% · 100% / (100% - 0,0%) =	0,00 % von	0,00	0,00

Allgemeine Geschäftskosten (AGK), Wagnis (W) und Gewinn (G)
für die Kostenart SONSTIGE KOSTEN

AGK:	der	Baustellengemeinkosten für sonstige Kosten	0,00	
W + G:	Baustellen-			
Summe: 0,00 %	gemeinkosten			
Umrechnung auf Herstellkosten	0,0% · 100% / (100% - 0,0%) =	0,00 % von	0,00	0,00

Allgemeine Geschäftskosten (AGK), Wagnis (W) und Gewinn (G)
für die Kostenart FREMDLEISTUNG

AGK:	der	Baustellengemeinkosten für Fremdleistungen	0,00	
W + G:	Baustellen-			
Summe: 0,00 %	gemeinkosten			
Umrechnung auf Herstellkosten	0,0% · 100% / (100% - 0,0%) =	0,00 % von	0,00	0,00

Summe der fixen Gemeinkosten

Kostenarten	Lohnkosten [€]	Stoffkosten [€]	Gerätekosten [€]	Sonstige Kosten [€]	Fremdleistung [€]	Summe [€]
Baustellengemeinkosten	0,00	0,00	0,00	0,00	0,00	0,00
AGK, Wagnis und Gewinn	0,00	0,00	0,00	0,00	0,00	0,00
Summe der fixen GK	0,00	0,00	0,00	0,00	0,00	**0,00**

Formblatt 3 – Zuschlagssätze für die Umlage der fixen Gemeinkosten

Ermittlung der Bezugsbasis

Kostenarten	Lohnkosten [€]	Stoffkosten [€]	Gerätekosten [€]	Sonstige Kosten [€]	Fremdleistung [€]	Summe [€]
Variable Einzelkosten	0,00	0,00	0,00	0,00	0,00	0,00
Fixe Einzelkosten	0,00	0,00	0,00	0,00	0,00	0,00
Summe der Einzelkosten	0,00	0,00	0,00	0,00	0,00	0,00

Ermittlung der Zuschlagsätze

Summe der fixen Gemeinkosten					0,00
abzüglich gewählten Zuschlag auf			Einzelkosten	Umlagebetrag	
	Stoffkosten		0,00	0,00	
	Gerätekosten		0,00	0,00	
	Sonstige Kosten		0,00	0,00	
	Fremdleistung		0,00	0,00	
				Summe gewählter Zuschläge:	0,00
zu verrechnender Zuschlag auf Lohnkosten (Restumlage)					0,00
Mittellohn					0,00
Zuschlag auf Mittellohn	0,00 € / 0,00 € =		0,00%		0,00

Formblatt 4 – Umlage der fixen Gemeinkosten auf die Teilleistungen

Beschreibung der Teilleistung		Summe der variablen und fixen Einzelkosten je Teilleistung					Anteil an den fixen Gemeinkosten je Teilleistung					Gesamtanteil an den fixen Gemeinkosten je Teilleistung
		Kostenarten					Kostenarten					
Positionsnummer	Kurztext der Teilleistung	Lohnkosten	Stoffkosten	Gerätekosten	Sonstige Kosten	NU-Leistungen	Lohnkosten	Stoffkosten	Gerätekosten	Sonstige Kosten	NU-Leistungen	
[1]	[2]	[h] [3]	[€] [4]	[€] [5]	[€] [6]	[€] [7]	[€] [8]	[€] [9]	[€] [10]	[€] [11]	[€] [12]	[€] [13] Σ [8] bis [12]
										Summe der fixen Gemeinkosten =		

Formblatt 5 – Ermittlung der Vertragspreise

Beschreibung der Teilleistung		Variable Kosten je Einheit (mit Zuschlag)						Fixe Kosten je Teilleistung (mit Zuschlag)						
		variable Einzelkosten						fixe Einzelkosten						
Positions-nummer	Kurztext der Teilleistung	Lohnkosten	Stoffkosten	Gerätekosten	Sonstige Kosten	NU-Leistungen	Einheitspreis	Lohnkosten	Stoffkosten	Gerätekosten	Sonstige Kosten	NU-Leistungen	Gesamtanteil an den fixen Gemeinkosten	Fixpreis
[1]	[2] Zuschlag für AGK, W + G =	[€] [3]	[€] [4]	[€] [5]	[€] [6]	[€] [7]	[€] [8] Σ [3] von [7]	[€] [9]	[€] [10]	[€] [11]	[€] [12]	[€] [13]	[€] [14]	[€] [15] Σ [9] bis [14]

Formblatt 6 – Ermittlung der Angebotssumme

Beschreibung der Teilleistung			Preis der Teilleistung		
Positions-nummer	**Kurztext der Teilleistung**	**Mengenansatz**	**Einheitspreis je Teilleistung**	**Fixpreis je Teilleistung**	**Gesamtpreis je Teilleistung**
[1]	[2]	[3]	[4]	[5]	[6] $[3] \cdot [4] + [5]$
				Angebotssumme =	

Anlage 3

Beispielkalkulation nach klassischer Einheitspreiskalkulation

Formblatt 1 – Einzelkosten der Teilleistungen und Einheitspreisermittlung

			Kostenart je Einheit (ohne Zuschläge)					Kostenarten insgesamt (ohne Zuschläge)					Kostenarten je Einheit (mit Zuschlägen)						
Positions-nummer	Kurztext der Teilleistung	Mengen-angaben	Lohn	Stoffkosten	Geräte-kosten	Sonstige Kosten	Nach-unter-nehmer	Lohn	Stoffkosten	Geräte-kosten	Sonstige Kosten	Nach-unter-nehmer	Lohn	Stoffkosten	Geräte-kosten	Sonstige Kosten	Nach-unter-nehmer	Preis je Einheit	Preis je Teilleistung
[1]	[2]	[3]	[h] [4]	[€] [5]	[€] [6]	[€] [7]	[€] [8]	[h] [9] [3] · [4]	[€] [10] [3] · [5]	[€] [11] [3] · [6]	[€] [12] [3] · [7]	[€] [13] [3] · [8]	[€] [14] [4] · 39,88	[€] [15] [5] · 1,15	[€] [16] [6] · 1,15	[€] [17] [7] · 1,15	[€] [18] [8] · 1,10	[€] [19] Σ [18] bis [19]	[€] [20] [3] · [19]
14.2.85	Schalung der Beckenwand	687,630 m²	0,550	1,380	3,990	1,070		378,20	948,93	2.743,64	735,76		21,93	1,59	4,59	1,23		29,34	20.175,06
Rest	restliche Leistungspositionen	1,000 psch.						19.657,16	921.049,77	37.440,27	90.973,60	380.374,83	783.927,53	1.059.207,24	43.056,31	104.619,64	418.412,31	2.409.223,03	2.409.223,03
		Summe						20.035,36	921.998,70	40.183,91	91.709,36	380.374,83						Angebotssumme in €	2.429.398,10

Formblatt 2 – Ermittlung der Angebotssumme

Kostenarten	Lohnkosten [€]	Stoffkosten [€]	Gerätekosten [€]	Sonstige Kosten [€]	NU-Leistung [€]	Summe [€]
Einzelkosten der Teilleistung	523.924,66	921.998,70	40.183,91	91.709,36	380.374,83	1.958.191,46
Gemeinkosten der Baustelle	29.026,50	68.715,21	38.516,48	74.193,52	1.969,54	212.421,25
Herstellkosten	552.951,16	990.713,91	78.700,39	165.902,88	382.344,37	2.170.612,71

Allgemeine Geschäftskosten (AGK), Wagnis (W) und Gewinn (G)
für die Kostenart LOHN

AGK:	9,00 %	der	Herstellkostenanteil für Lohnkosten		552.951,16	
W + G:	2,00 %	Angebots-				
Summe:	11,00 %	summe				
Umrechnung auf Herstellkosten			11,0% · 100% / (100% - 11,0%) =	12,36 % von	552.951,16	68.344,76

Allgemeine Geschäftskosten (AGK), Wagnis (W) und Gewinn (G)
für die Kostenart STOFFKOSTEN

AGK:	9,00 %	der	Hestellkostenanteil für Stoffkosten		990.713,91	
W + G:	2,00 %	Angebots-				
Summe:	11,00 %	summe				
Umrechnung auf Herstellkosten			11,0% · 100% / (100% - 11,0%) =	12,36 % von	990.713,91	122.452,24

Allgemeine Geschäftskosten (AGK), Wagnis (W) und Gewinn (G)
für die Kostenart GERÄTEKOSTEN

AGK:	9,00 %	der	Herstellkostenanteil für Gerätekosten		78.700,39	
W + G:	2,00 %	Angebots-				
Summe:	11,00 %	summe				
Umrechnung auf Herstellkosten			100% - 11,0%) =	12,36 % von	78.700,39	9.727,37

Allgemeine Geschäftskosten (AGK), Wagnis (W) und Gewinn (G)
für die Kostenart SONSTIGE KOSTEN

AGK:	9,00 %	der	Hestellkostenanteil für sonstige Kosten		165.902,88	
W + G:	2,00 %	Angebots-				
Summe:	11,00 %	summe				
Umrechnung auf Herstellkosten			11,0% · 100% / (100% - 11,0%) =	12,36 % von	165.902,88	20.505,60

Allgemeine Geschäftskosten (AGK), Wagnis (W) und Gewinn (G)
für die Kostenart NACHUNTERNEHMERLEISTUNG

AGK:	7,00 %	der	Herstellkostenanteil für Nachunternehmerleistungen		382.344,37	
W + G:	2,00 %	Angebots-				
Summe:	9,00 %	summe				
Umrechnung auf Herstellkosten			9,0% · 100% / (100% - 9,0%) =	9,89 % von	382.344,37	37.813,86
Angebotssumme ohne Mehrwertsteuer						2.429.456,54

Formblatt 3 – Ermittlung der Gemeinkostenumlage

Angebotssumme ohne Mehrwertsteuer					2.429.456,54
abzüglich Einzelkosten der Teilleistungen					1.958.191,46
insgesamt zu verrechnender Zuschlag					471.265,08
abzüglich gewählten Zuschlag auf		Umlagesatz [%]	Einzelkosten [€]	Umlagebetrag [€]	
	Stoffkosten	15,00	921.998,70	138.299,81	
	Gerätekosten	15,00	40.183,91	6.027,59	
	Sonstige Kosten	15,00	91.709,36	13.756,40	
	NU-Leistung	10,00	380.374,83	38.037,48	
				Summe gewählter Zuschläge:	196.121,28
zu verrechnender Zuschlag auf Lohnkosten					275.143,80
Mittellohn (ASL/APSL)					26,15
Umlage auf Lohn	275.143,80 € / 523.924,66 € =		52,52 %		13,73
VERRECHNUNGSLOHN					**39,88**

Anlage 4

Beispielkalkulation nach modifizierter Einheitspreiskalkulation

Formblatt 1 – Ermittlung der fixen und variablen Einzelkosten der Teilleistungen

Beschreibung der Teilleistung			Variable Einzelkosten je Einheit (ohne Zuschlag) – Kostenarten					Variable Einzelkosten je Teilleistung (ohne Zuschlag) – Kostenarten						Fixe Einzelkosten je Teilleistung (ohne Zuschlag) – Kostenarten					
Positions-nummer	Kurztext der Teilleistung	Mengen-ansatz	Lohnkosten	Stoffkosten	Gerätekosten	Sonstige Kosten	NU-Leistungen	Lohnkosten Mittellohn =	26,15 €/h	Stoffkosten	Gerätekosten	Sonstige Kosten	NU-Leistungen	Lohnkosten Mittellohn =	26,15 €/h	Stoffkosten	Gerätekosten	Sonstige Kosten	NU-Leistungen
[1]	[2]	[3]	[h] [4]	[€] [5]	[€] [6]	[€] [7]	[€] [8]	[h] [9] [3] · [4]	[€] [10] [9] · ML	[€] [11] [3] · [5]	[€] [12] [3] · [6]	[€] [13] [3] · [7]	[€] [14] [3] · [8]	[h] [15]	[€] [16]	[€] [17]	[€] [18]	[€] [19]	[€] [20]
14.2.85	Schalung der Beckenwand	687,63 m²	0,400	0,00	0,00	0,00	0,00	275,052	7.192,61	0,00	0,00	0,00	0,00	103,620	2.709,66	946,00	2.746,84	734,24	0,00
Rest	restliche Leistungspositionen	1,000 psch	16.315,440	792.102,80	20.217,75	24.562,87	243.439,89	16.315,440	426.648,76	792.102,80	20.217,75	24.562,87	243.439,89	3.341,720	87.385,98	128.946,97	17.222,52	66.410,73	136.934,94
							Summe	16.590,49	433.841,37	792.102,80	20.217,75	24.562,87	243.439,89	3.445,34	90.095,64	129.892,97	19.969,36	67.144,97	136.934,94

Formblatt 2 – Ermittlung der fixen Gemeinkosten

Baustellengemeinkosten

Kostenarten	Lohnkosten [€]	Stoffkosten [€]	Gerätekosten [€]	Sonstige Kosten [€]	NU-Leistungen [€]	Summe [€]
zeitunabhängige BGK	6.966,36	26.111,78	30.235,20	62.625,67	1.969,54	127.908,55
zeitabhängige BGK	22.060,14	42.603,43	8.281,28	11.567,85	0,00	84.512,70
Summe der BGK	29.026,50	68.715,21	38.516,48	74.193,52	1.969,54	212.421,25

Allgemeine Geschäftskosten, Wagnis und Gewinn für die Baustellengemeinkosten

Allgemeine Geschäftskosten (AGK), Wagnis (W) und Gewinn (G)
für die Baustellengemeinkosten der Kostenart LOHN

AGK:	9,00 %	der	Baustellengemeinkosten für Lohnkosten	29.026,50	
W + G:	2,00 %	Baustellen-			
Summe:	11,00 %	gemeinkosten			
Umrechnung auf Herstellkosten		11,0% · 100% / (100% - 11,0%) =	12,36 % von	29.026,50	3.587,68

Allgemeine Geschäftskosten (AGK), Wagnis (W) und Gewinn (G)
für die Baustellengemeinkosten der Kostenart STOFFKOSTEN

AGK:	9,00 %	der	Baustellengemeinkosten für Stoffkosten	68.715,21	
W + G:	2,00 %	Baustellen-			
Summe:	11,00 %	gemeinkosten			
Umrechnung auf Herstellkosten		11,0% · 100% / (100% - 11,0%) =	12,36 % von	68.715,21	8.493,20

Allgemeine Geschäftskosten (AGK), Wagnis (W) und Gewinn (G)
für die Baustellengemeinkosten der Kostenart GERÄTEKOSTEN

AGK:	9,00 %	der	Baustellengemeinkosten für Gerätekosten	38.516,48	
W + G:	2,00 %	Baustellen-			
Summe:	11,00 %	gemeinkosten			
Umrechnung auf Herstellkosten		11,0% · 100% / (100% - 11,0%) =	12,36 % von	38.516,48	4.760,64

Allgemeine Geschäftskosten (AGK), Wagnis (W) und Gewinn (G)
für die Baustellengemeinkosten der Kostenart SONSTIGE KOSTEN

AGK:	9,00 %	der	Baustellengemeinkosten für sonstige Kosten	74.193,52	
W + G:	2,00 %	Baustellen-			
Summe:	11,00 %	gemeinkosten			
Umrechnung auf Herstellkosten		11,0% · 100% / (100% - 11,0%) =	12,36 % von	74.193,52	9.170,32

Allgemeine Geschäftskosten (AGK), Wagnis (W) und Gewinn (G)
für die Baustellengemeinkosten der Kostenart NACHUNTERNEHMERLEISTUNGEN

AGK:	7,00 %	der	Baustellengemeinkosten für Nachunternehmerleistungen	1.969,54	
W + G:	2,00 %	Baustellen-			
Summe:	9,00 %	gemeinkosten			
Umrechnung auf Herstellkosten		9,0% · 100% / (100% - 9,0%) =	9,89 % von	1.969,54	194,79

Summe der fixen Gemeinkosten

Kostenarten	Lohnkosten [€]	Stoffkosten [€]	Gerätekosten [€]	Sonstige Kosten [€]	Fremdleistung [€]	Summe [€]
Baustellengemeinkosten	29.026,50	68.715,21	38.516,48	74.193,52	1.969,54	212.421,25
AGK, W + G auf BGK	3.587,68	8.493,20	4.760,64	9.170,32	194,79	26.206,63
Summe der fixen GK	32.614,18	77.208,41	43.277,12	83.363,84	2.164,33	**238.627,88**

Formblatt 3 – Zuschlagssätze für die Umlage der fixen Gemeinkosten

Ermittlung der Bezugsbasis						
Kostenarten	Lohnkosten [€]	Stoffkosten [€]	Gerätekosten [€]	Sonstige Kosten [€]	NU-Leistungen [€]	Summe [€]
Variable Einzelkosten	433.841,37	792.102,80	20.217,75	24.562,87	243.439,89	1.514.164,68
Fixe Einzelkosten	90.095,64	129.892,97	19.969,36	67.144,97	136.934,94	444.037,88
Summe der Einzelkosten	523.937,01	921.995,77	40.187,11	91.707,84	380.374,83	1.958.202,56
Ermittlung der Zuschlagsätze						
Summe der fixen Gemeinkosten						238.627,88
abzüglich gewählten Zuschlag auf				Einzelkosten	Umlagebetrag	
		Stoffkosten	15,00 %	921.995,77	138.299,37	
		Gerätekosten	15,00 %	40.187,11	6.028,07	
		Sonstige Kosten	15,00 %	91.707,84	13.756,18	
		NU-Leistungen	10,00 %	380.374,83	38.037,48	
					Summe gewählter Zuschläge:	196.121,10
zu verrechnender Zuschlag auf Lohnkosten (Restumlage)						42.506,78
Mittellohn						26,15
Zuschlag auf Mittellohn		42.506,78 € / 523.937,01 € =		8,11%		2,12

Formblatt 4 – Umlage der fixen Gemeinkosten auf die Teilleistungen

Beschreibung der Teilleistung		Summe der variablen und fixen Einzelkosten je Teilleistung					Anteil an den fixen Gemeinkosten je Teilleistung					Gesamtanteil an den fixen Gemeinkosten je Teilleistung
		Kostenarten					Kostenarten					
Positions-nummer	**Kurztext der Teilleistung**	**Lohnkosten**	**Stoffkosten**	**Gerätekosten**	**Sonstige Kosten**	**NU-Leistungen**	**Lohnkosten**	**Stoffkosten**	**Gerätekosten**	**Sonstige Kosten**	**NU-Leistungen**	
[1]	[2]	[h] [3]	[€] [4]	[€] [5]	[€] [6]	[€] [7]	[€] [8] [3] · 2,12 €/h	[€] [9] [4] · 0,15	[€] [10] [5] · 0,15	[€] [11] [6] · 0,15	[€] [12] [7] · 0,10	[€] [13] Σ [8] bis [12]
14.2.85	Schalung der Beckenwand	378,672	946,00	2.746,84	734,24	0,00	802,78	141,90	412,03	110,14	0,00	1.466,85
Rest	restliche Leistungspositionen	19.657,160	921.049,77	37.440,27	90.973,60	380.374,83	41.673,18	138.157,47	5.616,04	13.646,04	38.037,48	237.130,21
										Summe der fixen Gemeinkosten	**238.597,06**

Formblatt 5 – Ermittlung der Vertragspreise

Beschreibung der Teilleistung		Variable Kosten je Einheit (mit Zuschlag)						Fixe Kosten je Teilleistung (mit Zuschlag)						
		variable Einzelkosten						fixe Einzelkosten						
Positions-nummer	Kurztext der Teilleistung	Lohnkosten	Stoffkosten	Gerätekosten	Sonstige Kosten	NU-Leistungen	Einheitspreis	Lohnkosten	Stoffkosten	Gerätekosten	Sonstige Kosten	NU-Leistungen	Gesamtanteil an den fixen Gemeinkosten je Teilleistung	Fixpreis
[1]	[2] Zuschlag für AGK, W + G =	[€] [3] 12,36 %	[€] [4] 12,36 %	[€] [5] 12,36 %	[€] [6] 12,36 %	[€] [7] 9,89 %	[€] [8] Σ [3] von [7]	[€] [9] 12,36 %	[€] [10] 12,36 %	[€] [11] 12,36 %	[€] [12] 12,36 %	[€] [13] 9,89 %	[€] [14]	[€] [15] Σ [9] bis [14]
14.2.85	Schalung der Beckenwand	11,75	0,00	0,00	0,00	0,00	**11,75**	3.044,57	1.062,93	3.086,35	824,99	0,00	1.466,85	**9.485,69**
Rest	restliche Leistungspositionen	479.382,54	890.006,71	22.716,66	27.598,84	267.516,10	**1.687.220,85**	98.186,89	144.884,82	19.351,22	74.619,10	150.477,81	237.130,21	**724.650,05**

Formblatt 6 – Ermittlung der Angebotssumme

Beschreibung der Teilleistung			Preis der Teilleistung		
Positions-nummer	**Kurztext der Teilleistung**	**Mengenansatz**	**Einheitspreis je Teilleistung**	**Fixpreis je Teilleistung**	**Gesamtpreis je Teilleistung**
[1]	[2]	[3]	[€] [4]	[€] [5]	[€] [6]
14.2.85	Schalung der Beckenwand herstellen	687,630 m²	11,75	9.485,69	17.565,34
Rest	restliche Leistungspositionen	1,000 psch	1.687.220,85	724.650,05	2.411.870,90
				Angebotssumme =	**2.429.436,24**

Anlage 5

Mathematische Formulierung der klassischen Einheitspreiskalkulation

Diese Anlage enthält eine allgemeingültige mathematische Formulierung des Kalkulationsverfahrens *Kalkulation über die Angebotssumme* zur Ermittlung der Angebotssumme und zur Ermittlung der Einheitspreise. Dazu werden folgende Symbole verwendet:

Symbolverzeichnis

$\overrightarrow{AGK}$	Vektor der Allgemeinen Geschäftskosten
AGK_j	Allgemeine Geschäftskosten für die Kostenart j
$\overrightarrow{BGK}$	Vektor der summierten Baustellengemeinkosten
BGK_j	Summierte Baustellengemeinkosten der Kostenart j
$\overrightarrow{EK}$	Vektor der summierten Einzelkosten
EK_j	Summierte Einzelkosten der Kostenart j
EKT	Matrix der Einzelkosten der Teilleistungen je Einheit
$EKT_{i,j}$	Einzelkosten der Kostenart j für die Leistungsposition i je Einheit
EKT^{ges}	Matrix der gesamten Einzelkosten der Teilleistungen
$EKT^{ges}_{i,j}$	Gesamte Einzelkosten der Kostenart j für die Leistungsposition i
$\overrightarrow{EP}$	Vektor der Einheitspreise
ep_i	Einheitspreis der Leistungsposition i
$\overrightarrow{ES}$	Vektor der Endsummen
ES_j	Endsumme für die Kostenart j
$\overrightarrow{F_J}$	Hilfsvektor der Dimension J
$\overrightarrow{F_n}$	Hilfsvektor der Dimension n
$\overrightarrow{GK}$	Vektor der summierten Gemeinkosten
GK_j	Summierte Gemeinkosten der Kostenart j
$\overrightarrow{GP}$	Vektor der Gesamtpreise der Leistungspositionen
GP_i	Gesamtpreis der Leistungsposition i
$\overrightarrow{HK}$	Vektor der Herstellkosten
HK_j	Herstellkosten der Kostenart j

Symbolverzeichnis (Fortsetzung)

i	Leistungsposition eines Leistungsverzeichnisses
J	Anzahl der Kostenarten
j	Kostenart
$\overrightarrow{KA}$	Vektor der Kostenarten
KA_j	Kostenart j
l	Leistungsposition eines Leistungsverzeichnisses
$\overrightarrow{M}$	Vektor der Mengenansätze eines Leistungsverzeichnisses
m_i	Mengenansatz der Leistungsposition i
n	Anzahl der Leistungspositionen eines Leistungsverzeichnisses
p_j^{AGK}	Prozentualer Zuschlagssatz für den Anteil der Allgemeinen Geschäftskosten für die Kostenart j
p_j^{WuG}	Prozentualer Zuschlagssatz für den Anteil von Wagnis und Gewinn für die Kostenart j
$\mathbb{R}$	Menge der reelen Zahlen
$\overrightarrow{WuG}$	Vektor für Wagnis und Gewinn
WuG_j	Wagnis und Gewinn für die Kostenart j
$\overrightarrow{Z}$	Vektor der prozentualen Zuschlagssätze für die Gemeinkostenumlage
z_j	Prozentualer Zuschlagssatz für die Gemeinkostenumlage für die Kostenart j

Ermittlung der Angebotssumme

Das Leistungsverzeichnis besteht aus n verschiedenen Leistungspositionen. Jeder Leistungsposition i ist genau eine ausgeschriebene Mengenangabe m_i zugeordnet. Die ausgeschriebene Menge m_i muss einen Wert größer Null aufweisen. Eine Leistungsposition i mit $m_i = 0$ beeinflusst die Preisbildung nicht und ist für die Kalkulation nicht relevant. Damit lässt sich das Leistungsverzeichnis wie folgt als n-dimensionaler Vektor $\overrightarrow{M}$ beschreiben:

$$\overrightarrow{M} = \begin{pmatrix} m_1 \\ \dots \\ m_{i-1} \\ m_i \\ m_{i+1} \\ \dots \\ m_n \end{pmatrix} \tag{5.1}$$

$$\text{mit } i = 1,\ 2,\ \dots,\ n \text{ und } m_i > 0$$

Formel 5.1: Mengenvektor des n-dimensionalen Leistungsverzeichnisses

Der Auftragnehmer nutzt für die Kalkulation der ausgeschriebenen Leistungsposition i verschiedene Kostenarten KA_j. Die Anzahl J der Kostenarten legt der Auftragnehmer in Abhängigkeit des Bauprojektes selbst fest. Der Vektor der Kostenarten $\overrightarrow{KA}$ kann wie folgt definiert werden:

$$\overrightarrow{KA} = \begin{pmatrix} KA_1 & \dots & KA_{j-1} & KA_j & KA_{j+1} & \dots & KA_J \end{pmatrix} \tag{5.2}$$

$$\text{mit } j = 1,\ 2,\ \dots,\ J \text{ und } KA_j = \mathit{Löhne},\ \mathit{Material},\ \dots$$

Formel 5.2: Vektor der Kostenarten

Der Mengenvektor $\overrightarrow{M}$ und der Vektor der Kostenarten $\overrightarrow{KA}$ spannen die Matrix der Einzelkosten der Teilleistungen je Einheit EKT auf. Für jede Leistungsposition i wird für alle Kostenarten KA_j ein Kostenwert $EKT_{i,j}$ je Mengeneinheit ermittelt. Dieser Wert entspricht den direkt zurechenbaren Kosten, die für die Ausführung einer Mengeneinheit der Leistungsposition i in der Kostenart KA_j entstehen und von keiner anderen Leistungsposition $l \neq i$ verursacht werden. Der Kostenwert $EKT_{i,j}$ kann dabei jeden Wert im Bereich der reelle Zahlen $\mathbb{R}$ annehmen. $EKT_{i,j}$ ist Null, wenn für die Leistungsposition i keine Kosten aus der Kostenart KA_j entstehen. Verursacht die Leistungsposition i Kosten in der Kostenart KA_j, so entspricht $EKT_{i,j}$ einem Wert größer Null. Die Matrix der Einzelkosten der Teilleistungen EKT ergibt sich wie folgt:

$$EKT = \begin{pmatrix} EKT_{1,1} & \dots & EKT_{1,j-1} & EKT_{1,j} & EKT_{1,j+1} & \dots & EKT_{1,J} \\ \dots & \dots & \dots & \dots & \dots & \dots & \dots \\ EKT_{i-1,1} & \dots & EKT_{i-1,j-1} & EKT_{i-1,j} & EKT_{i-1,j+1} & \dots & EKT_{i-1,J} \\ EKT_{i,1} & \dots & EKT_{i,j-1} & EKT_{i,j} & EKT_{i,j+1} & \dots & EKT_{i,J} \\ EKT_{i+1,1} & \dots & EKT_{i+1,j-1} & EKT_{i+1,j} & EKT_{i+1,j+1} & \dots & EKT_{i+1,J} \\ \dots & \dots & \dots & \dots & \dots & \dots & \dots \\ EKT_{n,1} & \dots & EKT_{n,j-1} & EKT_{n,j} & EKT_{n,j+1} & \dots & EKT_{n,J} \end{pmatrix} \quad (5.3)$$

mit $i = 1, 2, \dots, n$ und $j = 1, 2, \dots, J$ und $EKT_{i,j} \in \mathbb{R}$

Formel 5.3: Matrix der Einzelkosten der Teilleistungen je Einheit

Die Multiplikation des Mengenvektors $\overrightarrow{M}$ mit der Matrix der Einzelkosten der Teilleistungen je Einheit EKT ergibt die Matrix der Einzelkosten der Teilleistungen EKT^{ges}, die für jede Leistungsposition i die gesamten Einzelkosten $EKT^{ges}_{i,j}$ für die Kostenart j zur Ausführung der gesamten Mengeneinheit m_i enthält.

$$EKT^{ges} = \overrightarrow{M} \times EKT$$
$$= \begin{pmatrix} EKT^{ges}_{1,1} & \dots & EKT^{ges}_{1,j-1} & EKT^{ges}_{1,j} & EKT^{ges}_{1,j+1} & \dots & EKT^{ges}_{1,J} \\ \dots & \dots & \dots & \dots & \dots & \dots & \dots \\ EKT^{ges}_{i-1,1} & \dots & EKT^{ges}_{i-1,j-1} & EKT^{ges}_{i-1,j} & EKT^{ges}_{i-1,j+1} & \dots & EKT^{ges}_{i-1,J} \\ EKT^{ges}_{i,1} & \dots & EKT^{ges}_{i,j-1} & EKT^{ges}_{i,j} & EKT^{ges}_{i,j+1} & \dots & EKT^{ges}_{i,J} \\ EKT^{ges}_{i+1,1} & \dots & EKT^{ges}_{i+1,j-1} & EKT^{ges}_{i+1,j} & EKT^{ges}_{i+1,j+1} & \dots & EKT^{ges}_{i+1,J} \\ \dots & \dots & \dots & \dots & \dots & \dots & \dots \\ EKT^{ges}_{n,1} & \dots & EKT^{ges}_{n,j-1} & EKT^{ges}_{n,j} & EKT^{ges}_{n,j+1} & \dots & EKT^{ges}_{n,J} \end{pmatrix} \quad (5.4)$$

mit $i = 1, 2, \dots, n$ und $j = 1, 2, \dots, J$ und $EKT^{ges}_{i,j} \in \mathbb{R}$

Formel 5.4: Berechnung der Matrix der gesamten Einzelkosten der Teilleistungen

Die Summe der $EKT_{i,j}^{ges}$ innerhalb der Kostenart KA_j ergibt die summierten Einzelkosten EK_j der Kostenart j. Zur Berechnung der EK_j ist der n-dimensionale Hilfsvektor $\overrightarrow{F_n}$ notwendig:

$$\overrightarrow{F_n} = \begin{pmatrix} 1 & 1 \dots 1 \end{pmatrix} \tag{5.5}$$

Formel 5.5: n-dimensionaler Hilfsvektor $\vec{F_n}$

Der nach Kostenarten aufgeschlüsselten Vektor der summierten Einzelkosten $\overrightarrow{EK}$ ergibt sich dann wie folgt:

$$\begin{aligned} \overrightarrow{EK} &= \overrightarrow{F_n} \times EKT^{ges} \\ \overrightarrow{EK} &= \begin{pmatrix} EK_1 & \dots & EK_{j-1} & EK_j & EK_{j+1} & \dots & EK_J \end{pmatrix} \end{aligned} \tag{5.6}$$

$$\text{mit } j = 1,\ 2,\ \dots,\ J \text{ und } EK_j \in \mathbb{R}$$

Formel 5.6: Berechnung des Vektors der summierten Einzelkosten

Die Baustellengemeinkosten werden ebenfalls nach Kostenarten ermittelt. Der Vektor der summierten Baustellengemeinkosten $\overrightarrow{BGK}$ ergibt sich als:

$$\overrightarrow{BGK} = \begin{pmatrix} BGK_1 & \dots & BGK_{j-1} & BGK_j & BGK_{j+1} & \dots & BGK_J \end{pmatrix} \tag{5.7}$$

$$\text{mit } j = 1,\ 2,\ \dots,\ J \text{ und } BGK_j \in \mathbb{R}$$

Formel 5.7: Vektors der summierten Baustellengemeinkosten

Aus dem Vektor der summierten Einzelkosten $\overrightarrow{EK}$ und dem Vektor der summierten Baustellengemeinkosten $\overrightarrow{BGK}$ berechnet sich durch Addition der Vektor der Herstellkosten $\overrightarrow{HK}$.

$$\overrightarrow{HK} = \overrightarrow{EK} + \overrightarrow{BGK}$$
$$\overrightarrow{HK} = \begin{pmatrix} HK_1 \ \dots \ HK_{j-1} \ HK_j \ HK_{j+1} \ \dots \ HK_J \end{pmatrix} \tag{5.8}$$
$$\text{mit } j \; = \; 1, \; 2, \; \dots, \; J \text{ und } HK_j \in \mathbb{R}$$

Formel 5.8: Vektors der summierten Herstellkosten

Die Herstellkosten werden um die Beträge für die Allgemeinen Geschäftskosten und den Anteilen für Wagnis und Gewinn ergänzt. Der Vektor für die Allgemeinen Geschäftskosten $\overrightarrow{AGK}$ und der Vektor für die Beträge für Wagnis und Gewinn $\overrightarrow{WuG}$ werden wie folgt definiert:

$$\overrightarrow{AGK} = \begin{pmatrix} AGK_1 \ \dots \ AGK_{j-1} \ AGK_j \ AGK_{j+1} \ \dots \ AGK_J \end{pmatrix} \tag{5.9}$$
$$\text{mit } j \; = \; 1, \; 2, \; \dots, \; J \text{ und } AGK_j \in \mathbb{R}$$

Formel 5.9: Vektors der Allgemeinen Geschäftskosten

$$\overrightarrow{WuG} = \begin{pmatrix} WuG_1 \ \dots \ WuG_{j-1} \ WuG_j \ WuG_{j+1} \ \dots \ WuG_J \end{pmatrix} \tag{5.10}$$
$$\text{mit } j \; = \; 1, \; 2, \; \dots, \; J \text{ und } WuG_j \in \mathbb{R}$$

Formel 5.10: Vektor der Beträge für Wagnis und Gewinn

Der Wert für AGK_j und WuG_j werden dabei über prozentuale Zuschlagssätze p_j^{AGK} und p_j^{WuG} berechnet. Für jede Kostenart j können beliebige Zuschlagssätze p_j^{AGK} und p_j^{WuG} gewählt werden. Die Zuschlagssätze beziehen sich auf den Anteil an der Angebotssumme und müssen auf die Herstellkosten umgerechnet werden:

$$AGK_j = \frac{p_j^{AGK} \cdot 100\%}{100\% - p_j^{AGK}} \cdot HK_j \tag{5.11}$$
$$\text{mit } j \; = \; 1, \; 2, \; \dots, \; J \text{ und } p_j^{AGK} \in \mathbb{R} \; in \; [\%]$$

Formel 5.11: Berechnung der Allgemeinen Geschäftskosten der Kostenart j

$$WuG_j = \frac{p_j^{WuG} \cdot 100\%}{100\% - p_j^{WuG}} \cdot HK_j \tag{5.12}$$

$$\text{mit } j = 1, 2, \ldots, J \text{ und } p_j^{WuG} \in \mathbb{R} \; in \; [\%]$$

Formel 5.12: Berechnung von Wagnis und Gewinn der Kostenart j

Die Summe aus dem Vektor für die Herstellkosten $\overrightarrow{HK}$, dem Vektor der Allgemeinen Geschäftskosten $\overrightarrow{AGK}$ und dem Vektor für Wagnis und Gewinn $\overrightarrow{WuG}$ bilden den Endsummenvektor $\overrightarrow{ES}$:

$$\begin{aligned} \overrightarrow{ES} &= \overrightarrow{HK} + \overrightarrow{AGK} + \overrightarrow{WuG} \\ \overrightarrow{ES} &= \begin{pmatrix} ES_1 & \ldots & ES_{j-1} & ES_j & ES_{j+1} & \ldots & ES_J \end{pmatrix} \end{aligned} \tag{5.13}$$

$$\text{mit } j = 1, 2, \ldots, J \text{ und } ES_j \in \mathbb{R}$$

Formel 5.13: Vektor der Endsummen

Um aus dem Endsummenvektor die Angebotssumme zu ermitteln, muss der Hilfsvektor $\overrightarrow{F_J}$ eingeführt werden. Der Hilfsvektor $\overrightarrow{F_J}$ besitzt die Dimension J:

$$\overrightarrow{F_J} = \begin{pmatrix} 1 \\ 1 \\ \ldots \\ 1 \end{pmatrix} \tag{5.14}$$

Formel 5.14: J-dimensionaler Hilfsvektor $\vec{F_J}$

Die Multiplikation des Endsummenvektors $\overrightarrow{ES}$ mit dem Hilfsvektor $\overrightarrow{F_J}$ ergibt die Angebotssumme:

$$\text{Angebotssumme} = \overrightarrow{ES} \times \overrightarrow{F_J}$$

$$\text{Angebotssumme} = \begin{pmatrix} ES_1 & \dots & ES_{j-1} & ES_j & ES_{j+1} & \dots & ES_J \end{pmatrix} \times \begin{pmatrix} 1 \\ 1 \\ \dots \\ 1 \end{pmatrix} \quad (5.15)$$

Formel 5.15: Berechnung der Angebotssumme

Ermittlung der Einheitspreise

Bei einem Einheitspreisvertrag erfolgt die Vergütung der ausgeführten Leistung über die vertraglich vereinbarten Einheitspreise ep_i der Leistungspositionen i. Das Bauunternehmen muss seine Gemeinkosten auf die Leistungspositionen i umlegen, um eine Vergütung für die Gemeinkosten zu erhalten. Der Gemeinkostenvektor $\overrightarrow{GK}$ ergibt sich aus der Summe von $\overrightarrow{BGK}$, $\overrightarrow{AGK}$ und $\overrightarrow{WuG}$:

$$\overrightarrow{GK} = \overrightarrow{BGK} + \overrightarrow{AGK} + \overrightarrow{WuG}$$
$$\overrightarrow{GK} = \begin{pmatrix} GK_1 & \dots & GK_{j-1} & GK_j & GK_{j+1} & \dots & GK_J \end{pmatrix} \quad (5.16)$$
$$\text{mit } j = 1, 2, \dots, J \text{ und } GK_j \in \mathbb{R}$$

Formel 5.16: Vektor der Gemeinkosten

Die Umlage der Gemeinkosten erfolgt über prozentuale Zuschlagssätze auf die Einzelkosten der Teilleistungen. Im Normalfall werden für alle Kostenarten KA_j außer für die Lohnkosten prozentuale Zuschlagssätze z_j festgelegt. Der verbleibende Restumlagebetrag wird auf die Lohnkosten beaufschlagt. Die Restumlage errechnet sich aus der Differenz des gesamten Gemeinkostenbetrags abzüglich der Summe der auf die anderen Kostenarten $KA_{j,j\hat{\neq} Lohn}$ verteilten Gemeinkostenumlagebeträge:

$$\text{Restumlage} = \overrightarrow{GK} \times \overrightarrow{F_J} - \sum_{j=1, j \hat{\neq} \text{Lohn}}^{J_{-1}} EK_j \cdot z_j \tag{5.17}$$

mit $j = 1, 2, \ldots, J_{-1}$, J ohne Lohnkosten und $z_j \in \mathbb{R}$ in [%]

Formel 5.17: Berechnung der Restumlage

Der Zuschlagssatz für die Lohnkosten $z_{j \hat{=} Lohn}$ berechnet sich aus dem Verhältnis von Restumlage zu den Einzelkosten der Kostenart Lohn $EK_{j \hat{=} Lohn}$ wie folgt:

$$z_{j \hat{=} Lohn} = \frac{\text{Restumlage}}{EK_{j \hat{=} Lohn}} \cdot 100\% \tag{5.18}$$

Formel 5.18: Berechnung des Zuschlagssatzes für Lohnkosten

Der Vektor der prozentualen Zuschlagssätze $\vec{Z}$ ergibt sich dann als:

$$\vec{Z} = \begin{pmatrix} z_1 & \ldots & z_{j-1} & z_j & z_{j+1} & \ldots & z_J \end{pmatrix} \tag{5.19}$$

mit $j = 1, 2, \ldots, J$ und $z_j \in \mathbb{R}$ in [%]

Formel 5.19: Vektor der prozentualen Zuschlagssätze

Der Einheitspreis ep_i der Leistungsposition i ergibt sich aus der Summe der mit den Zuschlagssätzen z_j multiplizierten $EKT_{i,j}$ wie folgt:

$$\overrightarrow{EP} = \begin{pmatrix} ep_1 \\ \ldots \\ ep_{i-1} \\ ep_i \\ ep_{i+1} \\ \ldots \\ ep_n \end{pmatrix} = \begin{pmatrix} \sum_{1,j=1}^{1,J} EKT_{1,j} \cdot (1 + z_j) \\ \ldots \\ \sum_{(i-1),j=1}^{(i-1),J} EKT_{(i-1),j} \cdot (1 + z_j) \\ \sum_{i,j=1}^{i,J} EKT_{i,j} \cdot (1 + z_j) \\ \sum_{(i+1),J=1}^{(i+1),J} EKT_{(i+1),j} \cdot (1 + z_j) \\ \ldots \\ \sum_{n,j=1}^{n,J} EKT_{n,j} \cdot (1 + z_j) \end{pmatrix} \tag{5.20}$$

mit $i = 1, 2, \ldots, n$ und $j = 1, 2, \ldots, J$ und $ep_i \in \mathbb{R}$

Formel 5.20: Berechnung des Vektors der Einheitspreise

Die Multiplikation des Mengenvektors $\overrightarrow{M}$ mit dem Vektor der Einheitspreise $\overrightarrow{EP}$ ergibt den Vektor der Gesamtpreise $\overrightarrow{GP}$, der die Gesamtpreise GP_i der Leistungspositionen i enthält:

$$\overrightarrow{GP} = \overrightarrow{M} \times \overrightarrow{EP} = \begin{pmatrix} GP_1 \\ \dots \\ GP_{i-1} \\ GP_i \\ GP_{i+1} \\ \dots \\ GP_n \end{pmatrix} \tag{5.21}$$

$$\text{mit } i = 1, 2, \dots, n \text{ und } GP_i \in \mathbb{R}$$

Formel 5.21: Vektor der Gesamtpreise

Die Angebotssumme berechnet sich aus der Summe aller GP_i. Hierfür wird der n-dimensionale Hilfsvektor F_n benötigt:

$$\begin{aligned} \text{Angebotssumme} &= \overrightarrow{F_n} \times \overrightarrow{GP} \\ \text{Angebotssumme} &= \begin{pmatrix} 1 & 1 \dots 1 \end{pmatrix} \times \begin{pmatrix} GP_1 \\ \dots \\ GP_{i-1} \\ GP_i \\ GP_{i+1} \\ \dots \\ GP_n \end{pmatrix} \end{aligned} \tag{5.22}$$

Formel 5.22: Berechnung der Angebotssumme über die Gesamtpreise

Anlage 6

Mathematische Formulierung der modifizierten Einheitspreiskalkulation

Diese Anlage enthält eine allgemeingültige mathematische Formulierung des Kalkulationsverfahrens *Kalkulation zur Angebotssumme* zur Ermittlung des Einheitspreises, zur Ermittlung des Fixpreises und zur Ermittlung der Angebotssumme. Dazu werden folgende Symbole verwendet:

Symbolverzeichnis

$\overrightarrow{BGK}$	Vektor der summierten Baustellengemeinkosten
BGK_j	Summierte Baustellengemeinkosten der Kostenart j
$\overrightarrow{EK}$	Vektor der summierten Einzelkosten
EK_j	Summierte Einzelkosten der Kostenart j
EKT_f	Matrix der fixen Kostenbestandteile der Einzelkosten der Teilleistungen
$EKT_{f_{i,j}}$	Fixe Einzelkosten der Kostenart j für die Leistungsposition i
EKT_f^Z	Matrix der fixen Kostenbestandteile der Einzelkosten der Teilleistungen mit Zuschlag
$EKT_{f_{i,j}}^Z$	Fixe Einzelkosten mit Zuschlag der Kostenart j für die Leistungsposition i
EKT^{ges}	Matrix der summierten Einzelkosten der Teilleistungen
$EKT_{i,j}^{ges}$	Summierte Einzelkosten der Kostenart j für die Leistungsposition i
EKT_v	Matrix der variablen Kostenbestandteile der Einzelkosten der Teilleistungen je Einheit
$EKT_{v_{i,j}}$	Variable Einzelkosten je Einheit der Kostenart j für die Leistungsposition i
EKT_v^Z	Matrix der variablen Kostenbestandteile der Einzelkosten der Teilleistungen je Einheit mit Zuschlag
$EKT_{v_{i,j}}^Z$	Variable Einzelkosten je Einheit mit Zuschlag der Kostenart j für die Leistungsposition i
$\overrightarrow{EP}$	Vektor der Einheitspreise
ep_i	Einheitspreis der Leistungsposition i

Symbolverzeichnis (Fortsetzung)

$\overrightarrow{F_J}$	Hilfsvektor der Dimension J
$\overrightarrow{F_n}$	Hilfsvektor der Dimension n
$\overrightarrow{FP}$	Vektor der Fixpreise
FP_i	Fixpreis der Leistungsposition i
$\overrightarrow{GK}^{fix}$	Vektor der fixen Gemeinkosten
GK_j^{fix}	Fixe Gemeinkosten für die Kostenart j
$\overrightarrow{GP}$	Vektor der Gesamtpreise der Leistungspositionen
GP_i	Gesamtpreis der Leistungsposition i
i	Leistungsposition eines Leistungsverzeichnisses
J	Anzahl der Kostenarten
j	Kostenart
$\overrightarrow{KA}$	Vektor der Kostenarten
KA_j	Kostenart j
l	Leistungsposition eines Leistungsverzeichnisses
$\overrightarrow{M}$	Vektor der Mengenansätze eines Leistungsverzeichnisses
m_i	Mengenansatz der Leistungsposition i
n	Anzahl der Leistungspositionen eines Leistungsverzeichnisses
p_j^{AGK}	Prozentualer Zuschlagssatz für den Anteil der Allgemeinen Geschäftskosten für die Kostenart j
p_j^{WuG}	Prozentualer Zuschlagssatz für den Anteil von Wagnis und Gewinn für die Kostenart j
$\mathbb{R}$	Menge der reelen Zahlen
U^{GK}	Matrix der umgelegten Anteile an den fixen Gemeinkosten
$u_{i,j}^{GK}$	Umgelegter Anteil der fixen Gemeinkosten auf die Leistungsposition i für die Kostenart j
$\overrightarrow{U}^{GK}$	Vektor der summierten Anteile an den fixen Gemeinkosten

Symbolverzeichnis (Fortsetzung)

u_n^{GK}	Summierten Anteile an den fixen Gemeinkosten für die Leistungsposition i
$\overrightarrow{Z}$	Vektor der prozentualen Zuschlagssätze für die Allgemeinen Geschäftskosten, Wagnis und Gewinn
z_j	Prozentualer Zuschlagssatz für die Allgemeinen Geschäftskosten, Wagnis und Gewinn für die Kostenart j
$\overrightarrow{Z}^U$	Vektor der prozentualen Zuschlagssätze für die Umlage der fixen Gemeinkosten
z_j^U	Prozentualer Zuschlagssatz für die Umlage der fixen Gemeinkosten für die Kostenart j

Ermittlung des Einheitspreises

Das Leistungsverzeichnis besteht aus n verschiedenen Leistungspositionen. Jeder Leistungsposition i ist genau eine ausgeschriebene Mengenangabe m_i zugeordnet. Die ausgeschriebene Menge m_i muss einen Wert größer Null aufweisen. Eine Leistungsposition i mit $m_i = 0$ beeinflusst die Preisbildung nicht und ist für die Kalkulation nicht relevant. Damit lässt sich das Leistungsverzeichnis wie folgt als n-dimensionaler Vektor $\overrightarrow{M}$ beschreiben:

$$\overrightarrow{M} = \begin{pmatrix} m_1 \\ \dots \\ m_{i-1} \\ m_i \\ m_{i+1} \\ \dots \\ m_n \end{pmatrix} \qquad (6.23)$$

$$\text{mit } i = 1, 2, \dots, n \text{ und } m_i > 0$$

Formel 6.1: Mengenvektor des n-dimensionalen Leistungsverzeichnisses

Der Auftragnehmer nutzt für die Kalkulation der ausgeschriebenen Leistungsposition i verschiedene Kostenarten KA_j. Die Anzahl J der Kostenarten legt der Auftragnehmer in Abhängigkeit des Bauprojektes selbst fest. Der Vektor der Kostenarten $\overrightarrow{KA}$ kann wie folgt definiert werden:

$$\overrightarrow{KA} = \begin{pmatrix} KA_1 & \dots & KA_{j-1} & KA_j & KA_{j+1} & \dots & KA_J \end{pmatrix} \tag{6.24}$$

$$\text{mit } j = 1, 2, \dots, J \text{ und } KA_j = Löhne, Material, \dots$$

Formel 6.2: Vektor der Kostenarten

Der Mengenvektor $\overrightarrow{M}$ und der Vektor der Kostenarten $\overrightarrow{KA}$ spannen die Matrix der variablen Einzelkosten der Teilleistungen je Einheit EKT_v auf. Für jede Leistungsposition i wird für alle Kostenarten KA_j ein Kostenwert $EKT_{v_{i,j}}$ je Mengeneinheit ermittelt. Dieser Wert entspricht den mengenvariablen Kosten, die für die Ausführung einer Mengeneinheit der Leistungsposition i in der Kostenart KA_j entstehen und von keiner anderen Leistungsposition $l \neq i$ verursacht werden. Der Kostenwert $EKT_{v_{i,j}}$ kann dabei jeden Wert im Bereich der reelle Zahlen $\mathbb{R}$ annehmen. $EKT_{v_{i,j}}$ ist Null, wenn für die Leistungsposition i keine Kosten aus der Kostenart KA_j entstehen. Verursacht die Leistungsposition i Kosten in der Kostenart KA_j, so entspricht $EKT_{v_{i,j}}$ einem Wert größer Null. Die Matrix der variablen Einzelkosten EKT_v ergibt sich wie folgt:

$$EKT_v = \begin{pmatrix} EKT_{v_{1,1}} & \dots & EKT_{v_{1,j-1}} & EKT_{v_{1,j}} & EKT_{v_{1,j+1}} & \dots & EKT_{v_{1,J}} \\ \dots & \dots & \dots & \dots & \dots & \dots & \dots \\ EKT_{v_{i-1,1}} & \dots & EKT_{v_{i-1,j-1}} & EKT_{v_{i-1,j}} & EKT_{v_{i-1,j+1}} & \dots & EKT_{v_{i-1,J}} \\ EKT_{v_{i,1}} & \dots & EKT_{v_{i,j-1}} & EKT_{v_{i,j}} & EKT_{v_{i,j+1}} & \dots & EKT_{v_{i,J}} \\ EKT_{v_{i+1,1}} & \dots & EKT_{v_{i+1,j-1}} & EKT_{v_{i+1,j}} & EKT_{v_{i+1,j+1}} & \dots & EKT_{v_{i+1,J}} \\ \dots & \dots & \dots & \dots & \dots & \dots & \dots \\ EKT_{v_{n,1}} & \dots & EKT_{v_{n,j-1}} & EKT_{v_{n,j}} & EKT_{v_{n,j+1}} & \dots & EKT_{v_{n,J}} \end{pmatrix} \tag{6.25}$$

$$\text{mit } i = 1, 2, \dots, n \text{ und } j = 1, 2, \dots, J \text{ und } EKT_{v_{i,j}} \in \mathbb{R}$$

Formel 6.3: Matrix der variablen Kostenbestandteile der Einzelkosten der Teilleistungen je Einheit

Bei der modifizierten Einheitspreisvergütung enthält der Einheitspreis nur mengenabhängige Gemeinkostenanteile für die Allgemeinen Geschäftskosten sowie für Wagnis und Gewinn. Für jede Kostenart j können beliebige prozentuale Zuschlagssätze p_j^{AGK} und p_j^{WuG} festgelegt werden. Die Zuschlagssätze beziehen sich auf den Anteil an der Angebotssumme und müssen auf die Herstellkosten (hier: variable Einzelkosten) umgerechnet werden. Der Zuschlagssatz z_j ergibt sich wie folgt:

$$z_j = \frac{(p_j^{AGK} + p_j^{WuG}) \cdot 100\%}{100\% - (p_j^{AGK} + p_j^{WuG})} \tag{6.26}$$

$$\text{mit } j = 1, 2, \ldots, J \text{ und } z_j,\ p_j^{AGK},\ p_j^{WuG} \in \mathbb{R} \text{ in } [\%]$$

Formel 6.4: Vektor der Zuschlagssätze für AGK, Wagnis und Gewinn

Der Vektor $\vec{Z}$ enthält für alle Kostenarten j den Zuschlagssatz z_j für die Berücksichtigung der Allgemeinen Geschäftskosten sowie Wagnis und Gewinn:

$$\vec{Z} = \begin{pmatrix} z_1 & \ldots & z_{j-1} & z_j & z_{j+1} & \ldots & z_J \end{pmatrix} \tag{6.27}$$

$$\text{mit } j = 1, 2, \ldots, J \text{ und } z_j \in \mathbb{R}$$

Formel 6.5: Vektor der Zuschlagssätze für AGK, Wagnis und Gewinn

Die Multiplikation der Matrix der variablen Einzelkosten je Einheit EKT_v mit dem Vektor der Zuschlagssätze $\vec{Z}$ ergibt die Matrix der variablen Einzelkosten je Einheit mit Zuschlag EKT_v^Z:

$$EKT_v^Z = EKT_v + \left(EKT_v \times \vec{Z}\right)$$

$$= \begin{pmatrix} EKT^Z_{v_{1,1}} & \dots & EKT^Z_{v_{1,j-1}} & EKT^Z_{v_{1,j}} & EKT^Z_{v_{1,j+1}} & \dots & EKT^Z_{v_{1,J}} \\ \dots & \dots & \dots & \dots & \dots & \dots & \dots \\ EKT^Z_{v_{i-1,1}} & \dots & EKT^Z_{v_{i-1,j-1}} & EKT^Z_{v_{i-1,j}} & EKT^Z_{v_{i-1,j+1}} & \dots & EKT^Z_{v_{i-1,J}} \\ EKT^Z_{v_{i,1}} & \dots & EKT^Z_{v_{i,j-1}} & EKT^Z_{v_{i,j}} & EKT^Z_{v_{i,j+1}} & \dots & EKT^Z_{v_{i,J}} \\ EKT^Z_{v_{i+1,1}} & \dots & EKT^Z_{v_{i+1,j-1}} & EKT^Z_{v_{i+1,j}} & EKT^Z_{v_{i+1,j+1}} & \dots & EKT^Z_{v_{i+1,J}} \\ \dots & \dots & \dots & \dots & \dots & \dots & \dots \\ EKT^Z_{v_{n,1}} & \dots & EKT^Z_{v_{n,j-1}} & EKT^Z_{v_{n,j}} & EKT^Z_{v_{n,j+1}} & \dots & EKT^Z_{v_{n,J}} \end{pmatrix} \tag{6.28}$$

mit $i = 1, 2, \dots, n$ und $j = 1, 2, \dots, J$ und $EKT^Z_{v_{i,j}} \in \mathbb{R}$

Formel 6.6: Matrix der variablen Kostenbestandteile mit Zuschlag je Einheit

Die Summe der $EKT^Z_{i,j}$ über die alle Kostenarten j ergibt den Einheitspreis ep_i der Leistungsposition i. Hierfür ist der Hilfsvektor $\overrightarrow{F_J}$ der Dimension J notwendig:

$$\overrightarrow{F_J} = \begin{pmatrix} 1 \\ 1 \\ \dots \\ 1 \end{pmatrix} \tag{6.29}$$

Formel 6.7: J-dimensionaler Hilfsvektor $\vec{F_J}$

Der Vektor der Einheitspreise $\overrightarrow{EP}$ ergibt sich dann aus der Multiplikation der Matrix EKT_v^Z mit dem Hilfsvektor $\overrightarrow{F_J}$:

$$\overrightarrow{EP} = EKT_v^Z \times \begin{pmatrix} 1 \\ 1 \\ \dots \\ 1 \end{pmatrix} = \begin{pmatrix} ep_1 \\ \dots \\ ep_{i-1} \\ ep_i \\ ep_{i+1} \\ \dots \\ ep_n \end{pmatrix} \tag{6.30}$$

$$\text{mit } i = 1, 2, \dots, n \text{ und } ep_i \in \mathbb{R}$$

Formel 6.8: Vektor der Einheitspreise

Ermittlung des Fixpreises

Schritt 1 - Ermittlung der fixen Gemeinkosten

Die Baustellengemeinkosten werden nach Kostenarten ermittelt. Der Vektor der summierten Baustellengemeinkosten $\overrightarrow{BGK}$ ergibt sich als:

$$\overrightarrow{BGK} = \begin{pmatrix} BGK_1 & \dots & BGK_{j-1} & BGK_j & BGK_{j+1} & \dots & BGK_J \end{pmatrix} \tag{6.31}$$

$$\text{mit } j = 1, 2, \dots, J \text{ und } BGK_j \in \mathbb{R}$$

Formel 6.9: Vektors der summierten Baustellengemeinkosten

Die Baustellengemeinkosten erhalten einen Zuschlag für die Allgemeinen Geschäftskosten, Wagnis und Gewinn. Der Vektor der Baustellengemeinkosten $\overrightarrow{BGK}$ wird mit dem Vektor der Zuschlagssätze $\overrightarrow{Z}$ multipliziert, um die fixen Gemeinkosten GK_j^{fix} der Kostenart j zu ermitteln. Der Vektor der fixen Gemeinkosten $\overrightarrow{GK}^{fix}$ ergibt sich wie folgt:

$$\begin{aligned}\overrightarrow{GK}^{fix} &= \overrightarrow{BGK} + \left(\overrightarrow{BGK} \times \vec{Z}\right) \\ &= \left(GK_1^{fix} \; \ldots \; GK_{j-1}^{fix} \; GK_j^{fix} \; GK_{j+1}^{fix} \; \ldots \; GK_J^{fix} \right)\end{aligned} \tag{6.32}$$

$$\text{mit } j = 1, 2, \ldots, J \text{ und } GK_j^{fix} \in \mathbb{R}$$

Formel 6.10: Vektor der fixen Gemeinkosten

Die Summe aller GK_j ergibt den Wert der fixen Gemeinkosten. Um den Wert für die fixen Gemeinkosten zu erhalten, wird der Vektor der fixen Gemeinkosten $\overrightarrow{GK}^{fix}$ mit dem Hilfsvektor $\overrightarrow{F_J}$ multipliziert:

$$\text{fixe Gemeinkosten } = \overrightarrow{GK}^{fix} \times \overrightarrow{F_J}$$

$$\text{fixe Gemeinkosten } = \left(GK_1^{fix} \; \ldots \; GK_{j-1}^{fix} \; GK_j^{fix} \; GK_{j+1}^{fix} \; \ldots \; GK_J^{fix} \right) \times \begin{pmatrix} 1 \\ 1 \\ \ldots \\ 1 \end{pmatrix} \tag{6.33}$$

Formel 6.11: Berechnung der fixen Gemeinkosten

Schritt 2 - Ermittlung der gesamten Einzelkosten

Neben der Matrix für die variablen Einzelkosten EKT_v existiert die Matrix der fixen Einzelkosten EKT_f. Für jede Leistungsposition i wird für jede Kostenart j ein Wert $EKT_{f_{i,j}}$ ermittelt. Der Wert $EKT_{f_{i,j}}$ beschreibt die mengenunabhängigen Kosten, die durch die Leistungsposition i verursacht werden und keiner anderen Leistungsposition $l \neq i$ zugewiesen werden können. Für die $EKT_{f_{i,j}}$ gelten die gleichen Bedingungen wie für die $EKT_{v_{i,j}}$. Die Matrix der fixen Einzelkosten ist wie folgt definiert:

$$EKT_f = \begin{pmatrix} EKT_{f_{1,1}} & \dots & EKT_{f_{1,j-1}} & EKT_{f_{1,j}} & EKT_{f_{1,j+1}} & \dots & EKT_{f_{1,J}} \\ \dots & \dots & \dots & \dots & \dots & \dots & \dots \\ EKT_{f_{i-1,1}} & \dots & EKT_{f_{i-1,j-1}} & EKT_{f_{i-1,j}} & EKT_{f_{i-1,j+1}} & \dots & EKT_{f_{i-1,J}} \\ EKT_{f_{i,1}} & \dots & EKT_{f_{i,j-1}} & EKT_{f_{i,j}} & EKT_{f_{i,j+1}} & \dots & EKT_{f_{i,J}} \\ EKT_{f_{i+1,1}} & \dots & EKT_{f_{i+1,j-1}} & EKT_{f_{i+1,j}} & EKT_{f_{i+1,j+1}} & \dots & EKT_{f_{i+1,J}} \\ \dots & \dots & \dots & \dots & \dots & \dots & \dots \\ EKT_{f_{n,1}} & \dots & EKT_{f_{n,j-1}} & EKT_{f_{n,j}} & EKT_{f_{n,j+1}} & \dots & EKT_{f_{n,J}} \end{pmatrix} \quad (6.34)$$

mit $i = 1, 2, \dots, n$ und $j = 1, 2, \dots, J$ und $EKT_{f_{i,j}} \in \mathbb{R}$

Formel 6.12: Matrix der fixen Kostenbestandteile der Einzelkosten der Teilleistungen

Die Summe der fixen und variablen Einzelkosten einer Leistungsposition i für die Kostenart j berechnet sich aus der Multiplikation des Mengenvektors $\overrightarrow{M}$ mit der Matrix der variablen Einzelkosten je Einheit EKT_v zuzüglich der Matrix der fixen Einzelkosten EKT_f. Die Matrix der summierten Einzelkosten der Teilleistungen EKT^{ges} ergibt sich aus:

$$EKT^{ges} = \overrightarrow{M} \times EKT_v + EKT_f$$

$$= \begin{pmatrix} EKT^{ges}_{1,1} & \dots & EKT^{ges}_{1,j-1} & EKT^{ges}_{1,j} & EKT^{ges}_{1,j+1} & \dots & EKT^{ges}_{1,J} \\ \dots & \dots & \dots & \dots & \dots & \dots & \dots \\ EKT^{ges}_{i-1,1} & \dots & EKT^{ges}_{i-1,j-1} & EKT^{ges}_{i-1,j} & EKT^{ges}_{i-1,j+1} & \dots & EKT^{ges}_{i-1,J} \\ EKT^{ges}_{i,1} & \dots & EKT^{ges}_{i,j-1} & EKT^{ges}_{i,j} & EKT^{ges}_{i,j+1} & \dots & EKT^{ges}_{i,J} \\ EKT^{ges}_{i+1,1} & \dots & EKT^{ges}_{i+1,j-1} & EKT^{ges}_{i+1,j} & EKT^{ges}_{i+1,j+1} & \dots & EKT^{ges}_{i+1,J} \\ \dots & \dots & \dots & \dots & \dots & \dots & \dots \\ EKT^{ges}_{n,1} & \dots & EKT^{ges}_{n,j-1} & EKT^{ges}_{n,j} & EKT^{ges}_{n,j+1} & \dots & EKT^{ges}_{n,J} \end{pmatrix} \quad (6.35)$$

mit $i = 1, 2, \dots, n$ und $j = 1, 2, \dots, J$ und $EKT^{ges}_{i,j} \in \mathbb{R}$

Formel 6.13: Berechnung der Matrix der summierten Einzelkosten der Teilleistungen

Die Addition der summierten Einzelkosten der Teilleistungen $EKT_{i,j}^{ges}$ über alle Leistungspositionen i ergibt den Vektor der summierten Einzelkosten für die Kostenart j. Hierfür ist der n-dimensionale Hilfsvektor $\overrightarrow{F_n}$ notwendig:

$$\overrightarrow{F_n} = \begin{pmatrix} 1 & 1 \dots 1 \end{pmatrix} \tag{6.36}$$

Formel 6.14: n-dimensionaler Hilfsvektor $\vec{F_n}$

Der Vektor der summierten Einzelkosten $\overrightarrow{EK}$ berechnet sich aus der Multiplikation des Hilfsvektors $\overrightarrow{F_n}$ mit der Matrix der summierten Einzelkosten der Teilleistungen EKT^{ges}:

$$\begin{aligned} \overrightarrow{EK} &= \overrightarrow{F_n} \times EKT^{ges} \\ \overrightarrow{EK} &= \begin{pmatrix} EK_1 & \dots & EK_{j-1} & EK_j & EK_{j+1} & \dots & EK_J \end{pmatrix} \end{aligned} \tag{6.37}$$

$$\text{mit } j = 1,\ 2,\ \dots,\ J \text{ und } EK_j \in \mathbb{R}$$

Formel 6.15: Vektor der summierten Einzelkosten

Der Wert für die gesamten Einzelkosten ergibt sich aus der Multiplikation des Vektors der summierten Einzelkosten $\overrightarrow{EK}$ mit dem Hilfsvektor $\overrightarrow{F_J}$ wie folgt:

$$\begin{aligned} \text{Einzelkosten} &= \overrightarrow{EK} \times \overrightarrow{F_J} \\ &= \begin{pmatrix} EK_1 & \dots & EK_{j-1} & EK_j & EK_{j+1} & \dots & EK_J \end{pmatrix} \times \begin{pmatrix} 1 \\ 1 \\ \dots \\ 1 \end{pmatrix} \end{aligned} \tag{6.38}$$

Formel 6.16: Berechnung der gesamten Einzelkosten

Schritt 3 - Ermittlung der Zuschlagssätze für die Umlage der fixen Gemeinkosten

Die Umlage der fixen Gemeinkosten auf die verschiedenen Leistungspositionen erfolgt über prozentuale Zuschlagssätze auf die summierten Einzelkosten der Teilleistungen. Im Normalfall werden für alle Kostenarten KA_j außer für die Lohnkosten prozentuale Zuschlagssätze z_j^U festgelegt. Der verbleibende Restumlagebetrag wird auf die Lohnkosten beaufschlagt. Die Restumlage errechnet sich aus der Differenz des gesamten Gemeinkostenbetrags abzüglich der Summe der auf die anderen Kostenarten $KA_{j,j\hat{\neq}Lohn}$ verteilten Gemeinkostenumlagebeträge:

$$\text{Restumlage } = \text{fixe Gemeinkosten } - \sum_{j=1,j\hat{\neq}\text{Lohn}}^{J_{-1}} EK_j \cdot z_j^U \tag{6.39}$$

$$\text{mit } j = 1, 2, \ldots, J_{-1}, \text{ J ohne Lohnkosten und } z_j^U \in \mathbb{R} \text{ in } [\%]$$

Formel 6.17: Berechnung der Restumlage

Der Zuschlagssatz für die Umlage der fixen Gemeinkosten für die Lohnkosten $z_{j\hat{=}Lohn}^U$ berechnet sich aus dem Verhältnis von Restumlage zu den Einzelkosten der Kostenart Lohn $EK_{j\hat{=}Lohn}$ wie folgt:

$$z_{j\hat{=}Lohn}^U = \frac{\text{Restumlage}}{EK_{j\hat{=}Lohn}} \cdot 100\% \tag{6.40}$$

Formel 6.18: Berechnung des Zuschlagssatzes für Lohnkosten

Der Vektor der prozentualen Zuschlagssätze für die Umlage der fixen Gemeinkosten $\vec{Z}^U$ ergibt sich dann als:

$$\vec{Z}^U = \begin{pmatrix} z_1^U & \ldots & z_{j-1}^U & z_j^U & z_{j+1}^U & \ldots & z_J^U \end{pmatrix} \tag{6.41}$$

$$\text{mit } j = 1, 2, \ldots, J \text{ und } z_j^U \in \mathbb{R} \text{ in } [\%]$$

Formel 6.19: Vektor der prozentualen Zuschlagssätze für die Umlage der fixen Gemeinkosten

Schritt 4 - Umlage der fixen Gemeinkosten auf die Leistungspositionen

Die Umlage der fixen Gemeinkosten auf die Leistungsposition i erfolgt über einen prozentualen Zuschlag z_j^U auf die $EKT_{i,j}^{ges}$. Die Matrix der umgelegten Anteile an den fixen Gemeinkosten U^{GK} ergibt sich aus der Multiplikation der Matrix der summierten Einzelkosten der Teilleistungen EKT^{ges} mit dem Vektor der Zuschlagssätze $\vec{Z}^U$:

$$U^{GK} = EKT^{ges} \times \vec{Z}^U$$

$$U^{GK} = \begin{pmatrix} u_{1,1}^{GK} & \dots & u_{1,j-1}^{GK} & u_{1,j}^{GK} & u_{1,j+1}^{GK} & \dots & u_{1,J}^{GK} \\ \dots & \dots & \dots & \dots & \dots & \dots & \dots \\ u_{i-1,1}^{GK} & \dots & u_{i-1,j-1}^{GK} & u_{i-1,j}^{GK} & u_{i-1,j+1}^{GK} & \dots & u_{i-1,J}^{GK} \\ u_{i,1}^{GK} & \dots & u_{i,j-1}^{GK} & u_{i,j}^{GK} & u_{i,j+1}^{GK} & \dots & u_{i,J}^{GK} \\ u_{i+1,1}^{GK} & \dots & u_{i+1,j-1}^{GK} & u_{i+1,j}^{GK} & u_{i+1,j+1}^{GK} & \dots & u_{i+1,J}^{GK} \\ \dots & \dots & \dots & \dots & \dots & \dots & \dots \\ u_{n,1}^{GK} & \dots & u_{n,j-1}^{GK} & u_{n,j}^{GK} & u_{n,j+1}^{GK} & \dots & u_{n,J}^{GK} \end{pmatrix} \quad (6.42)$$

$$\text{mit } i = 1,\ 2,\ \dots,\ n \text{ und } j = 1,\ 2,\ \dots,\ J \text{ und } u_{i,j}^{GK} \in \mathbb{R}$$

Formel 6.20: Matrix der umgelegten Anteile an den fixen Gemeinkosten

Die Addition der umgelegten Anteile für die Umlage der fixen Gemeinkosten $u_{i,j}^{GK}$ der Leistungsposition i über alle Kostenarten j ergibt den Vektor der summierten Anteile an den fixen Gemeinkosten $\vec{U}^{GK}$:

$$\overrightarrow{U}^{GK} = U^{GK} \times \overrightarrow{F_J} = \begin{pmatrix} u_1^{GK} \\ \dots \\ u_{i-1}^{GK} \\ u_i^{GK} \\ u_{i+1}^{GK} \\ \dots \\ u_n^{GK} \end{pmatrix} \tag{6.43}$$

mit $i = 1, 2, \dots, n$ und $u_i^{GK} \in \mathbb{R}$

Formel 6.21: Vektor der summierten Anteile an den fixen Gemeinkosten

Schritt 5 - Berechnung der Fixpreise

Für die Berechnung der Fixpreise müssen die fixen Kostenbestandteile der Einzelkosten der Teilleistungen $EKT_{f_{i,j}}$ mit dem Zuschlag für die Allgemeinen Geschäftskosten sowie Wagnis und Gewinn z_j verrechnet werden. Die Matrix der fixen Kostenbestandteile mit Zuschlag EKT_f^Z ergibt sich wie folgt:

$$EKT_f^Z = EKT_f + \left(EKT_f \times \overrightarrow{Z}\right)$$

$$= \begin{pmatrix} EKT_{f_{1,1}}^Z & \dots & EKT_{f_{1,j-1}}^Z & EKT_{f_{1,j}}^Z & EKT_{f_{1,j+1}}^Z & \dots & EKT_{f_{1,J}}^Z \\ \dots & \dots & \dots & \dots & \dots & \dots & \dots \\ EKT_{f_{i-1,1}}^Z & \dots & EKT_{f_{i-1,j-1}}^Z & EKT_{f_{i-1,j}}^Z & EKT_{f_{i-1,j+1}}^Z & \dots & EKT_{f_{i-1,J}}^Z \\ EKT_{f_{i,1}}^Z & \dots & EKT_{f_{i,j-1}}^Z & EKT_{f_{i,j}}^Z & EKT_{f_{i,j+1}}^Z & \dots & EKT_{f_{i,J}}^Z \\ EKT_{f_{i+1,1}}^Z & \dots & EKT_{f_{i+1,j-1}}^Z & EKT_{f_{i+1,j}}^Z & EKT_{f_{i+1,j+1}}^Z & \dots & EKT_{f_{i+1,J}}^Z \\ \dots & \dots & \dots & \dots & \dots & \dots & \dots \\ EKT_{f_{n,1}}^Z & \dots & EKT_{f_{n,j-1}}^Z & EKT_{f_{n,j}}^Z & EKT_{f_{n,j+1}}^Z & \dots & EKT_{f_{n,J}}^Z \end{pmatrix} \tag{6.44}$$

mit $i = 1, 2, \dots, n$ und $j = 1, 2, \dots, J$ und $EKT_{f_{i,j}}^Z \in \mathbb{R}$

Formel 6.22: Matrix der fixen Kostenbestandteile mit Zuschlag

Die Matrix der fixen Kostenbestandteile mit Zuschlag EKT_f^Z wird mit dem Hilfsvektor $\overrightarrow{F_J}$ multipliziert, um zuzüglich zu dem Vektor der summierten Anteile an den fixen Gemeinkosten $\overrightarrow{U^{GK}}$ den Vektor der Fixpreise $\overrightarrow{FP}$ zu berechnen:

$$\overrightarrow{FP} = EKT_f^Z \times \overrightarrow{F_J} + U^{GK} = \begin{pmatrix} FP_1 \\ \dots \\ FP_{i-1} \\ FP_i \\ FP_{i+1} \\ \dots \\ FP_n \end{pmatrix} \tag{6.45}$$

$$\text{mit } i = 1,\ 2,\ \dots,\ n \text{ und } FP_i \in \mathbb{R}$$

Formel 6.23: Vektor der Fixpreise

Ermittlung der Angebotssumme

Der Gesamtpreis GP_i der Leistungsposition i berechnet sich aus der Multiplikation des Mengenvektors $\overrightarrow{M}$ mit dem Vektor der Einheitspreise $\overrightarrow{EP}$ zuzüglich des Vektors der Fixpreise $\overrightarrow{FP}$. Der Vektor der Gesamtpreise $\overrightarrow{GP}$ ergibt sich wie folgt:

$$\overrightarrow{GP} = \overrightarrow{M} \times \overrightarrow{EP} + \overrightarrow{FP} = \begin{pmatrix} GP_1 \\ \dots \\ GP_{i-1} \\ GP_i \\ GP_{i+1} \\ \dots \\ GP_n \end{pmatrix} \tag{6.46}$$

$$\text{mit } i = 1,\ 2,\ \dots,\ n \text{ und } GP_i \in \mathbb{R}$$

Formel 6.24: Vektor der Gesamtpreise

Die Angebotssumme berechnet sich aus der Summe aller GP_i. Hierfür wird der n-dimensionale Hilfsvektor $\overrightarrow{F_n}$ benötigt:

$$\text{Angebotssumme} = \overrightarrow{F_n} \times \overrightarrow{GP}$$

$$\text{Angebotssumme} = \begin{pmatrix} 1 & 1 \dots 1 \end{pmatrix} \times \begin{pmatrix} GP_1 \\ \dots \\ GP_{i-1} \\ GP_i \\ GP_{i+1} \\ \dots \\ GP_n \end{pmatrix} \qquad (6.47)$$

Formel 6.25: Berechnung der Angebotssumme